“十三五”国家重点图书出版规划项目

流域生态安全研究丛书　主编　杨志峰

城市水生态安全保障

徐琳瑜　杨志峰　章北平　江　进　等著

中国环境出版集团·北京

图书在版编目（CIP）数据

城市水生态安全保障/徐琳瑜等著. —北京：中国环境出版集团，2021.6

（流域生态安全研究丛书/杨志峰主编）

“十三五”国家重点图书出版规划项目　国家出版基金项目

ISBN 978-7-5111-4527-7

Ⅰ. ①城…　Ⅱ. ①徐…　Ⅲ. ①城市环境—水环境—生态安全—研究—中国　Ⅳ. ①X321.2

中国版本图书馆 CIP 数据核字（2020）第 251377 号

出 版 人　武德凯
责任编辑　宋慧敏　周　煜
责任校对　任　丽
封面设计　艺友品牌

出版发行　中国环境出版集团
（100062　北京市东城区广渠门内大街 16 号）
网　　址：http://www.cesp.com.cn
电子邮箱：bjgl@cesp.com.cn
联系电话：010-67112765（编辑管理部）
发行热线：010-67125803，010-67113405（传真）

印　　刷　北京中科印刷有限公司
经　　销　各地新华书店
版　　次　2021 年 6 月第 1 版
印　　次　2021 年 6 月第 1 次印刷
开　　本　787×1092　1/16
印　　张　18.75
字　　数　396 千字
定　　价　98.00 元

“流域生态安全研究丛书”

编著委员会

《城市水生态安全保障》
编著委员会

徐琳瑜　杨志峰　章北平　江　进　蔡宴朋

刘耕源　陆谢娟　张　亮　毛建素　陈　磊

徐　俏　李春晖　高　兰　郝　岩

总　序

近年来，高强度人类活动及气候变化已经对流域水文过程产生了深远影响。诸多与水相关的生态环境要素、过程和功能不断发生变化，流域生态系统健康和生态完整性受损，并在多个空间和时间尺度上产生非适应性响应，引发水资源短缺、水环境恶化、生境破碎化和生物多样性下降等问题，导致洪涝、干旱等极端气候事件的频率和强度增加，直接或间接给人类生命和财产带来了巨大损失，维护流域或区域生态安全已成为迫在眉睫的重大问题。

党中央、国务院历来高度重视国家生态安全。2016 年 11 月，国务院印发《"十三五"生态环境保护规划》，明确提出"维护国家生态安全"，并在第七章第一节详细阐述。2017 年 10 月，党的十九大报告提出"实施重要生态系统保护和修复重大工程，优化生态安全屏障体系，构建生态廊道和生物多样性保护网络，提升生态系统质量和稳定性。"2019 年 10 月，《中共中央关于坚持和完善中国特色社会主义制度　推进国家治理体系和治理能力现代化若干重大问题的决定》明确提出"筑牢生态安全屏障"。一系列国家重大规划和战略的出台与实施，有效遏制了流域或区域的生态退化问题，保障了国家的生态安全，促进了经济社会的可持续发展。

长期聚焦于高强度人类活动与气候变化双重作用对流域生态系统的影响和响应这一关键科学问题，我的团队开展了系列流域或区域生态安全研究，承担了多个国家级重大（点）项目、国际合作项目、部委和地方协作项目，取得了系列论文、专利、咨询报告等成果，希望这些成果能够推动生态安全学科体系建设和科技发展，为保障流域生态安全和社会可持续发展提供重要支撑。

“流域生态安全研究丛书”是近年来在流域生态安全研究领域相关成果的重要体现，集中展现了在流域水电开发生态安全、流域生态健康、城市水生态安全、水环境承载力、河湖水系网络、城市群生态系统健康、流域生态弹性、湿地生态水文等多个领域的理论研究、技术研发和应用示范。希冀丛书的出版可以推动我国流域生态安全研究的深入和持续开展，使理论体系更加完善、技术研发更加深入、应用示范更加广泛。

由于流域生态安全的研究涉及多个学科领域，且受作者水平所限，书中难免存在不足之处，恳请读者批评指正。

杨志峰

2020年6月5日

前　言

作为孕育生命的摇篮，水是生态系统得以正常运转的重要因素，对人口高度聚集、社会经济活动集中的城市而言更是如此。然而，伴随着快速城市化进程，城市水系承受了日益严峻的多重压力：水资源短缺、水质恶化、水生态退化、水体生态服务功能下降，城市水系的资源承载能力、生态服务能力与城市社会经济发展需求之间的缺口日渐增大，城市的可持续发展受到限制。本书中的生态水系规划关注城市空间范围内人类和水环境系统之间的关系，打破传统“就水论水”的理念，强调城市中人群与城市自然水体及外生雨水源、内生水循环之间的紧密联系，开发协调给水、污水、雨水、景观水和回用水等子系统耦合的新型城市水系生态规划技术。本书旨在解决生态城市规划过程中城市生态水系构建与低碳保质技术问题，为城市水系生态规划、城市雨水源头低碳控制利用、城市污水低碳处理与过程控制、饮用水安全保障系统构建等关键问题提供技术支撑，以保障城市水系生态健康与饮用水安全使用，并通过案例研究将成功经验向全国其他城市推广，以满足我国对生态城市规划与生态建设的需求。

本书以国家科技支撑计划课题“城市生态水系构建与低碳保质关键技术及示范”成果为主要内容，并基于国家自然科学基金项目“城市生态系统承载力研究”“快速城市化地区的生态风险研究”的成果，对内容进行了补充完善。

本书共分两篇9章。第1章为城市生态水系规划概况，综合介绍相关概念及前期研究成果。第2章～第6章为理论方法部分，主要包括城市生态水系规划与优化调控、城市雨水生态收集利用、城市污水处理厂低碳运行与过程控制、城市优质饮用水安全保障和城市低碳保质关键技术。其中，第2章主要包括城市水系健康评价模型与技术和多目标、低碳化城市水系生态用水配置技术，并形成城市生态水系规划设计方案和城市生态水系优化调控方案。第3章与第4章分别为城市雨水生态收集利用和城市污水处理厂低碳运行与过程控制，包括城市雨水低碳生态收集利用系统构建、规划设计与技术示范，新型低碳生物脱氮除磷与节能降耗关键技术及城市污水处理厂低碳运行过程控制系统研发，低碳污水连续流一体化间歇生物反应器（Continuous-flow Intermission Biological Reactor，IBR）脱氮除磷馈控技术研究及工程应用。第5章为城市优质饮用水安全保障，主要包括高级氧化优质饮用水处理工艺、高级氧化/高效过滤组合除污染效能研究。第6章为城市低碳保质关键技术，通过对城市水系各构成要素关键技术的耦合与集成，实现健康、低碳、保质的城市水系生态规划，以保障城市水系可持续发展、促进生态城市建设进程。第7章～第9章为案例研究，主要选择大连市为案例区，结合案例区实际情况，运用现场调研、实验室模拟等手段和方法，开发了健康评价技术、雨水收集技术、污水处理技术、饮用水保障技术、低碳评估技术等技术。在城市生态水系规划设计下，将城镇给水、污水、雨水等子系统耦合成一个整体、良性的生态水系；针对城市外生雨水源和城市内水循环过程的生态安全保障问题，进行城市生态水系节点调控；最后基于上述理念和一系列关键技术，通过系统集成各关键技术单元，建成一个“饮用水-污水处理厂尾水-雨水-水系水与杂用水”之间多水循环的、低碳生态的“多水一体”生态工程城市水系统。

本书由徐琳瑜、杨志峰、章北平、江进等共同完成。第1章、第6章、第9章由徐琳瑜、杨志峰、章北平、江进执笔；第2章、第7章由徐琳瑜、毛建素、李春晖、蔡宴朋、陈磊、徐俏、郝岩完成；第3章、第4章、第8章由章北平、陆谢娟、张亮、刘耕源、高兰完成；第5章由江进等主要完成；徐琳瑜最后统稿。本书融汇了北京师范大学、华中科技大学、哈尔滨工业大学三所高校的部分研究成果，各高校课题组成员结合各专业优势，对本书的完成提供了大量技术支持与帮助。本书的数据处理、图表绘制、实地调查、样品测试等工作由于冰、岳文淙、陈磊、黄雅净、王兵、刘心宇、赵芬等完成。张晓蓉、董一鸣、戴雨岐和杨钦琨协助完成本稿的校对工作。本书在完成过程中得到了大连市科技局、水务局、生态环境局等部门的大力支持，在此一并表示感谢。

限于著者水平，虽然开展了大量的实地调研与研究工作，书中疏漏在所难免，希望读者提出宝贵意见。

著　者

2020年8月

目　录

第 1 章　城市生态水系规划概况

城市是一个高度人工化的、以人为中心的复合生态系统，系统的稳定运行依赖于城市河流生态服务功能的持续发挥。城镇水资源短缺已成为许多城镇可持续发展的“瓶颈”。本研究中的城市水系是一个大系统的概念，充分考虑人类活动对水系作用的复杂性、灵动性的特点，以城市水体的供用耗排为主线，是给水、排水、污水、雨水和景观水等城市水系相关主体共同形成的城市整体水系。

1.1　城市生态水系研究进展

1.1.1　城市生态水系

城市水系是城市系统中的自然要素，除拥有供水、行洪、灌溉等一般水系功能外，还具备城市特定功能，兼顾城市的生态廊道、供水水源、洪水的调蓄空间和休闲养生带。各功能之间相互作用、相互影响，使水系功能得以充分发挥。城市水系治理要依据水的服务功能理论，做到多功能兼顾，发挥城市水系的综合功能及效益。应全面统筹、合理配置，优先安排涉水事务，再谋求城市社会与经济发展。

相对于城市水系，城市生态水系强调城市河流生态系统的健康效应，不仅意味着要保持生态学意义上的结构合理、生态过程的延续、功能的高效与完整，还强调河流生态系统的供水、防洪、水土流失控制、生物保护、景观娱乐等人类服务功能的有效发挥。城市生态水系是人类发展与生态保护相协调的高度整合性的概念，是一个对人与河流胁迫和响应关系整体性的表述。因此，对城市生态水系健康的评价及其管理目标的设定必须建立在公众与社会期望及人类价值判断的基础上。

健康的城市生态水系应具备以下特征：能够保证生态功能和服务功能的适宜水量；水质良好，具有一定的流动性；水生态系统结构完整，具有自动适应和自调控能力，能在人工调节下持续发展；能够发挥正常的生态功能、景观功能、旅游休闲功能，体现水文化内涵。

对城市生态水系进行生态健康评价，将为城市综合规划、管理和保护以及综合治理提供决策依据。城市生态水系健康的研究已日益受到人们的重视，不同国家和地区纷纷开展生态健康评价，从生态系统健康的角度对环境进行综合整治。

目前，我国对城市生态水系健康的评价研究仍然处于起步阶段。生态健康是在 20 世纪 80 年代兴起的一个新的研究领域。一般认为，生态系统健康是指生态系统处于良好状态：生态系统不仅能保持化学完整性、物理完整性及生物完整性，还能维持其对人类社会提供的各种服务功能。生态系统健康的标准有活力、组织、恢复力、生态系统服务功能的维持、管理选择、外部输入减少、对邻近系统的影响及人类健康影响等多方面。

国外对河流生态健康的评价研究工作开展得较早。19 世纪末期，从已严重污染的欧洲少数河流开始，当时对河流健康的评价主要停留在对水质的评价。20 世纪 80 年代初，河流管理的重点由水质保护转为河流生态系统的恢复。因为水质评价已远远不能满足河流管理的需要，不能揭示损害河流健康的多方面因素。因此，河流健康评价的内容也发生了改变，开始转向对河流生态质量的评价。20 世纪 80 年代，出现了两种重要的河流健康评价和监测的生物学方法，即生态完整性指数（IBI）、河流无脊椎动物预测和分类计划（RIVPACS）。同一时期，许多国家还发展了河流健康的综合评价方法。较具代表性的有美国的快速生物评价协议（RBP）、英国的河流保护评价系统（SERCON）、南非的栖息地完整性指数（I-HI）、瑞典的岸边与河道环境细则（RCE）、澳大利亚的河流状况指数（ISC）等。

我国学者崔保山等（2002a，2002b）针对湿地，指出生态系统健康是指系统内的物质循环和能量流动未受到损害，关键生态组分和有机组织被保存完整，且对长期或突发的自然扰动或人为扰动能保持弹性和稳定性，整体功能表现出多样性、复杂性、活力和相应的生产率，其发展终极是生态整合性。也有学者认为，健康的水系生态系统是远离流域生态系统危机综合征的，流域生态系统危机综合征主要表现为初级生产力的下降（对流域内陆地生态系统而言）或增加（对流域内水生态系统而言）、营养的流失、生物多样性的丧失、关键种群的波动增强、生物结构的退化和疾病的广泛发生及严重性等。

城市生态水系健康评价应当将城市水系看作一个社会-经济-自然复合生态系统，将人类健康和社会经济因素考虑在内。为理解生态水系的全面性和整体性，需要考虑把人类作为生态系统的组成部分而不是同其分离，所以满足人类需求和愿望的程度应该纳入城市生态水系健康的定义中。关于城市生态水系健康评价，国内外已取得一些研究成果，但是现有的评价理论与方法中仍然存在着一些问题，表现在：①城市尺度上进行水系生态健康评价的研究和实践并不多见，多集中在河流尺度。②生物监测法的主要问题在于选择不同的研究对象及监测参数会导致不同的评价结果，难以确定对不同生物类群进行评价时的取样尺度与频度，无法综合评价河流生态系统状况问题等。③指标体系法是目前的发展趋势和热点。国内外一些已有的生态健康评价指标体系不够全面，有的只包含了两三个方面的指标，并且大部分未涉及社会经济、人类要素。

1.1.2 城市水安全问题相关研究

无论是在流域尺度还是在区域尺度上，城市都是该流域或区域的经济文化核心，城市水安全是一个国家或区域水安全的基础和核心。城市水安全评价是从城市空间角度出发，基于城市人群安全感知，对城市多个供水主体与多个用水主体相互作用下的城市水资源大系统安全进行评估。

目前水安全问题已逐渐成为世界关注的一个焦点，关于水安全评价的研究也日益深入。安全通常是指主体存在的一种不受威胁、没有危险的状态，是人类基本需要中最根本的一种。而水是人类生产生活最为重要的物质与能量源泉，城市社会经济的稳定发展离不开水资源的持续充足供给，水安全状态对人类生存、社会发展具有重要的作用。

水安全问题的研究起步于 20 世纪 70 年代。1977 年 2 月，联合国警告全世界：石油危机之后的下一个危机是水危机，并把 1981—1990 年作为国际饮水供给和卫生 10 年。迄今为止，水安全问题不但没有解决，反而日益突出，表现为水资源短缺、水质污染、洪涝灾害等，水安全被认为是制约社会经济进一步发展的重要因素。2000 年第 10 次斯德哥尔摩国际水讨论会上，全球水伙伴组织（GWP）定义水安全为涉水风险保持在人类和生态系统可接受的水平，且能够提供充足的水量和良好水质以支撑人民生活、国家安全、人类健康和生态服务。该定义对水安全进行了重新诠释，强调水安全首先要保证充裕的水量、良好的水质和人类及生态系统可接受的涉水风险水平，且水安全的目标是支撑人民生活、国家安全、人类健康和生态服务，维持社会可持续发展。该定义得到了众多专家、学者的深入探讨与广泛应用。

安全的城市生态水系是指在城市这样一个特定区域内，能够为城市人群提供充足的水量和良好的水质，涉水灾害降低到人类可接受范围内，且始终保持持续稳定的状态，同时满足城市水资源、水环境安全及城市人群的安全感知，保障城市可持续发展的城市生态水系。城市水安全评价是一种综合评价，因此确定指标权重及评价标准、综合单项评价指标是进行城市水安全评价的重要步骤。确定指标权重的一般方法包括主观赋权法、客观赋权法及主客观赋权相结合的方法。其中，专家打分法（德尔菲法）属于主观赋权法，主成分分析法、熵权法属于客观赋权法。主观赋权法具有很大的主观随意性，而客观赋权法利用了较完善的数学理论与方法，却忽视了决策者的主观信息。由于水安全指标的选择及其重要性判断本身存在一定的主观性和模糊性，主客观赋权相结合的层次分析法（AHP）被学者广泛应用。有的学者采取问卷调查的方式确定评价要素在研究区域的重要性，进一步提高了指标设定的针对性和评价结果的准确性。

1.2 城市生态水系优化调控研究进展

长久以来，人们主要是从工业、农业及生活用水需求等方面出发，对城市水资源进行开发利用及管理，而对维持水系生态系统正常生态功能的水量及水质较少关注。随着对生态系统生态功能保护意识的增强，人们认识到在水资源的开发利用过程中，满足生产与生活用水需要的同时，也必须满足城市水系生态系统的需求，生态需水量已逐步成为当前水资源研究的热门问题之一。

1.2.1 城市生态水系规划

在城市生态水系规划方面，主要从水资源供需、水量调控和水资源管理三个方面开展了系列研究。

社会经济飞速发展，水资源供需方面的研究越来越受到人们的重视。1956 年，美国加利福尼亚州开始对水资源的利用、供给及预测进行研究。1968 年、1975 年，美国先后进行了两次国家级水资源评价，研究了美国水资源现状，并进行了需水预测。20 世纪 50 年代末，我国西北地区就开始了水资源供需平衡的研究。1979—1986 年，我国水文和水资源规划部门组织开展全国水资源评价工作，在《中国水资源利用》研究报告中把水资源供需问题专列一章。近年来，水资源供需研究主要集中在需水预测新模型的应用及优化算法的求解上。其中，相对较完善的回归分析、灰色模型、BP 神经网络等方法应用广泛。随着对需水量预测的要求越来越高，需水预测的方法和手段也应进一步提高。因此，还有许多问题需深入探索研究。

水量调控的前提是把供水调蓄设施（水库调水工程等）、用水部门和河流生态系统作为一个整体的研究系统，其基本思想是从该大系统出发，以水平衡为基础，通过供水设施对系统的径流过程进行合理的调蓄，确定满足生态基流下的调控方案，得出可供给的最大水资源量及其时间过程，使系统中的生态生产用水分配相协调，缺水率最小。基于河流健康状况分期特点及年内变化趋势，结合生态水文季节概念，以改善当前河流整体健康状况为目标，以不同的河流健康状况对应不同的生态调控时期。结合河流健康的季节性特点对河流生态调控分期如下：封冻期、汛前枯水期、汛期、汛后枯水期。

由于水资源对人类生活、经济发展以及环境保护都具有重要意义，水资源管理将会影响社会和经济的几乎所有方面，包括粮食生产和安全、人类生活和卫生、产业发展乃至生态系统维护。另外，随着人类活动强度日益增大，水资源受到人类社会经济活动的影响也日益增大。研究结果显示，随着波及全球的经济下滑、气候变化以及人类活动持续地影响环境，水资源系统面临前所未有的压力。联合国水资源组织（UN-Water）认为水资源压力已经不容忽视，水资源利用及其管理对保证可持续发展非常重要，如果水资源管理没有得到重视，世界各国致力于降低贫困和实现可持续发展的努力很可能受到影响。因此，水资源管理需要考虑技术、法律、设施参数甚至伦理道德层面等的许多因素。这也对水资源管理增加了难度和复杂性。

目前，已经出现了很多的措施和方法应对水资源的压力，如使用回用水、收集雨水、调取更远地方的水资源、提高水资源利用效率等，但是如何根据区域的特点，既保证用水安全，又满足区域需水，既满足区域环境保护的要求，又符合区域经济和产业发展规划的需求，是水资源管理需要应对的一大挑战。另外，水资源系统是自然-社会-环境复合系统的一部分，系统各要素对水资源管理存在着不确定的影响。例如，人类经济活动导致温室效应，而温室效应对区域水文循环造成显著的影响。因此，在复合系统之中，通过工程措施与非工程措施，对有限的不同形式的水资源进行科学合理的分配，从而提高水资源利用分配效率，以满足不同层次、不同目标、不同用水户的用水需求非常有意义。

1.2.2 城市生态需水

城市生态系统是一个包含自然、社会和经济三个子系统的复杂系统，城市生态需水是维护城市生态系统的动态平衡、保障生态系统良性发展、避免生态系统发生不可逆的退化的重要因素。为了保证城市良性发展，就要求在水资源优化配置时，在保证生态环境用水的前提下，合理规划和保障社会经济用水，进而实现生产用水、生活用水、生态用水的合理优化配置。

国外对生态环境需水量的研究始于20世纪40年代，主要是针对河流的航运功能，对河道最小流量进行了研究。美国渔业和野生动物保护组织为避免河流生态系统退化，规定需保持河流最小生态流量（王珊琳等，2004）。截至20世纪70年代，英国、美国等通过立法规定了生态环境需水量，并限定了河流生态基流量和各类河口三角洲、湿地环境需水量等的阈值。20世纪70—80年代，大众已广泛认可了对河道生态需水量的研究，其计算评价方法也得到完善。1976年，Tennant根据其所分析的美国11条河流断面数据的结果，建议将年均流量的10%看作河流水生生物的生长最低量，30%看作河流水生生物的满意量，200%看作河流水生生物需求的最优量，进而提出了维持河流水生态的河流流量标准，这种方法被称为Tennant法。Tennant法还派生出一些方法，例如Q95th最小流量法、Q90th最小流量法、年平均流量80%的Hoppe法等。随着生态需水理论研究的深度和广度不断扩展以及实践活动的不断开展，研究者相继从不同角度提出计算河流生态需水量的多种方法，使其研究理论日益成熟。

国内于 20 世纪 70 年代开始对生态需水进行研究，主要集中在河流、湿地、干旱地区的生态需水量的分析研究。其后，针对国内大量出现的河流断流、水污染等各种生态环境恶化问题，生态环境易受损坏地区的生态需水量的分析研究成为重点。目前，城市生态需水量主要指城市生态系统中自然系统的需水量，如植被、河湖和地下水的需水量，缺少对城市-自然-人工复合生态系统的生态需水问题的全方位考虑。本研究考虑城市水系景观服务、防洪减灾、水生态保护等多目标需求，以城市绿地生态系统的碳吸收能力增加为宗旨，对城市水系各部分生态需水进行分析、核算，进行城市水系生态需水低碳化配置技术研究，为城市生态水系规划设计奠定基础。

我国河流生态需水量研究起步较晚，尽管在理论和方法研究方面取得了较大进展，但由于河流生态需水的复杂性，仍有很多问题需要深入研究。首先，生态需水研究多集中在如何精确计算生态需水量方面，而忽视了与实际水资源量的结合，因此，将河流生态需水与流域水资源供需研究相结合进行研究。其次，由于流域特征的独特性和复杂性，急需研究建立一套符合流域实际的生态需水评估程序和标准，作为河流生态需水研究可参考的评估标准，以反映流域实际情况。将城市水系生态需水进行分类，对不同类型的城市水系生态需水进行核算。最后，以实现城市绿地碳汇功能最大化为目标，建立城市绿地-水系之间的碳-水耦合作用模型，研发城市水系生态需水的低碳化配置技术，为城市水系规划提供量的基础。

1.3 城市雨水生态收集利用研究进展

随着城市的快速发展，城市原有的地表类型发生了变化。一方面，人类的生产活动改变了原有地表环境的结构和功能，城市水文循环机制发生剧烈变化，原来良性的水文循环被打破，城市地表的产汇流状况发生变化，其结果是容易造成城市内涝积水；另一方面，雨水径流引起的面源污染问题也越来越严重。另外，雨水资源尚没有得到足够的重视，没有实现一定程度上的收集和利用。

1.3.1 雨水径流污染研究进展

城市降雨径流污染在发达国家的研究起步早。20 世纪 60 年代，部分国家已经开始关注并研究这一问题，至今已经过了较长期的研究。针对城市径流污染问题，主要从以下三个方面进行了研究：模型研究、初始冲刷的研究以及径流污染的监测和控制研究。

暴雨洪水管理模型（SWMM）、地表径流数学模型（STORM）是目前利用比较广泛的两种模型，这两种模型广泛用于径流研究的各个方面，应用面较广。另外，常采用的一个模型是美国农业部水土保持局开发的径流曲线数（SCS）模型，该模型可以用于估算径流产量，并在径流产量的基础上，结合污染物浓度估算污染负荷。随着计算机技术的发展，结合计算机技术的各种模型应运而生，许多学者将非点源污染模型与“3S”（GIS、GPS、RS）技术结合进行研究，非点源污染的研究开始朝着多元化的方向发展，计算机为这些研究的进行提供了快速的运行速度和良好的模拟结果，具有广泛的应用前景。20 世纪 90 年代以后，经过过去大量研究的实践和应用，许多模型都在实践和应用中得到完善和提高，其应用的可行性和广泛性大大增强。许多模型已经结合计算机技术，将径流污染模拟与空间信息技术、数据库技术、可视化表达等结合在一起，模拟结果更加可靠和便捷。

初始冲刷（first flush）是指降雨初始阶段所形成的径流中污染物浓度在整个降雨产流过程中最高。初始冲刷的发生导致地表大部分的污染物被径流冲刷、裹挟，随径流排放到自然水体中。初始冲刷受到诸多因素的影响：汇水面积、降雨量、不透水区所占的比例以及前期湿润程度。初始冲刷的影响因素较多，因此对初始冲刷的研究具有复杂性，各研究中对初始冲刷的定义也存在差异。美国环境保护局（USEPA）对径流中的污染物浓度开展了实测研究，对全美 22 座城市中的地表雨水径流水质情况进行了实测分析，监测的指标主要是总悬浮物（TSS）、生化需氧量（BOD）、化学需氧量（COD）、总磷（TP）、总氮（TN）以及重金属等。我国对径流污染浓度的实测研究起步较晚，自 20 世纪 80 年代起，国内部分城市开始研究，包括杭州、南京、重庆、苏州、昆明等。许多研究都表明，屋面雨水径流水质较好，可以加以收集利用。根据以上研究成果，不难发现雨水径流水质具有如下特征：径流中污染物以 TSS 为主，且其浓度显著大于城市污水中 TSS 值，其他水质指标（如 COD、BOD、TN 和 TP）的浓度均低于城市污水。不同地表覆盖类型的径流中，污染物浓度差异较大，一般情况下工业区和交通区的污染物浓度较大，居民区和文教区的污染物浓度较小。地表雨水径流污染物浓度变化范围很大，这种差异表现在不同地区以及同一地区的不同时空范围，其主要影响因素是各地区不同的自然条件及气象水文条件；此外，还与地表污染物状况有关，地表污染物状况涉及城市污染状况、卫生管理水平、城市规模及交通状况等。

1.3.2 国内外雨水资源利用进展

现行的城市雨水资源利用法律制度主要包括三个方面：雨水设施制度、雨水排放许可制度、雨水处置制度。对雨水的生态收集利用已历经 40 多年的时间，雨水利用技术已经成熟，世界各国均制定了各自的雨水生态收集利用技术规范、标准、指南与导则等法定性的文件。

美国于1987年在《水质法》修订时将重点放在包括暴雨在内的面源污染上。美国于1990年和1999年先后制定了《第一代雨水规范》和《第二代雨水规范》；美国各州根据自身特点，因地制宜地制定了地方雨水利用规范条例，如佐治亚州的《雨水管理手册》、北卡罗来纳州的《雨水设计手册》、弗吉尼亚州的《弗吉尼亚州雨水管理模式条例》，科罗拉多州、佛罗里达州、宾夕法尼亚州也分别制定了雨水管理条例等。美国环境保护局提出了绿色道路（Green Streets）、低影响开发（Low Impact Development，LID）模型等一系列低冲击开发模式的技术规程，为雨水渗透利用提供了技术支撑。德国于1989年出台了《雨水利用设施标准》（DIN1989），于1995年颁布了第一个欧洲标准《室外排水沟和排水管道》（EN752-1），于1997年颁布了另一个严格的法规EN752-4，要求在合流制溢流池（CSOs）中，设置隔板、格栅或其他措施对污染物进行处理。2000年，欧共体颁布了水资源政策指导方针（Directive 2000/60/EC）。1988年，日本雨水贮留和渗透技术协会编写了《雨水利用指南》；1992年，颁布了《第二代城市排水总体规划》，将雨水渗沟、渗塘及透水地面作为城市总体规划的组成部分。澳大利亚的水敏感性城市设计（WSUD）体系视城市水循环为一个整体，将雨洪管理、供水和污水管理一体化。英国为解决城市雨水问题，采用了多层次、全过程控制的对策，建立了可持续排放体系（SUDS）。法国于20世纪60年代制定《水资源管理法》，引入街道净化装置。新西兰于20世纪90年代推广低影响的城市设计与发展（LIUDD），这是由低影响开发（LID）和水敏感性城市设计（WSUD）发展而来的。新加坡经过多年的实践，成功地积累了一整套行之有效的集水区管理经验和办法，每年水量损失降至5%，新加坡为全球失水量最低的国家。其他国家相继出台雨水生态收集利用技术规程。

我国引入、推进雨水生态收集利用理念已有十余年，仍处在研究、试点和示范阶段。全国各地为推进雨水生态收集利用技术，编制了各类规范、指标与指南等。如2006年建设部和国家质量监督检验检疫总局发布的《建筑与小区雨水利用工程技术规范》（GB 50400—2006），北京市规划委员会和北京市质量技术监督局发布的《雨水控制与利用工程设计规范》（DB11/685—2013），江苏省住建厅发布的《雨水利用工程设计、施工与验收规范》（DGJ32/JT90—2010），深圳市市场监督管理局发布的《再生水、雨水利用水质规范》（SZJG-32—2010）、《雨水利用工程技术规范》（SZDB/Z 49—2011）等。虽然近年来我国颁布了大量雨水生态收集利用方面的规范、标准、指南，但这些规范、标准、指南分散在水利、道路、市政、建筑等各领域，至今未形成雨水生态收集利用的专门独立体系，故有关法规仍需进一步完善。

随着水资源日益短缺、水质不断恶化及洪涝灾害频繁发生，城镇雨水控制利用与管理也越来越受到人们的重视。近年来，我国城镇雨水利用技术迅速发展，绿色屋顶、植被浅沟、下凹绿地、透水铺装、雨水花园、沉淀井、沉砂池、渗井等均有使用。针对城镇发展过程中水资源短缺问题，北京、深圳、沈阳、宁波、杭州等城市积极开展雨水利用，已建成雨水利用工程项目数千项，并提出了多项创新技术。虽然我国城镇雨水资源化已在快速发展，但这些创新技术多局限于简单的末端模式，多是仅从狭义的回用角度出发所开发的技术，未从水循环的角度出发，与发达国家的技术相比存在显著差距。

我国可以充分借鉴国外成果，利用国外先进思想和设计方法对雨水径流进行科学处置和管理，并与城镇的生态环境保护相结合，建设一种可持续的新型雨水控制利用模式与管理体制，实现“源头减排—生态处置—健康循环”。这种理念与技术需要在大量的工程应用中得以示范与推广。

1.4 城市污水处理厂低碳运行研究进展

1.4.1 污水处理厂运行技术

目前，我国城市污水处理主要采用生物脱氮除磷工艺技术。生物脱氮除磷技术具有两个与碳相关的特征需求：一是需要污水具有一定的碳源，满足生物反应必需的碳氮比与碳磷比；二是工艺运行能耗高，以致能源生产过程的碳排放高。我国城市污水大多数为低碳氮比与低碳磷比，如何有效控制污水生物处理过程，使其工艺能在低碳氮比与低碳磷比下实现有效的污水脱氮除磷、减少碳源的排放是目前的热点问题。

长期以来，污水生物处理技术以其特有的技术优势、经济优势和环境优势，一直是污水处理领域中的主要技术，在城市污水、工业废水和饮用水的深度处理等各方面也发挥着重要的作用。20 世纪 70 年代以来，世界各国都认识到水中氮、磷含量过剩是引起水体富营养化的主要因素，因此围绕脱氮除磷机理及工艺开展了一系列的研究。

我国从 20 世纪 80 年代初开始也逐步开展这方面的研究，主要的传统生物脱氮工艺有传统活性污泥法脱氮工艺、缺氧/好氧（A/O）工艺、厌氧/缺氧/好氧（A^2/O）工艺、氧化沟工艺、序批式活性污泥法（SBR）和生物滤池等。

目前在欧洲、美国、日本等国家和地区，一体化工艺已经广泛应用于生活污水处理。欧洲许多国家也根据本国特点开发了不同形式的小型污水处理装置。其中，挪威的预置式就地微型处理设备是较为成功的范例。在挪威，居民房屋为分散式布局，且很多建立在岩石上，无法采用土地渗滤进行污水的就地处理，故发展了以 SBR、移动床生物膜反应器、生物转盘、滴滤池技术为主，并结合化学絮凝除磷的集成式小型污水净化装置。欧洲建成的微型处理设备对生活污水 BOD_5 和磷的去除率大于 90%，对氮的去除率大于 50%。日本自主开发的一体化设备——净化槽正被广泛应用于生活污水处理。小型净化槽主要采用厌氧滤池与接触曝气池、生物滤池或移动床接触滤池相结合的工艺。用隔板将槽体分隔成不同工艺单元，在一个槽内完成几种净化功能。日本用于混合型生活污水处理的净化槽中，应用较多的是 Gappei-shori 净化槽，出水的 BOD_5 质量浓度小于 20 mg/L，TN 质量浓度小于 20 mg/L。此外，日本学者还研究了膜分离净化槽，该净化槽一般由一级处理设备、二级膜分离生物反应器、消毒设备等组成。一级处理设备采用厌氧滤池、预过滤和曝气格栅等工艺，二级处理设备是以膜组件为核心的生物处理单元，通过间歇曝气和硝化液回流等达到脱氮效果。膜分离净化槽通过膜组件的抽吸作用排除处理出水，故出水不受反应池内污泥沉降性能的影响，可深度去除污水中的有机物和氮。

A^2/O、氧化沟和 SBR 是目前活性污泥法脱氮除磷的三种主流工艺。如果想通过这三种工艺实现高效脱氮除磷，均必须营造良好稳定的好氧/缺氧/厌氧生化环境。A^2/O 通过设置厌氧/缺氧/好氧池来营造这一环境；氧化沟沿沟长方向渐减曝气，并使活性污泥混合液在沟内循环流动，造成空间上的厌氧/缺氧/好氧环境；SBR 通过控制反应器内的曝气系统而形成时间上的厌氧/缺氧/好氧环境。而国内外多年研究和运行经验表明，在 A^2/O、氧化沟和 SBR 中均存在难以形成严格的厌氧条件与碳源供需矛盾的问题。多年来，国内外学者针对这些问题，研发出诸多变形工艺，并取得较好的工艺效果。

总结分析这些工艺的改进，其实都着力于解决三个问题：①在曝气阶段控制充足而且经济的溶解氧；②缺氧阶段将溶解氧浓度控制在对反硝化菌产生抑制的临界范围内；③厌氧阶段使聚磷菌（PAOs）得到大量易降解碳源而充分释磷。这说明严格的好氧/缺氧/厌氧环境不仅仅是控制溶解氧质量浓度分别在 2～3 mg/L、0～0.5 mg/L、0～0.2 mg/L，还应考虑厌氧环境不存在硝酸盐和亚硝酸盐，因为硝酸盐和亚硝酸盐的存在会导致反硝化菌在与聚磷菌竞争碳源时处于优势地位，聚磷菌得不到碳源而导致释磷失败。

IBR 技术是一种集厌氧、缺氧、好氧反应及沉淀于一体的连续进出水的周期循环活性污泥法。该技术是针对我国城市污水有机物负荷较低、氮浓度和磷浓度较高的特点，研发的一种简约的单池连续流污水生物处理技术。IBR 采取曝气/搅拌/静沉循环工序而营造好氧/缺氧/厌氧脱氮除磷生化环境。在缺氧阶段和厌氧阶段，连续进水还可有效解决反硝化和释磷碳源不足的问题。多年的研究与应用发现，IBR 采用曝气/搅拌/静沉循环工序，能满足好氧阶段、缺氧阶段与厌氧阶段的溶解氧需求，但难以充分利用碳源并满足厌氧释磷的条件，导致脱氮除磷效果不够理想，尤其是除磷。

1.4.2 城市污水回收利用技术研究

近年来，生活污水的污染日趋严重，国内也开始重视对生活污水的处理和回用的研究与应用，我国在这方面起步较晚，但取得了较大的进展。国内出现了将生物技术与物理技术及物化技术组合的污水回用工艺，如生物与混凝、过滤、活性炭、膜过滤等组合的工艺，许多一体化新工艺逐渐进入成果转化阶段。一体化膜生物反应器具有能耗低、处理效果稳定、管理方便、占地面积小等优点，也成为研究的热点。

近年来，膜生物反应器处理技术在日本、加拿大等国家得到较好的应用。国内相继开展了大量的研究。还有将很多传统的处理工艺按分散处理的要求进行设计，如厌氧水解-接触氧化-沉淀工艺集拦截、调节、水解、接触氧化、沉淀等多种功能于一个构筑物之中。在厌氧水解区、好氧接触氧化区内悬挂填料，沉淀采用斜板或斜管，污泥自然回流。广州市华珠环保工程技术有限公司设计开发了一种生物-化学一体化污水处理装置。该装置将化学混凝处理工艺与生物氧化处理工艺相结合，以生物的曝气氧化吸附处理为主，物化的混凝处理为辅。化学-生物-物理一体化设备主要包括氧化沟、絮凝池、中间池、沉淀池、过滤池等五大部分。为了尽可能地节省占地面积，一体化设备将絮凝池、中间池、沉淀池和过滤池四部分集中在一个设备中，氧化沟独立设置，两者之间无缝对接成一体化设备。有研究者设计了一种上向流曝气生物滤池（UBAF）+砂滤工艺的污水处理设备，通过小试实验装置，研究了其对城市二级出水中污染物的去除效果。结果表明，该工艺应用于城市二级出水深度处理，COD 平均去除率为 42.5%，出水水质满足国家回用水水质要求。另外，设计的曝气-过滤一体化装置主要由生物反应器、慢性砂滤池及滤布组成。污水通过曝气池生物处理后，经过滤布和滤料层的截留作用，依靠水位差出水，是一种很有发展潜力的一体化中小型生活污水、城镇污水处理设备。

传统 SBR 工艺确实有许多优点，其工艺简单、占地面积小、运行灵活、可有效地防止污泥膨胀。但是由于其进水和出水都不能实现同时连续，这就势必会带来前续工艺和后续工艺的匹配问题。虽然 UNITANK 反应器、MSBR 反应器、KDCAS 反应器和五箱一体化脱氮除磷工艺实现了连续进出水、恒水位运行，这些工艺通过多池分区优化来实现脱氮除磷，但操作复杂、对自动化控制要求高。因此，出现了间歇曝气 A_mO_n 反应池、间歇曝气系统（PIAS）、一体化间歇曝气完全混合活性污泥法、IBR 等工艺简单的连续流一体化间歇生物反应器。这些工艺的显著特点是采用单池运行，不需物理分区和污泥回流，即可达到较高的脱氮除磷效率，还可减少基建投资。这些连续流一体化间歇生物反应器要在单池实现稳定运行和高效的脱氮除磷，就要借助不断发展的实时控制技术和传感器技术，采用先进的控制策略，根据水质、水量的变化对运行模式进行优化。污水处理系统具有多变量、时变性、高度非线性、大滞后等特点，这些特点使污水系统具有高度的不稳定性和模糊性，无法根据传统的固定时间进行有效的控制，也难以建立基本的数学模型。目前，基于各种间接参数（如 pH 值、溶解氧、氧化还原电位）的实时反馈控制策略在污水处理系统中的研发和应用取得了实质性的突破和进展。

1.5 城市优质饮用水研究进展

1.5.1 城市饮用水工艺研究

随着我国经济的高速发展、人民生活水平及健康意识的提高，国家制定了更严格的饮用水水质标准，以保障人民健康生活。水源水质的污染和饮用水水质标准的全面提高已成为目前饮用水领域的突出矛盾，对水源水质污染控制和现有水厂处理工艺形成严峻挑战。然而，目前大部分水厂采用的是传统的混凝-沉淀-过滤-消毒工艺，对有机物的去除能力有限；而且常规处理工艺存在设施陈旧、工艺控制随机性大、缺乏适宜的药剂投加条件、滤层单一和反冲效果不良等薄弱环节，明显表现为工艺的可调控性弱、抗冲击能力差、处理受污染水的能力低。因此，在原水水质变差时，出水水质受到很大影响，很难满足最新国家标准。供水管网中存在的二次污染问题已经越来越受到人们的关注。当前给水管网末端出水的问题主要有原生污染（即水厂常规水处理工艺难以降解的有机微污染物）和次生污染（即管网中细菌滋生污染与消毒副产物）等问题。

当前我国针对管网末端的水处理工艺较多采用臭氧+KDF（高纯铜/锌合金）金属过滤+纳滤/反渗透+消毒工艺，现有的工艺能够有效地去除水体中的大分子有机物、腐殖质等物质，保障水质。但是现有的工艺有如下几个缺点，限制了其大规模的推广应用：①工艺整体所需的水压要求较高，所以需要多级增压，从而增加了外部能源消耗，工艺整体能耗较大；②当前工艺针对水厂出水中的余氯和重金属的去除多采用 KDF 金属滤料，此种滤料存在饱和失效问题，对微生物的抑制作用不明显，而且受反应条件（如水温、浊度、酸碱度等）的影响较大，此外 KDF 的价格还比较昂贵；③纳滤及反渗透技术不仅需要大量的能耗，一些人体所必需的微量元素也会被截留，长期饮用这种纯水不利于人体的健康。

添加氯作为一种有效的杀菌消毒手段，仍被世界上超过 80%的水厂使用。所以，市政自来水中必须保持一定量的余氯，以确保饮用水的微生物指标安全。余氯是指氯投入水中后，除了与水中细菌、微生物、有机物、无机物等作用消耗一部分氯量外，还剩下的一部分氯量。余氯分为化合性余氯和游离性余氯，总余氯即化合性余氯与游离性余氯之和。但是，当氯和有机酸反应，就会产生许多致癌的副产品，比如三卤甲烷等。目前，大多数的专家达成共识，使用氯化水和饮用水中有氯化物的确和得癌概率有一定的关系。自来水中的游离余氯及衍生物三氯甲烷、四氯化碳等，除了饮用时从口中进入人体外，还有很大一部分是在人们洗脸、洗手、漱口时从皮肤、毛孔、毛发进入人体。因此，水中余氯以及给水管网末端出水问题等对人类健康有影响。

1.5.2 基于紫外的高级氧化技术

近年来，一些高级氧化技术（如湿式氧化、光催化氧化、臭氧氧化、Fenton 试剂氧化法等）在印染废水处理中受到广泛关注。高级氧化技术是一种新的可有效处理难降解有机废水的化学氧化技术，利用复合氧化剂或光照射等催化途径产生氧化能力极强的OH•。由于其所特有的、优良的氧化性能，当前基于紫外的高级氧化技术被广泛应用于水厂中。

紫外与过氧化物（过氧化氢、过硫酸盐）可以产生 HO• 或 SO_4^-•。由于 HO• 和 SO_4^- • 具有较高的氧化还原电位，所以利用紫外与过氧化物联用技术可以有效地去除水中有机微污染物。紫外消毒的机理主要是通过形成嘧啶二聚体，导致 DNA 复制受阻，使微生物失活、死亡，紫外消毒对各种微生物都有较好的消毒效果，尤其是对氯有较高抗性的芽孢类微生物的消毒效果尤为明显。

氯作为常用的消毒剂，因其相对广谱的消毒效果、低廉的价格等，已被饮用水厂广泛采用。随着消毒副产物及其毒理研究的发展，氯投量被严格限制以降低副产物的生成。对于芽孢类微生物，要完全使其灭活则需较高氯投量。相对于紫外消毒，投加 H_2O_2 可以增加水中的 HO• 的产生，提高消毒效果。紫外-氯联用技术近年来才被研究用于降解有机物，有研究发现紫外消毒较氯消毒有较大的经济上的优势，同时紫外-氯技术产生 HO•和 Cl •，相对于 HO•，Cl • 氧化作用更有选择性，因而，紫外-氯联用技术可以作为特定有机物的氧化技术。也有报道研究紫外-氯技术作为消毒技术灭活微生物，如相对于单独的紫外消毒和氯消毒，紫外-氯技术可增强噬菌体 MS2 的灭活作用，在污水中联用紫外-氯技术可提高细菌的灭活速率，并且提高了大肠杆菌拖尾区的消毒效果。紫外与氯的顺序投加能增强对芽孢的消毒效果，其中先紫外消毒、后氯消毒能显著提高芽孢的消毒效果；对大肠杆菌的顺序消毒结果显示，紫外与氯的顺序消毒效果均高于同时消毒。

除了常规的低压紫外技术，真空紫外作为一种新的紫外氧化技术，目前也在水处理工艺中得到广泛的应用。水在 185 nm 波长的紫外光下有着很强的吸收作用（ε_{185}=0.032 L/(mol·cm)，又由于水在溶液中相当大的浓度（c = 55.49 mol/L)，所以在稀溶液中，水会在真空紫外下发生均裂和离解反应。目前被广泛使用的真空紫外体系的光源可以同时产生波长为 254 nm 和 185 nm 的紫外光，加上在 185 nm 下，水的自身光解可以产生 HO •，所以可以用于水处理的高级氧化和消毒工艺阶段。

在常规水处理过程中，过滤一般是指以石英砂等粒状滤料层截留水中悬浮杂质，从而使水获得澄清的工艺过程。到目前为止，过滤仍是以地表水为水源的净水厂的净化工艺中十分重要和必要的处理手段，其主要目的是去除水中浊度和细菌。随着浊度的降低，水中有机物等的浓度也可得到相应降低，但是其去除程度仍存在一定的局限性。因此，为适应当前管网末端中水的二次污染问题，通过选择合适的滤料，采取一定的措施和技术，使滤料在去除浊度的同时又能降低有机物的含量的强化过滤技术显得十分重要。

上　篇

理论方法

第2章　城市生态水系规划与优化调控

本章首先对城市水系的概念及规划的基本思路与框架进行了界定，并通过水生态系统健康评价，探讨了城市水系生态系统和人类活动之间的关系以及城市水系可持续发展性；在探讨城市水系生态系统健康内涵和评价理论的基础上，提出了城市水系优化配置技术及“三生”用水优化配置技术，最后针对规划及调控技术，开展低碳高效的生态水系规划。

城市生态水系规划布局是在城市“五位一体”生态水系健康评价的基础上，诊断识别城市生态水系健康面临的主要因素，特别是河流、水库生态系统的主要制约因素，协调给水、污水、雨水、景观水和回用水等子系统，开展低碳高效的生态水系规划，主要内容包括：①在多水源保障方面，根据区域水资源承载力，规划外区域调水和本地地表水的联合使用，形成区域内多水源（水库）连通，联合供水，满足“三生”用水需求；加强海绵城市建设，强化雨水资源收集与利用，补充为生态环境用水、景观用水；强调污水再生利用。②在水资源使用方面，强调“五水”（地表水、外调水、雨水、再生水、地下水）综合使用与调控，在城市区域内实现水资源优化配置、工业产业内优化配置、农业水资源高效低碳配置，同时满足生态需水保障。③在水生态修复方面，进行生态需水核算，结合多水源布局，实施水库连通，进行生态调控，满足景观用水、生态用水需求。④在水质保障方面，以供水安全为目标，实施水源地水环境保护与修复，基于“水十条”开展黑臭河流治理；污水处理厂高效低碳运行，保障污水处理与回用效率，实现水质水量联合调控。⑤在工程保障方面，开展水系连通工程、调水工程、防洪排涝工程、景观恢复工程、生态修复工程等。总之，新型的城市水系生态规划以水生态健康为目标，以水生态可持续发展为标准，实现“五水”共用、低碳高效、生态健康的城市水系生态环境。

2.1 城市生态水系规划的基本思路与框架

2.1.1 生态水系规划指导思想和目的

城市生态水系一般都由河流、湖泊、水库等组成，在城市建设中承担了防洪排涝、供水水源、水体自净化、生态走廊、文化承载、旅游景观、水产养殖、改善城市环境等综合性功能，各功能之间相互作用、相互影响，使水系功能得以充分发挥。城市生态水系规划应在考虑城市水体生态健康的基础上，进行城市多水源（地表水、地下水、外调水、再生水、雨水）综合利用、开发、配置与调控，通过工程措施、生态措施和管理措施等发挥城市水系各项功能。

（1）规划指导思想

城市生态水系一般是指集防洪排涝、供水、水质保护、亲水景观、水生态于一体，以实现人水和谐与社会经济可持续发展为目标，以水资源高效配置、水生态修复与滨水生态环境建设为核心，水量、水质、水生态并重，防洪、排涝、供水、治污、河道治理、环境改善统筹兼顾，融合水安全、水环境、水景观、水文化、水经济的城市水利综合性基础设施。水系生态规划以城市水系生态健康评价结果以及生态需水量核算结果为基础，充分考虑河流健康状况及生态水量配置，还河流健康生命，实现人水和谐相处，为城市社会经济发展提供有力支撑。

（2）规划目的

通过合理配置和使用各种水资源，水质、水量高度统一，确保持续高效地发挥城市生态水系的综合功能，促进城市健康发展，形成健康、环保、低碳的城市生态水系。

2.1.2 生态水系规划技术框架体系

传统的水系生态规划重点在于城市防洪排涝规划、供水规划、水质保护规划、景观规划、水生态修复规划等，是一个系统的规划。本研究不同于传统的生态水系规划研究，是在城市水系生态健康评价的基础上，以水质、水量和水生态为核心，考虑地表水、地下水、外调水、再生水、雨水等综合水资源的优化配置、生态调控，为水系生态规划提供技术支撑。

本研究提出的生态水系规划技术框架如图 2-1 所示。

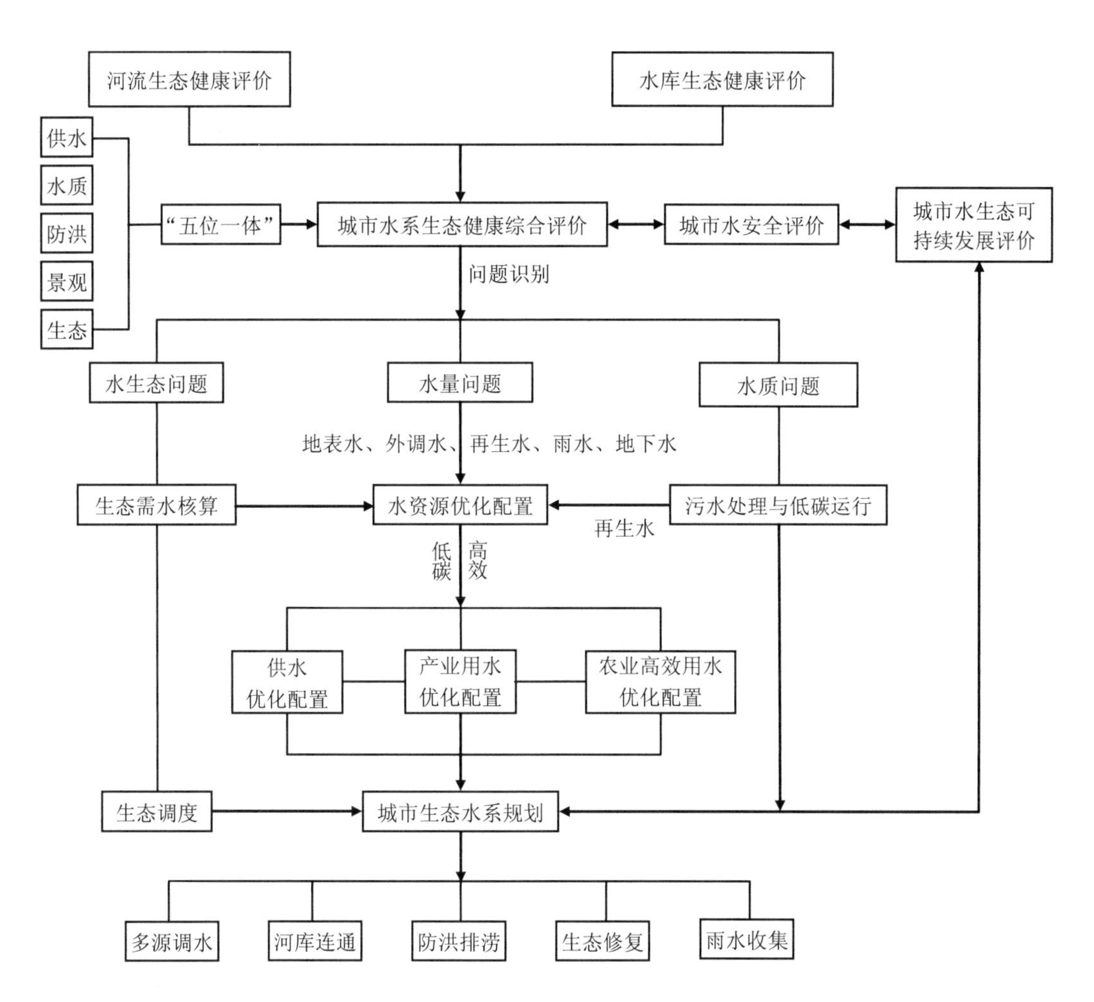

图 2-1　城市生态水系规划框架

2.2　城市水生态安全评价

城市水生态安全评价是城市水系生态恢复和调控的关键前提与重要基础。已有的研究主要偏重于自然河流、湖泊生态系统的健康评价。本研究则主要以城市水系生态为研究对象开发健康评价技术，分别从自然水系、城市人群、城市发展等多角度对城市水生态安全进行系统评价，建立既能体现客观的现实状况，又能反映人们的心理感觉的城市水安全评价体系，从而实现从自然水系—城市人群—城市发展的多角度、多层次逐级评价，精细识别城市水系安全的关键影响因素，为城市水系的规划提供理论依据和决策支持。

2.2.1 “五位一体”的城市水系健康诊断与评价技术

在河流健康内涵分析的基础上，针对河流的自然功能、生态环境功能和社会服务功能，根据河流的基本特征和个体特征，建立由共性指标和个性指标构成的城市水系健康评价指标体系。针对城市水系生态状况，本研究提出基于城市供水、水质保障、防洪减灾、景观服务和生态保护“五位一体”的城市水系生态环境总体评价技术。

（1）指标选取

城市自然水系一般指城市范围内河流、湖库、湿地及其他水体构成的脉络相通的水域系统。本研究首先对城市水系生态系统的健康内涵进行解析，认为健康的城市水系生态系统不仅意味着要保持生态学意义上的结构合理、生态过程的延续、功能的高效与完整，还强调城市水系的供水、防洪、水土流失控制、生物保护、景观娱乐等人类服务功能的有效发挥。在此基础上构建包含水量、水质、水生生物、物理结构与河岸带 5 个要素的城市水系健康评价指标体系。这 5 个要素互相依存、互相影响、互相辅助，完成不同的河流生态过程，发挥不同的功能，有机组成完整的河流生态系统。

（2）标准建立

本研究建立包含城市供水、饮水、污水处理、雨水收集等多节点的城市水系规划体系。评价标准的建立是为了更好地对城市水系的健康进行诊断，正确评价水系健康现状，也是水系健康评价的重点与难点。结合当前城市水系的实际情况，评价标准的建立主要有以下几种方法：①历史资料法；②实地考察；③多区域河流对比分析（或称参照对比法）；④借鉴国家标准与相关研究成果；⑤公众参与；⑥专家评判。以上方法各有优劣，适用于不同类型的指标对象。一般将城市水系健康状况分为“健康、基本健康、亚健康、病态、濒于崩溃”5 个级别，采用五分制对其进行数值量化。本研究借鉴有关历史资料、相关研究成果与国家适用标准，并通过多区域对比分析确定。城市水系健康评价指标体系的总评价标准如表 2-1 所示。

表 2-1 “五位一体”的城市水系健康评价指标体系

评价要素	类别	详细指标
城市供水	供水	年平均流量偏差
		水资源开发利用率
	用水	万元 GDP 用水量
水质保障	河流	河流水质达标率
	海水	海水入侵面积比例
	雨水	酸雨率
	污水	污水处理率

评价要素	类别	详细指标
防洪减灾	水土流失控制	林木绿化率
	排水系统	市政排水管道密度
景观服务	景观建设	湿地面积比例
生态保护	生物保护	生物丰度指数

（3）评价方法

生态系统健康与否是一个相对的概念，是相对于标准值而言的，因此，城市水系健康与否可以作为一个模糊问题来处理。应用模糊数学的概念和方法建立城市水系健康评价模型（标准如表 2-2 所示）。采取专家打分的方式，确定每一个评价指标的权重，用加权平均方法计算分值，得出城市水系健康评价结果。

表 2-2　城市水系健康评价标准

指标	濒于崩溃	病态	亚健康	基本健康	健康
质量偏离值	1	2	3	4	5
年平均流量偏差/%	＜−20	−20～0	0～30	30～50	≥50
水资源开发利用率/%	＞40	30～40	20～30	10～20	≤10
万元 GDP 用水量/m^3	＞400	300～400	200～300	100～200	≤100
河流水质达标率/%	＜50	50～60	60～80	80～90	≥90
海水入侵面积比例/%	＞5	4～5	2～4	1～2	≤1
酸雨率/%	＞70	50～70	30～50	20～30	≤20
污水处理率/%	＜50	50～70	70～80	80～95	≥95
林木绿化率/%	＜10	10～30	30～40	40～50	≥50
市政排水管道密度/（km/km^2）	＜4	4～6	6～8	8～10	≥10
湿地面积比例/%	＜10	10～30	30～40	40～50	≥50
生物丰度指数	＜10	10～20	20～30	30～40	≥40

建立评价指标因素集 $T=\{u_1, u_2, \cdots, u_j, \cdots, u_n\}$，分别表示城市供水、水质保障、防洪减灾、景观服务及生态保护五大类各详细指标的集合，n 代表各指标的数目。评价指标均进行无量纲化。根据水系健康评价标准及健康分级，借助于隶属函数的转化方法，得出评价指标对各健康等级的隶属度集 $R=\{r_1, r_2, \cdots, r_j, \cdots, r_n\}$，$j=1, 2, 3, 4, 5$（对应 5 个健康等级）。

采用专家咨询法对分指标的权重进行分配研究，对详细指标的权重采用层次分析法确定权重，最后利用数学方法进行一致性检验，以消除主观判断误差。各详细指标总权重记为 w_i。各详细指标所占分指标的权重记为 c_i。

分指标的评价：

$$P_i = \sum_{i=1}^{n} r_i \times c_i \quad i=1，2，3，4，5（对应 5 个健康等级） \tag{2-1}$$

可以得到城市供水、水质保障、防洪减灾、景观服务及生态保护的评价。

根据综合评价指数权值与量化值，可计算出城市水系健康评价的综合指数：

$$P = \sum_{i=1}^{n} P_i \times w_i \tag{2-2}$$

2.2.2 城市河流与水库生态健康评价技术

在城市水系总体评价的基础上，对典型水系要素河流和水库生态系统状况开发评估技术。

（1）指标选取

国内外的研究成果认为河流生态系统可以用水质、水量、水生生物、河岸带状况、物理结构等 5 个要素来表达，这 5 个要素相互依存、相互影响、相互辅助，完成不同的河流生态过程，发挥不同的功能，有机地组成完整的河流生态系统。总结归纳的河流生态系统健康评价要素如表 2-3 所示。

表 2-3 河流生态系统健康评价要素

评价要素	类别	详细指标
水质	流体	水质平均污染指数
	底质	底泥平均污染指数
水量	水文状况	修正后的年平均流量偏差
		因流域渗透能力变化引起的日流量变化
		因水电站建设引起的日流量变化
	水资源状况	水资源开发利用率
		河干长度
		干涸天数
		断流天数
水生生物	浮游生物	浮游植物多样性指数
	底栖生物	底栖动物群落多样性指数
河岸带状况	水土流失控制	防护带宽度
		河岸植被带的宽度
		河岸植被的纵向连续性
		结构的完整性
		外来植被的覆盖
		本土植被重建的状况
		河岸湿地和洼地的状况

评价要素	类别	详细指标
河岸带状况	景观建设	亲水景观建设面积、效果、可达性
	防洪	防洪标准
	交换能力	河岸与河道固化强度
物理结构	物理稳固性	河岸稳定性
		河床退化和侵蚀
	连通性	与周围自然生态斑块连通性
		河流廊道连续性
	栖息与洄游	鱼类栖息地状况
		鱼道状况

建立河流水系的评价指标体系。从众多的评价指标中选择和确定指标主要考虑三方面情况：①评价指标具有独立性；②从定性方面选择最能反映河流健康程度的指标；③有可能取得可靠资料。结合北方河流的特点，按照时间敏感性、数据易得性、指标非关联性的原则，遴选评价指标，并建立评价指标体系。

河岸带中的景观建设及防洪指标侧重于河流的社会功能方面，而由于过分强调社会效益，过度开发河流，削弱了河流的自然功能，从而引起了一系列的生态环境问题。因此将生态恢复作为核心问题，以此为依据选取指标体系，对河流的健康进行诊断，正确评价河流的健康现状。

经研究分析认为，考虑指标的独立性、简明性以及数据的可得性，本研究从水质、水量、水生生物 3 个要素选取河流生态系统健康的评价指标（如表 2-4 所示）。

表 2-4　河流生态系统健康主要评价要素

评价要素	详细指标
水质	溶解氧
	高锰酸盐指数
	五日生化需氧量（BOD_5）
	氨氮
	总磷
	粪大肠菌群
水量	水资源开发利用率
	实测流量
水生生物	浮游植物多样性指数
	浮游动物多样性指数
	底栖动物群落多样性指数

（2）标准的建立及指标的计算

1）水质

水质指标以《地表水环境质量标准》（GB 3838—2002）为依据。

2）水量

为了综合考虑人类活动对河流健康的影响，结合数据的可得性，本研究选用水资源开发利用率作为反映水量状况的指标。水资源开发利用率是指评估河流流域内水资源开发利用量占流域水资源量的百分比。水资源开发利用率的计算公式如下：

$$WRU=WU/WR \tag{2-3}$$

式中：WRU —— 评估河流流域水资源开发利用率；

WR —— 评估河流流域水资源总量；

WU —— 评估河流流域水资源开发利用量。

水资源开发利用率表征流域经济社会活动对水量的影响，反映流域的开发程度，以及社会经济发展与生态环境保护之间的协调性。研究表明，水资源开发利用率与河道生态需水比例、社会系统的水资源消耗率有直接的关系。在相同的消耗系数下，随着生态需水比例的提高，要求水资源开发利用率逐渐降低，如果要满足一定的生态需水比例，水资源开发利用率必须低于某一阈值（如图 2-2 所示）。

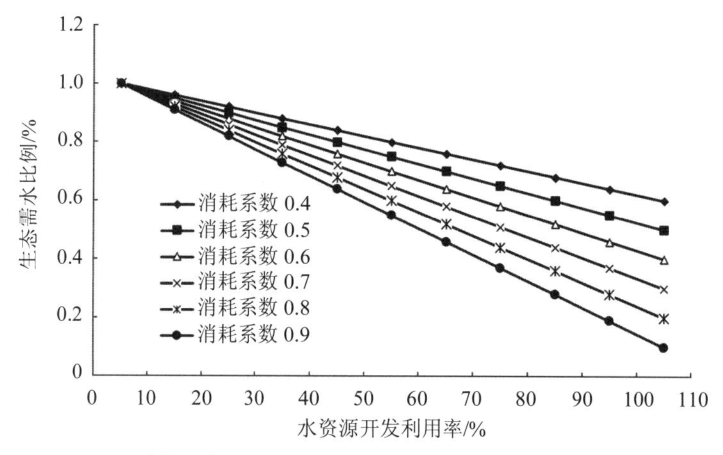

图 2-2 不同消耗系数下水资源开发利用率与河道生态需水比例的关系

资料来源：王西琴等，2008。

国际上公认的水资源开发利用率合理限度为 30%～40%，即使充分利用雨洪资源，开发程度也不应高于 60%。根据 1990—2000 年同期平均水资源数量以及供用水量分析，全国水资源开发利用率为 18%。总体上，全国水资源开发利用程度不高，并且南北方差异很大。北方地区水资源开发利用率（平均为 46%）远高于南方地区（平均为 12%），海河区高达 101%，其中海河南系达 123%，黄河和淮河区分别为 76%和 53%；辽河和西北诸河区水资源开发利用率分别为 40%和 42%，其中辽河流域为 66%；松花江、长江（其中太湖流域为 84%）、珠江和东南诸河区水资源开发利用率为 13%～22%；西南诸河区仅为 1%。

水资源开发利用合理限度的确定应该按照人水和谐的理念，既可以支持经济社会合理的用水需求，又不对水资源的可持续利用及河流生态造成重大影响，因此，过高和过低的水资源开发利用率均不符合河流健康要求。因此，提出水资源开发利用率指标赋分概念模型（如图 2-3 所示）：水资源开发利用率指标赋分模型呈抛物线分布，在 30%～40%为最高赋分区，对过高（超过 60%）和过低（0%）的水资源开发利用率均赋分为 0。概念模型公式为：

$$\mathrm{WRU_r} = a \times (\mathrm{WRU})^2 + b \times (\mathrm{WRU}) \tag{2-4}$$

式中：$\mathrm{WRU_r}$ —— 水资源利用率指标赋分；

WRU —— 评估河段水资源利用率；

a、b —— 系数，a=−1 111.11，b=666.67。

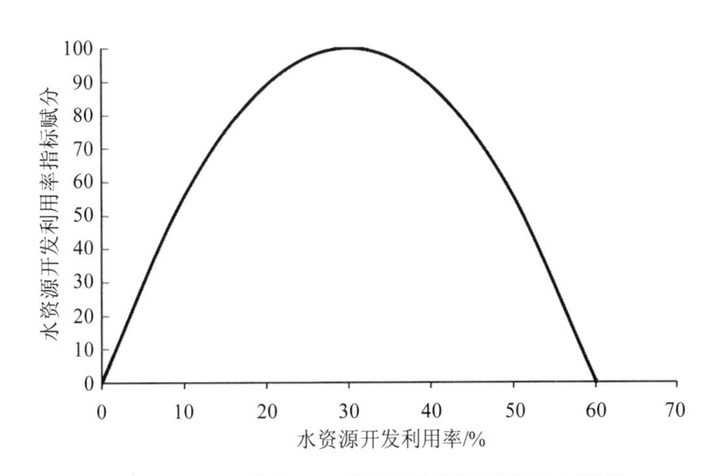

图 2-3　河段水资源开发利用率指标赋分概念模型

评价标准的建立是为了更好地对河流的健康进行诊断，正确评价河流的健康现状。对难以准确定量表达的定性指标，以分值阈 0～20、20～40、40～60、60～80、80～100 代表 5 个级别的标准，各具体指标评分在公众参与基础上由专家评判完成。对定量指标的标准，则借鉴有关历史资料、相关研究成果与国家适用标准，并通过多区域对比分析确定。

3）水生生物

通过计算生物多样性指数，并依据该指数的评判标准对水体的健康状况进行评价。主要使用 Shannon-Wiener 多样性指数（H'）、Pielou 均匀度指数（E）和 Margalef（M）指数。各指数的计算公式如下：

$$H' = -\sum_{i=1}^{S} \frac{n_i}{N} \ln \frac{n_i}{N} \tag{2-5}$$

$$E = -\sum_{i=1}^{S} \frac{\frac{n_i}{N} \ln \frac{n_i}{N}}{\ln S} \tag{2-6}$$

$$M = \frac{S-1}{\ln N} \tag{2-7}$$

式中：S—— 各样点出现的物种总数；

N—— 各样点中出现的总个体数；

n_i—— 第 i 个物种的个体数量。

各水生生物群落不同生物多样性指标的评价标准如表 2-5 所示。

表 2-5 水生生物群落多样性指标的评价标准

浮游植物指标评价标准					
H'		≥3.0	[2.0，3.0)	[1.0，2.0)	(0，1.0)
指标赋分		100	60	40	20
E		≥0.8	[0.5，0.8)	[0.3，0.5)	(0，0.3)
指标赋分		100	60	40	20
M	≥4.0	[3.0，4.0)	[2.0，3.0)	[1.0，2.0)	(0，1.0)
指标赋分	100	80	60	40	20
浮游动物指标评价标准					
H'		≥3.0	[2.0，3.0)	[1.0，2.0)	(0，1.0)
指标赋分		100	60	40	20
M	≥4.0	[3.0，4.0)	[2.0，3.0)	[1.0，2.0)	(0，1.0)
指标赋分	100	80	60	40	20
大型底栖动物指标评价标准					
H'		≥3.0	[2.0，3.0)	[1.0，2.0)	(0，1.0)
指标赋分		100	60	40	20
E		≥0.5	[0.3，0.5)	(0，0.3)	
指标赋分		100	60	20	
M		≥3.0	[2.0，3.0)	[1.0，2.0)	(0，1.0)
指标赋分		100	60	40	20

以表 2-5 为依据，采用内插法分别计算各表征指数值，最终采用加权平均的方法得到浮游植物多样性指数、浮游动物多样性指数和底栖动物群落多样性指数的综合指标值。

（3）评价方法

由于河流生态系统健康具有多元性及复杂性等特点，评价因子与河流生态系统健康等级之间也存在复杂、不确定的关系，致使河流生态系统健康评价成为一个既确定又不确定的复杂问题。因此，本研究采用集对分析方法进行河流生态系统健康的评价。其基本思路是把河流生态系统健康各评价指标的实测值和健康评价标准值构成一个集对。按照集对分析的原理，先根据每个评价样本中各评价指标的实测值计算出评价样本的初步联系度，然后对具体的评价值和评价标准进行深层次的同一、差异及对立的集对分析，通过两者间的联系度函数计算出评价样本中评价指标对评价标准的联系度，采用熵权法计算各评价指标的权重，最后结合样本的初步联系度和评价指标对评价样本的联系度，计算出评价样本中的综合联系度。最后根据置信度准则判定河流生态系统健康评价指标所处的级别。

评价方法的思路如图 2-4 所示。

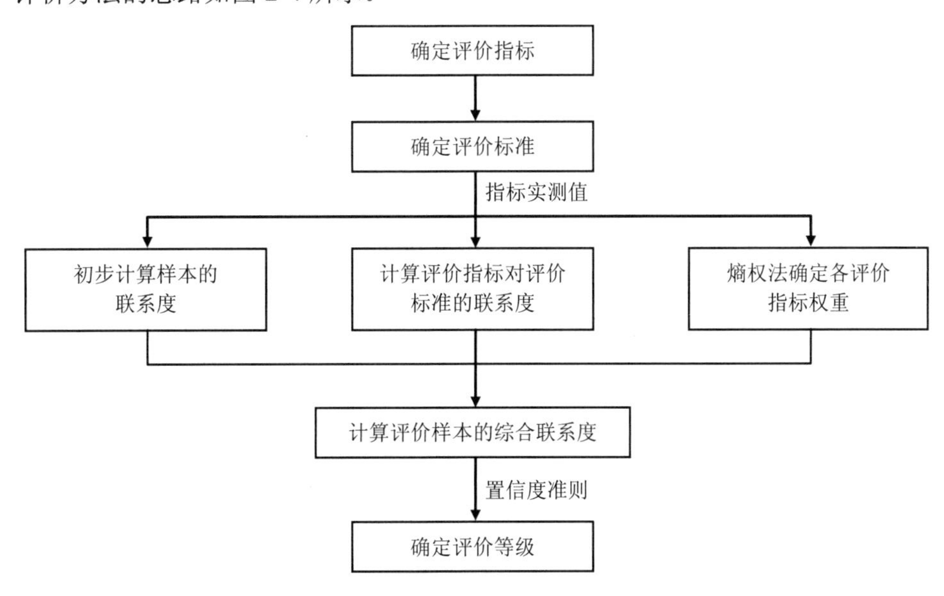

图 2-4　基于熵权集对分析模型的河流生态系统健康评价方法流程

1）河流生态系统健康评价的集对分析方法

在运用集对分析方法进行河流生态系统健康评价时，根据构建的河流生态系统健康评价指标体系，将河流健康状态分为 5 个标准等级，设其中有 A 个评价指标值处于Ⅰ级标准，B_1、B_2、B_3 分别为实测值处于Ⅱ级、Ⅲ级、Ⅳ级标准的评价指标数，C 个评价指标值处于Ⅴ级标准，根据集对分析的原理可得河流生态系统健康评价中各评价样本的联系度表达式为：

$$\mu=\frac{A}{5}+\frac{B_1}{5}i_1+\frac{B_2}{5}i_2+\frac{B_3}{5}i_3+\frac{C}{5}j=a+b_1i_1+b_2i_2+b_3i_3+cj \tag{2-8}$$

式中：μ—— 联系度；

i—— 差异不确定度系数，在[−1，1]区间视不同情况取值（有时 i 仅起标记作用）；

j—— 对应度系数，取值为−1（有时 j 也仅起标记作用）；

a—— 同一度，$a=\frac{A}{5}$；

b—— 差异不确定度，$b=\frac{B}{5}$；

c—— 对应度，$c=\frac{C}{5}$，$a+b+c=1$。

通过比较各样本联系度中 a、b_1、b_2、b_3、c 的大小关系，即可初步得出各评价样本的差异程度，然后对评价指标值及评价标准做进一步的同一、差异、对立的集对分析。

根据评价指标的特性，可以分为越小越优型和越大越优型，对越小越优型指标，其联系度为：

$$\mu_{mn}=\begin{cases}1+0i_1+0i_2+0i_3+0j, x\in[0,S_1] \\ \frac{S_2-x}{S_2-S_1}+\frac{x-S_1}{S_2-S_1}i_1+0i_2+0i_3+0j, x\in(S_1,S_2] \\ 0+\frac{S_3-x}{S_3-S_2}i_1+\frac{x-S_2}{S_3-S_2}i_2+0i_3+0j, x\in(S_2,S_3] \\ 0+0i_1+\frac{S_4-x}{S_4-S_3}i_2+\frac{x-S_3}{S_4-S_3}i_3+0j, x\in(S_3,S_4] \\ 0+0i_1+0i_2+\frac{S_5-x}{S_5-S_4}i_3+\frac{x-S_4}{S_5-S_4}j, x\in(S_4,S_5] \\ 0+0i_1+0i_2+0i_3+1j, x\in(S_5,+\infty)\end{cases} \tag{2-9}$$

式中：m—— 第 m 个评价样本；

n—— 第 n 个评价指标；

x—— 第 m 个评价样本的第 n 个评价指标的实测值；

S_1、S_2、S_3、S_4、S_5—— Ⅰ～Ⅴ级标准的上限值。

对越大越优型指标，其联系度为：

$$\mu_{mn}=\begin{cases}1+0i_1+0i_2+0i_3+0j, x\in[S_1,+\infty)\\ \dfrac{x-S_2}{S_2-S_1}+\dfrac{S_1-x}{S_2-S_1}i_1+0i_2+0i_3+0j, x\in[S_2,S_1)\\ 0+\dfrac{x-S_3}{S_3-S_2}i_1+\dfrac{S_2-x}{S_3-S_2}i_2+0i_3+0j, x\in[S_3,S_2)\\ 0+0i_1+\dfrac{x-S_4}{S_4-S_3}i_2+\dfrac{S_3-x}{S_4-S_3}i_3+0j, x\in[S_4,S_3)\\ 0+0i_1+0i_2+\dfrac{x-S_5}{S_5-S_4}i_3+\dfrac{S_4-x}{S_5-S_4}j, x\in[S_5,S_4)\\ 0+0i_1+0i_2+0i_3+1j, x\in[0,S_5)\end{cases} \tag{2-10}$$

2）熵权法确定评价指标的权重系数

指标权重能够度量各指标对河流生态系统健康水平的影响程度。本研究采用熵权法确定各指标的权重。在信息论中，熵值反映了信息的无序化程度，可以用于度量信息量的大小。某项指标携带的信息越多，表示该项指标对决策的作用越大，此时熵值越小，即系统的无序度越小。因此可用信息熵评价所获信息的有序度及其效用，即由评价指标值构成的判断矩阵确定各评价指标的权重。其主要计算步骤如下：

①假定有 m 个评价对象，每个评价对象有 n 个评价指标，构建判断矩阵 $\boldsymbol{R}$:

$$\boldsymbol{R}=(r_{st})_{m\times n} \tag{2-11}$$

式中：r_{st} —— 第 s 个评价对象的第 t 个评价指标的实测值；$s=1, 2, \cdots, m$；$t=1, 2, \cdots, n$。

②将判断矩阵 $\boldsymbol{R}$ 归一化，得到归一化矩阵 $\boldsymbol{B}$，$\boldsymbol{B}$ 的元素为：

$$b_{st}=\frac{r_{st}-r_{\min}}{r_{\max}-r_{\min}} \tag{2-12}$$

式中：$r_{\max}$、$r_{\min}$ —— 同一评价指标下不同事物中最满意者和最不满意者的值（越大越满意或越小越满意）。

③根据传统的熵的概念，可以定义各评价指标的熵为：

$$H_t=-\left(\sum_{s=1}^{m} f_{st}\ln f_{st}\right)\Big/\ln m \tag{2-13}$$

式中：$f_{st}=b_{st}\Big/\sum\limits_{s=1}^{m} b_{st}$；$s=1, 2, \cdots, m$；$t=1, 2, \cdots, n$。当 $f_{st}=0$ 时，规定 $H_t=0$。

④计算各项指标的熵权：

$$W=(w_t)_{1\times n},\ w_t=(1-H_t)\bigg/\left(n-\sum_{t=1}^{n}H_t\right)，且满足\sum_{t=1}^{n}w_t=1 \tag{2-14}$$

3）基于熵权与集对分析的河流生态系统健康评价模型

首先初步计算出第 m 个评价样本的联系度μ_m，然后对评价样本做进一步的同一、差异、对立的集对分析，得到第 m 个评价样本中第 n 项指标的联系度μ_{mn}，再通过熵权法计算各评价因子的权重向量 $\boldsymbol{W}$=（$w_1, w_2, w_3, \cdots, w_t$），且 $w_1+w_2+\cdots+w_t=1$。设第 m 个评价样本的综合联系度为$\overline{\mu_m}$，根据指标权重向量 $\boldsymbol{W}$ 和联系度μ_m、μ_{mn}，得出基于熵权法赋值的集对分析模型如下：

$$\overline{\mu_m}=\mu_m\times\sum_{t=1}^{n}\left(w_t\times\mu_{mt}\right) \tag{2-15}$$

式中：t——评价指标的个数。

通过对$\overline{\mu_m}$中同一、差异、对立的各分量进行归一化处理，即可得到评价样本的综合联系度。

最后采用置信度准则式可判断样本的评价等级，即样本属于 h_1 对应的 1 级。其中，$y_1=a$，$y_2=b_1$，$y_3=b_2$，$y_4=b_3$，$y_5=c$；λ为置信度，一般在[0.5，0.7]内取值，λ越大，评价结果越保守、稳妥。

$$h_1=y_1+y_2+\cdots+y_l>\lambda \quad l=1,2,\cdots,5 \tag{2-16}$$

分别对水库监测站点富营养化、浮游动物、浮游植物、大型底栖动物进行评价，综合以上单因子评价结果，分别对水质、浮游植物、浮游动物、底栖动物评价结果和健康状况进行赋值（分别分五级），计算各得分等级，再评价计算得到健康评价级别。

2.2.3 基于人群安全感知的城市水安全评价

本研究将城市水安全定义为：在城市这样一个特定区域内，能够为城市人群提供充足的水量和良好的水质，涉水灾害降低到人类可接受范围内，且始终保持持续稳定的状态，同时满足城市水资源、水环境安全及城市人群的安全感知，保障城市可持续发展。围绕该定义对基于人群安全感知的城市水安全内涵进行深入剖析，为建立相应的评价模型奠定基础。

基于对已有的城市水安全评价方法分析的结果，本研究从水量、水质及涉水风险方面选取对城市人群有影响且可以直接反映城市水安全现状的指标，有利于构建一套能保障城市水资源、水环境、水生态安全并满足人群对水安全感知的综合评价指标体系。在评价方法上，在采用模糊优选模型进行加权平均时结合城市人群安全感知进行指标体系的综合评价。

（1）城市水安全评价指标体系

基于人群安全感知的城市水安全评价指标主要是用于衡量城市水能否保证基本的水系统安全与人群活动需求，主要反映其自然及社会经济属性。结合沿海城市的社会背景及水资源特点，并参照已有相关研究成果，将城市水安全评价指标体系（如表2-6所示）划分为目标层、准则层和指标层三个层次。目标层为最终的评价结果，反映城市水安全的量化结果及其安全现状。准则层是目标层所要具体协调的因素，本研究从水量、水质和涉水风险三个方面综合考虑。指标层则是分别针对准则层三个方面选取的对城市人群有影响且可以直接反映城市水安全现状的具体指标。

表2-6　基于人群安全感知的城市水安全评价指标体系

目标层	准则层	指标层
基于人群安全感知的城市水安全	水量	反映城市水资源量指标
		反映城市水资源利用现状指标
		反映其他水源利用现状指标
		反映城市人群用水量指标
	水质	反映地表水水质现状指标
		反映地下水水质现状指标
		反映城市人群健康饮水现状指标
		反映海水入侵问题现状指标
		反映城市污水处理能力指标
	涉水风险	反映干旱受灾情况指标
		反映洪涝受灾情况指标
		反映城市涉水灾害控制能力指标

水量方面，选取可以反映城市水资源量、水资源利用程度、其他水源利用现状、人群用水量等方面的指标综合评价城市人群水量安全程度；水质方面，主要从城市地表水水质现状、地下水水质现状、城市人群健康饮水现状及城市污水处理能力等方面考虑，另外考虑到目前沿海城市由于人为超量开采地下水导致严重的海水入侵问题，将海水入侵问题现状也作为一个重要的水质指标；涉水风险方面，水害是无法避免的灾害，如何减少水害对社会的影响是评价水安全的又一个重要因素，通过选取可以反映城市干旱受灾情况、洪涝受灾情况及城市涉水灾害控制能力的指标评价城市人群涉水风险防治安全度。

这些指标既有正向指标（也称效益型指标），又有负向指标（也称成本型指标）。指标体系中各指标的趋势不尽相同，正向指标是指标值越大、评价结果越好的指标；负向指标是指标值越小、评价结果越好的指标。不同类型指标的指标值标准化方式不同。该部分指标的选取是通过查阅相关统计文献，结合城市自然资源现状，参考本研究中基于人群安全感知的城市水安全的定义及数据可得性，综合考虑而确定的。具体指标值的获取需要查询相关文献或统计资料，并且通过实地调研及部门访谈，获取水资源利用、水质状况、涉水灾害程度及社会经济状况等相关信息。

（2）指标权重确定

本研究采用主观赋权与客观赋权相结合的层次分析法（AHP）确定指标权重，先通过问卷调查的方式确定评价要素在研究区域的重要性，进一步提高指标设定的针对性和评价结果的准确性，在主观判断的基础上借助数据模型获得指标权重。层次分析法具体方法是：将决策问题“城市水安全评价”分解为三个层次（目标层、准则层和指标层），通过开展问卷调查及询问专家意见，运用 1～9 尺度判断，确定单个准则层内及准则层间各判断矩阵，最后运用 MATLAB 数据统计软件求得各矩阵的最大特征根及其对应的特征向量，若未通过一致性检验，则需重新进行判断矩阵的确定。若通过一致性检验，则该特征向量进行同一化后即可得准则层间各指标内部及各指标间的权重。

不同的指标往往具有不同的趋势和量纲，因此，为了消除指标的趋势和量纲对建模的影响，必须对指标进行同趋势化和无量纲化处理，统称为指标的标准化。本研究中采用离差标准化方法将参考数据中最大值和最小值进行标准化。

对于正向指标：

$$y_{ij}=\left(x_{ij}-x_{j\min}^{*}\right)/\left(x_{j\max}^{*}-x_{j\min}^{*}\right) \tag{2-17}$$

对于负向指标：

$$y_{ij}=1-\left(x_{ij}-x_{j\min}^{*}\right)/\left(x_{j\max}^{*}-x_{j\min}^{*}\right) \tag{2-18}$$

式中：y_{ij} —— 标准化后的指标值；

x_{ij} —— 待标准化的指标值；

$x_{j\max}^{*}$、$x_{j\min}^{*}$ —— 样本指标中的最大值和最小值。

该部分需要咨询水安全方面的专家，获得指标间重要性判断矩阵，还需要进行实地调研，通过调查问卷了解居民对各指标间重要性的判断，之后运用数据统计软件进行计算分析。

为获得城市居民对水安全的心理安全标准及精神需求并将其量化，本研究中提出“精神安全系数”的概念，将其引用到基于人群安全感知的城市水安全评价模型中以反映城市人群的安全感知。在此，精神安全系数是一个可以反映实际的城市水安全状态与城市人群安全感知大小差异的比值。针对前文对物质安全指标体系中子系统的考量与分析，将本研究中的精神安全系数分为水量、水质和涉水风险三个方面的系数，三者的数值与代表含义各不相同。

该部分的数据获取：主要是通过设计城市水安全调查问卷，进行实地问卷调研，从水量、水质及涉水风险三个方面分别获得当地实际水资源利用、水质状况及主要涉水灾害程度现状数据，及城市人群认为可以接受、符合其精神上的安全感知的具体水量、水质达标情况及风险发生情况标准，运用统计分析软件对数据进行统计分析，量化精神安全系数值。

（3）基于人群安全感知的城市水安全综合评价

本研究在对各子指标加权求和的基础上，结合精神安全系数进行基于人群安全感知的城市水安全综合评价。子指标加权公式为：

$$S=\sum W_{ij}Y_{ij} \tag{2-19}$$

式中：S —— 综合评价指数；

W_{ij} —— 各子指标权重；

Y_{ij} —— 各子指标对应的标准化值。

本研究在式（2-19）的基础上，结合精神安全系数，使其能够适当调控传统的仅对水资源、水环境进行评价所得的评价指数，同时满足城市人群对水安全的精神需求。为了能更准确、客观地反映城市水安全程度，按照目前国内外有关水安全指标的等级划分标准并结合本研究的研究特色，构建本研究的城市水安全评价等级标准。参照相应标准，采用综合指数分级方法，将城市水安全划分为 5 个等级：不安全、较不安全、基本安全、较安全和非常安全。将计量所得城市水安全评价值参考划分标准进行综合评价，判定城市水安全状态并具体分析。

2.2.4 城市水生态可持续性发展评价

水是城市发展的生命线，维系水生态可持续发展态势对城市健康发展具有重要意义。本小节提出一种城市水生态可持续指数，并结合自回归移动平均（ARIMA）模型对城市水生态可持续发展趋势进行定量评价和预测。该指数融合了水生态足迹和水生态承载力，通过比较分析城市水资源利用模式和污水消纳占用的水资源用地需求，明确城市水资源可持续供需关系。

城市水生态承载力是指在维持城市水生态系统自身及其支持系统健康的前提下，城市自然水生态系统所能支撑的人类活动的阈值，可用于反映城市水生态系统的供给能力。本研究通过分析可获得水资源生态足迹和水污染生态足迹，两部分加和可得到满足城市水资源供给和污水消纳的水资源用地需求。在此基础上计算城市水生态承载力，通过供需两方面的比较分析，可判断城市水生态可持续发展状况。

（1）城市水生态足迹

$$\mathrm{EF} = \mathrm{EF}_{\mathrm{wr}} + \mathrm{EF}_{\mathrm{wc}} \tag{2-20}$$

式中：EF —— 城市水生态足迹，hm^2；

$\mathrm{EF}_{\mathrm{wr}}$ —— 城市水资源生态足迹，hm^2；

$\mathrm{EF}_{\mathrm{wc}}$ —— 城市水污染生态足迹，hm^2。

其中，城市水资源生态足迹：

$$\mathrm{EF}_{\mathrm{wr}} = r_{\mathrm{w}} \times \frac{C_{\mathrm{wr}}}{P_{\mathrm{w}}} \tag{2-21}$$

式中：r_{w} —— 全球水资源均衡因子，量纲一；

C_{wr} —— 城市的水资源利用量（包括居民日常生活用水、生产运营用水、公共服务用水和城市生态需水等），m^3；

P_{w} —— 全球水资源平均生产能力，$\mathrm{m}^3/\mathrm{hm}^2$。

城市水污染生态足迹：

$$\mathrm{EF}_{\mathrm{wc}} = r_{\mathrm{w}} \times \frac{C_{\mathrm{wc}}}{P_{\mathrm{wc}}} \tag{2-22}$$

式中：r_{w} —— 全球水资源均衡因子，量纲一；

C_{wc} —— 城市污水排放量，t；

P_{wc} —— 全球水域对污水的平均消纳量，t/hm^2。

（2）城市水生态承载力

$$\mathrm{EC}_{\mathrm{w}} = 0.4 \times \varphi \times r_{\mathrm{w}} \times Q / P_{\mathrm{w}} \tag{2-23}$$

式中：EC_{w} —— 城市水生态承载力，hm^2；

φ —— 区域水资源产量因子，量纲一；

r_{w} —— 全球水资源均衡因子，量纲一；

Q —— 区域水资源总量，m^3；

P_{w} —— 全球水资源平均生产能力，$\mathrm{m}^3/\mathrm{hm}^2$；

0.4 —— 扣除 60%维持生态环境和生物多样性的水资源量。

（3）城市水生态可持续指数

本研究将城市水生态承载力与城市水生态足迹比值计为城市水生态可持续指数，用于表征城市水生态系统供给（水生态承载力）满足人类水资源生态需求（水生态足迹）的可持续程度：

$$ESI_w = EC_w / EF \tag{2-24}$$

式中：ESI_w —— 城市水生态可持续指数。

根据式（2-24），可以看出城市水生态可持续指数值越高，城市水生态可持续状态越好。当 $0 < ESI_w < 1$，表明城市水资源供给小于消费量，城市水生态呈不可持续发展状态；当 $ESI_w > 1$，表明城市水资源供给大于消费量，城市水生态呈可持续发展状态；当 $ESI_w = 1$ 时，城市水资源供给需求平衡，$ESI_w = 1$ 可看作是城市水生态可持续发展状态的临界点。

2.3 城市水资源优化配置

2.3.1 区域水资源系统生命周期环境影响评价

区域水资源系统生命周期环境影响评价是围绕生命周期评价（Life Cycle Assessment，LCA）和不确定性分析方法建立一套适宜于区域水资源分配管理、环境管理以及系统不确定性管理的综合评估体系。具体而言，区域水资源系统生命周期环境影响评价主要围绕以下的内容展开：

①以区域水资源为研究对象，将地表水、地下水以及海水作为水资源的三大来源，建立一定功能单位下不同类别水资源在生命周期各阶段的生命周期清单。

②以水资源流动分配为导向，以水资源系统中主要用户（居民、工业、农业以及生态）的水资源供给运输为目标，分析不同用户用水的生命周期各阶段的环境影响。

③以水资源在生命周期各阶段中不同水资源用户的供给为目标，选取水资源管理系统的温室气体效应、人体毒性、水生态毒性以及水体富营养化为主要的环境影响，运用模糊数学和蒙特卡洛模拟等理论和方法，建立一套适宜于中国区域水资源管理系统环境影响的不确定性分析方法。

④以不确定的水资源管理系统生命周期清单和环境影响为主要的立足点，建立一套水资源管理系统环境影响评价方法。该方法一方面能够体现水资源管理系统中不同阶段的环境影响，另一方面该环境影响评价模型参数的选取基于中国区域水资源管理的特点，充分考虑生态、居民、工业、农业的水资源供给条件。

区域水资源管理系统包括以下各部分（如图 2-5 所示）。

①水资源开采过程：该过程包括海水净化过程中的能源消耗。

②水资源传输过程：包括水资源从水库到净水厂的泵站能源消耗。

③水处理过程：水处理过程包括两种类别的过程，分别是净水处理过程和废水处理过程。分别考虑该过程中能源消耗以及主要化学品投入。

④水资源消费过程：考虑由于居民、工业以及农业等用水者的位置不同而造成水资源传输的距离不同。

⑤废水排放：根据不同的用水者的情况分别分析废水排放的情况。对农业而言，废水通过地表径流排入河流、湖泊之中，考虑该过程中非点源污染对生态环境的影响；对工业和居民而言，废水经过处理、满足国家的排放标准之后，排放到河流、湖泊之中，考虑该过程的水体污染物对生态环境的影响。

⑥水资源回用：回用水主要用于农业和工业生产过程，由于水资源回用而减少的水资源系统的环境影响通过删减原则来体现。

⑦时间边界：按照水资源管理优化的规划情景，分别选取近期、中期以及远期作为 3 个规划时间。

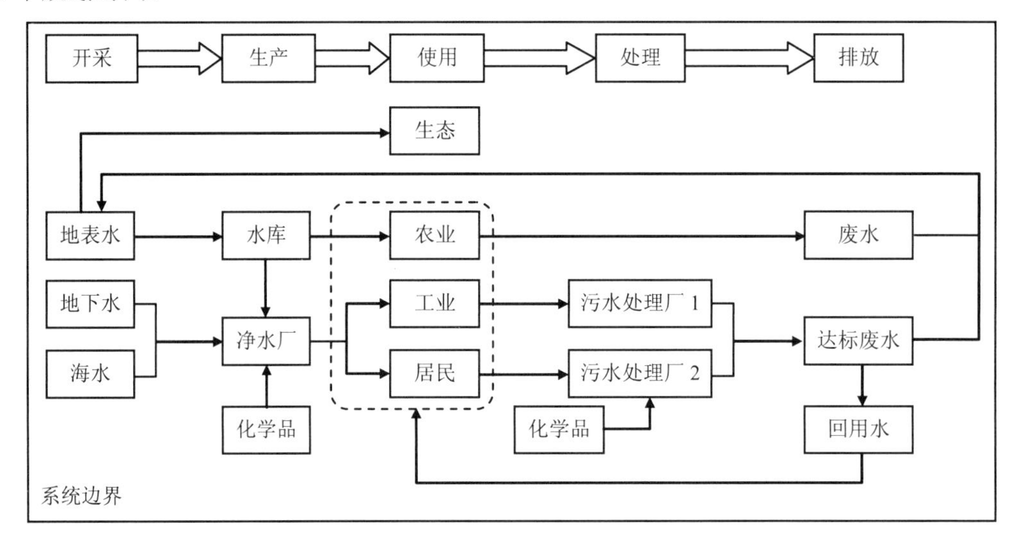

图 2-5　区域水资源管理系统

2.3.2　不确定条件下水资源利用优化配置与风险管理模型

在一个水资源紧缺的区域中，水资源分配会面临从多水源如何有效地分配供给多用户的问题。对水资源的使用者而言，他们期望知道供给的水资源量，进而进一步安排生产活动。而对水资源分配部门而言，除了满足区域水资源使用方的需求外，仍需要考虑如何保证在水资源分配过程中造成的环境影响最小。因为水资源的总量与降水量相关，所以水资源的量是一个随机变量。如果水资源量是充足的，在水资源管理过程中，会产生一定的环境影响；如果水资源量不足，那么需要从距离区域更远的地方调取水资源，这样会产生更大的环境影响。具体来说，水资源管理系统中第一阶段的决策是在降雨随机变量发生之前，根据水资源使用者的需求进行水资源分配与规划；当水资源随机变化以及其他不确定因素出现后，第二阶段的决策需要考虑和分析这些不确定因素所导致的水资源管理方案的变化。上述二阶段水资源管理可以用以下公式来表示：

$$\min \tilde{f}^{\pm} = \sum_{l=1}^{k}\sum_{i=1}^{n}\tilde{e}_{il}^{\pm}T_{il}^{\pm} + \sum_{l=1}^{k}\sum_{i=1}^{n}\left[\tilde{e}_{il}'^{\pm}\sum_{j=1}^{m}p_{jl}D_{ijl}^{\pm}\right] + \sum_{r=1}^{p}\sum_{i=1}^{n}\tilde{e}_{ir}''T_{ir}^{\pm} \quad (2\text{-}25)$$

$$T_{il}^{\pm} \geqslant D_{ijl}^{\pm} \geqslant 0, \forall i,j,l$$

$$q_{jl}^{\pm} \geqslant \sum_{i=1}^{m}\left(T_{il}^{\pm} - D_{ijl}^{\pm}\right), \forall i,j,l$$

$$C_{l} \geqslant \sum_{i=1}^{m}\left(T_{il}^{\pm} - D_{ijl}^{\pm}\right), \forall l,j$$

$$T_{i\max}^{\pm} \geqslant T_{il}^{\pm} + T_{ir}^{\pm}, \forall i,l,r$$

$$T_{il}^{\pm}, T_{ir}^{\pm}, D_{ijl}^{\pm} \geqslant 0, \forall i,j,l,r$$

式中：$\tilde{f}^{\pm}$ —— 水资源供应系统的环境影响；

$\tilde{e}_{il}^{\pm}$ —— 第一阶段中从第 l 个地表水水源供给第 i 个区域 1 m^3 地表水的环境影响；

$T_{il}^{\pm}$ —— 第一阶段从第 l 个地表水水源供给第 i 个区域的水资源量；

$\tilde{e}_{il}'^{\pm}$ —— 第一个阶段中的水资源分配目标不能满足的情况下，从境外的第 j 个水源地调水供给第 i 个区域 1 m^3 地表水的环境影响；

p_{jl} —— 从境外第 j 个水源地的第 l 个地表水水源可调出水的百分比；

$D_{ijl}^{\pm}$ —— 第一阶段中的水资源分配目标不能满足的情况下，从境外的第 j 个水源地调水供给第 i 个区域的水资源量（第二阶段）；

$\tilde{e}_{ir}''$ —— 第一阶段中从第 r 个水源供给第 i 个区域 1 m^3 其他类型的水资源（如地下水、淡化水、中水）的环境影响；

$T_{ir}^{\pm}$ —— 第一阶段从第 r 个其他水源供给第 i 个区域的水资源量；

i —— 城市不同区域；

j —— 境外水源地；

l —— 地表水水源；

r—— 其他类型的水源；

$q_{jl}^{\pm}$ —— 境外的第 j 个水源地第 l 个地表水水源地的供水能力；

C_l—— 第 l 个河流的供水能力；

$T_{i\max}^{\pm}$ —— 区域 i 的最大分配水资源量，m^3/a。

2.4 城市“三生”用水优化配置

城市“三生”用水包括生产用水、生活用水和生态用水。本节通过科学方法核算城市生态需水，从企业自身节水、工业结构调整、工业用水结构调整和用水政策调整几个方面优化配置城市工业用水，设计、比对、优化农业高效低碳用水策略，并从室内水系统、社区水系统、城市功能区水系统和城市总用水系统等 4 个不同系统层级构建城市生活用水网络体系并进行低碳优化配置，达到对整个城市“三生”用水系统的总体优化配置。

2.4.1 城市产业用水优化配置技术

为实现城市产业用水低碳优化配置，在现有城市水网基础上，补充多级水质供应和废水再生系统，形成城市梯级供水、用水网络系统。在现有技术条件下，根据不同用水类型的水质要求，设定各用水区域内水质等级。同时，根据各类污废水的水质状况，分类、分级回收再生循环利用，从而形成从单体到城市、涵盖不同城市功能区的城市梯级供水、多级用水的复合网络体系。

从企业自身节水、工业结构调整、工业用水结构调整和用水政策调整几个方面优化配置工业用水。

①企业自身节水：企业是节约工业用水的基本单元。在企业层面，开展用水审计活动，严防跑冒滴漏；推行节水器具使用，开发生产废水再生技术，充分利用企业再生水；开展企业生态园区建设，形成区域内各企业间梯级用水网络体系；开展生产用水、生活用水、生态用水、景观用水综合利用活动，优化区域用水网络体系。力争实现企业新水最小化和工业废水零排放。

②工业结构调整：审核工业系统的行业构成，剖析城市现有工业各行业对经济、用水、用能、废水排放等方面的份额，分析各工业行业水资源利用效率，率定城市工业耗水大户，查找工业用水效率低下的工业部门，制定政策削减高耗低产行业，同时增加低耗高产优势行业，实现城市工业整体向低碳用水优化。

③工业用水结构调整：改变工业用水结构，由单一的新水类型转向新水、再生水、

海水、雨水复合类型。其中，再生水包括企业自身的废水再生，也包括企业以外自身功能区内、城市其他功能区、城市再生水系统的再生水。同时，开发海水工业应用技术、海水淡化技术、雨水收集利用技术，从而改善工业用水资源来源，优化工业用水结构。

④用水政策调整：调整工业用水政策，根据供水来源类型和水质，制定工业用水梯级水价制度。制定政策鼓励工业企业自身用水循环再生，鼓励工业企业使用海水、雨水、再生水，提升付费水在城市工业行业用水中的比重，逐步消除免费水。结合国民经济发展规划，因地制宜，针对各工业行业提出行业用水水价基准。

其中，针对城市工业用水，本研究参考对数平均迪氏指数法（LMDI），对工业用水各影响因素进行分解，从而获取影响城市工业用水变化的驱动因素，以有的放矢地提出相应调整政策。LMDI 方法是最常用的定量估算影响因素的分解方法。参考能源经济中 LMDI 方法，将工业全行业用水的全要素分解模型用下式表达：

$$W=\sum_{ij}W_{ij}=\sum_{ij}Q\times\frac{Q_i}{Q}\times\frac{P_{ij}}{Q_i}\times\frac{W_{ij}}{P_{ij}}=\sum_{ij}QS_iI_{ij}d_{ij} \tag{2-26}$$

式中：$S_i=Q_i/Q$，$I_{ij}=P_{ij}/Q_i$，$d_j=W_{ij}/P_{ij}$。详细描述如表 2-7 所示。

表 2-7 工业用水的分解模型变量描述

变量	变量描述
i	工业产业分类
j	各产业相应行业
W	总用水量
W_{ij}	i 产业中 j 行业用水量
Q	总经济产出
Q_i	i 产业经济产出
P_{ij}	i 产业中 j 行业经济产出
S_i	i 产业经济产出比重
I_{ij}	i 产业中 j 行业工业产值
d_{ij}	i 产业中 j 行业用水强度

令基期的工业用水量为 W^0，其后各年的工业用水量为 W^T，则在 T 年时工业用水消耗增量变化 ΔW 的加法分解为：

$$\Delta W = W^T - W^0 = \Delta W_{gio} + \Delta W_{str} + \Delta W_{pro} + \Delta W_{int} \quad (2\text{-}27)$$

式中：ΔW_{gio} —— 经济发展效应，代表制造业总体经济发展规模对用水量的影响；

ΔW_{str} —— 产业结构效应，代表不同产业类型结构对用水量的影响；

ΔW_{pro} —— 行业比重效应，代表不同行业在相应产业类型中的比重对用水量的影响；

ΔW_{int} —— 用水强度效应，代表特定行业用水强度（单位工业产值的用水量）对用水量的影响。

其余各指标含义如表 2-7 所示。

各因素的 LMDI 分解公式分别为：

$$\Delta W_{gio} = \sum_{ij} \left(\frac{W_{ij}^T - W_{ij}^0}{\ln W_{ij}^T - \ln W_{ij}^0} \right) \ln(Q^T / Q^0) \quad (2\text{-}28)$$

$$\Delta W_{str} = \sum_{ij} \left(\frac{W_{ij}^T - W_{ij}^0}{\ln W_{ij}^T - \ln W_{ij}^0} \right) \ln(S_i^T / S_i^0) \quad (2\text{-}29)$$

$$\Delta W_{pro} = \sum_{ij} \left(\frac{W_{ij}^T - W_{ij}^0}{\ln W_{ij}^T - \ln W_{ij}^0} \right) \ln(I_{ij}^T / I_{ij}^0) \quad (2\text{-}30)$$

$$\Delta W_{int} = \sum_{ij} \left(\frac{W_{ij}^T - W_{ij}^0}{\ln W_{ij}^T - \ln W_{ij}^0} \right) \ln(d_{ij}^T / d_{ij}^0) \quad (2\text{-}31)$$

2.4.2 农业高效低碳化用水配置技术

农作物灌溉在农业用水中占有重要比重。我国是农业大国，农业耕地面积大，每年需要大量的农业灌溉用水。而灌溉技术的进步和普及可以大大降低农业用水量。针对此情况，在分析农业系统生命周期环境影响的基础上，结合农作物生物量和碳累积模型，建立城市高效低碳农作物灌溉系统综合管理模型。研究内容主要包括以下三点。

①农作物生物量评估：通过引入农作物生长函数，结合不确定性分析方法和城市水资源分布不确定分析，构建城市农作物生物量评价模型。

②不确定生命周期评价：通过分析城市农作物种植生命周期过程中相关物质和能源输入情况，结合统计分析模型、农业系统生命周期评价模型，建立城市农业系统生命周期清单，评估城市农业系统生命周期过程中的温室气体效应。

③低碳农作物灌溉系统优化管理：在城市农业系统生命周期温室气体效应评价的基础上，结合农作物生长函数、碳排放和碳累积模型，通过水资源分布和灌溉模式的不确定分析，在满足国家或地区农作物种植规划以及温室气体减排目标的条件下，建立城市高效低碳农作物灌溉系统综合管理模型。

首先，基于农作物生长函数 Y，建立农作物经济收益函数 f：

$$f(S)=u_i\times\sigma_i\times Y_{ij}\times S-d_iS-e_iS-\sum_{r=1}^{t}z_{ir}S \tag{2-32}$$

式中：f—— 区域农作物总收益；

u_i—— 1 000 kg 第 i 种农作物的价格；

σ_i—— 第 i 种农作物产量的年平均变化率；

Y_{ij}—— 第 i 种农作物在 j 区域单位面积的产量；

S—— 农作物种植面积；

d_i—— 种植单位面积的第 i 种农作物施用化肥的成本；

e_i—— 种植单位面积的第 i 种农作物农机投入的燃油成本；

z_{ir}—— 种植单位面积的第 i 种农作物所投入的其他物资的成本。

由于农作物生长函数 Y 受到降雨等不确定因素的影响，因此引入区间模糊数表征农作物生物量累积与水量（即灌溉和降水量）之间的关系，即 $\tilde{Y}^{\pm}$。

同时，基于农作物种植过程中参数不确定的特征，引入区间数表征农作物高效低碳用水管理模型：

$$\max\sum_{j=1}^{n}\sum_{i=1}^{m}\tilde{f}\left(S_{ij0}+s_{ij}^{\pm}\right) \tag{2-33}$$

$$\frac{\sum_{j=1}^{n}\sum_{i=1}^{m}\psi_{\mathrm{LCA}}^{\pm}\left(S_{ij0}+s_{ij}^{\pm}\right)}{\sum_{j=1}^{n}\sum_{i=1}^{m}\psi_{\mathrm{LCA}}^{\pm}\times S_{ij0}}\leqslant\Delta G\times Q^{\pm} \tag{2-34}$$

$$\sum_{i=1}^{m}\left(S_{ij0}+s_{ij}^{\pm}\right)\leqslant A_j^{\pm},\quad\forall j \tag{2-35}$$

$$\sum_{i_1=1}^{m'}\left(S_{i_1j0}+s_{i_1j}^{\pm}\right)\leqslant A_j^{\prime\pm},\forall i_1,i_1=1,2,\cdots,m',\forall j \tag{2-36}$$

$$\sum_{i_2=1}^{m''}\left(S_{i_2j0}+s_{i_2j}^{\pm}\right)\leqslant A_j^{\prime\prime\pm},\forall i_2,i_2=1,2,\cdots,m'',\forall j \tag{2-37}$$

$$\sum_{j=1}^{n}\left(S_{ij0}+s_{ij}^{\pm}\right)\geqslant C_{i}^{\pm},\forall i,i=1,2,\cdots,m',m'\leqslant m \tag{2-38}$$

$$\sum_{j=1}^{n}\sum_{i=1}^{m}\sigma_{i}\times\tilde{Y}_{ij}^{\pm}\times\left(S_{ij0}+s_{ij}^{\pm}\right)\geqslant(1+r)^{N}\sum_{i=1}^{m}D_{i} \tag{2-39}$$

$$\psi_{\mathrm{LCA}}^{\pm}(s^{\pm})=\sum_{j=1}^{n}\sum_{i=1}^{m}g_{i}^{\pm}s_{ij}^{\pm}+\sum_{j=1}^{n}\sum_{i=1}^{m}h_{i}^{\pm}s_{ij}^{\pm}+\sum_{j=1}^{n}\sum_{i=1}^{m}k_{i}^{\pm}s_{ij}^{\pm} \tag{2-40}$$

$$S_{ij0}+s_{ij}^{\pm}\geqslant 0,\forall i,j$$

$$S_{ij0}\geqslant 0,\forall i,j$$

$$C_{i}^{\pm}\geqslant 0,\forall i$$

$$A_{j}^{\pm},A_{j}'^{\pm},A_{j}''^{\pm}\geqslant 0,\forall j$$

式中：S_{ij0}——在基准年第 i 种作物第 j 个区域的种植面积；

$s_{ij}^{\pm}$——在规划年第 j 个区域种植第 i 种作物的面积变化；

ΔG——与基准年的国民生产总值相比，规划年的国民生产总值的变化率；

$Q^{\pm}$——规划年温室气体减排目标；

$A_{j}^{\pm}$——第 j 个区域的总耕地面积；

$C_{i}^{\pm}$——规划年中第 i 种粮食作物的最小种植面积；

r——规划年农作物产量最小增长率；

D_{i}——基准年中第 i 种农作物的产量；

$A_{j}''^{\pm}$——第 j 个区域的果林面积；

m''——果树种类数；

σ_{i}——第 i 种农作物产量年均变化率；

$\tilde{Y}_{ij}^{\pm}$——第 i 种农作物在第 j 个区域的单位面积产量。

$\psi_{\mathrm{LCA}}^{\pm}(s^{\pm})$——$S$ 区域农业生产活动的全球变暖趋势；

$g_{i}^{\pm}$——单位面积的第 i 种农作物的全球变暖趋势；

$h_{i}^{\pm}$——第 i 种农作物单位面积施肥过程的全球变暖趋势；

$k_{i}^{\pm}$——第 i 种农作物单位面积农机使用过程的全球变暖趋势；

$A_j'^{\pm}$ —— 第 j 个区域粮食作物最小种植面积；

m' —— 粮食作物种类数。

2.4.3 城市生活用水低碳化配置技术

围绕城市生活用水，分别从室内水系统、社区水系统、城市功能区水系统和城市总用水系统等4个不同系统层级构建城市生活用水网络体系。

①室内水系统：围绕单体居民建筑，结合居民生活习惯、用水标准、用水类型和现有生活污水处理技术水平，设定生活用水循环系数为0.3～0.5，推荐使用0.4。改善现有室内给排水系统，在现有室内生活用水单线路供水系统的基础上，补充设置室内再生水供应系统，形成双线路室内供水系统，此外将消防给水切换为再生水（如图2-6所示）。依此将可节约生活用水的30%～60%。

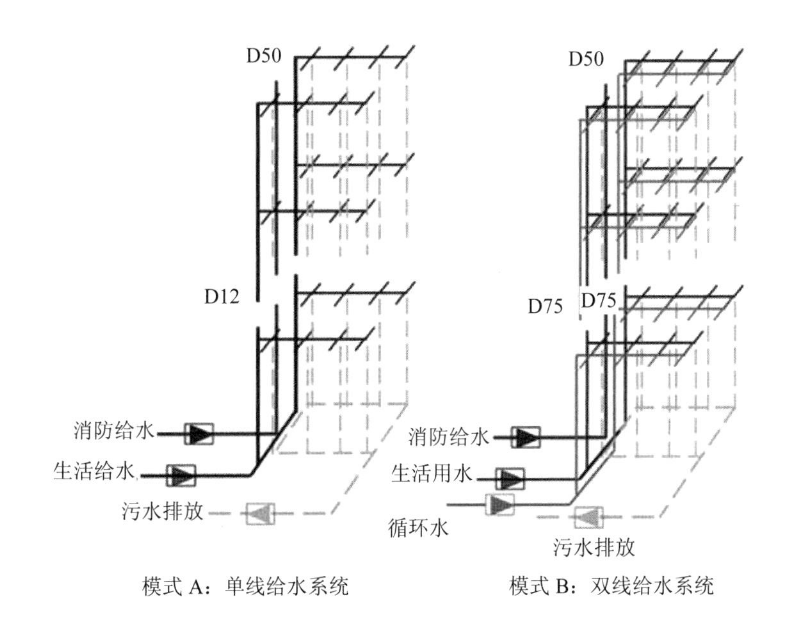

图2-6 室内给排水系统模式对比

②社区水系统：社区水系统承担着社区内各单体建筑的供水和污水收集功能。与单体建筑相比，社区不仅涵盖各类单体建筑，还增加了社区内雨水收集、景观用水等系统。在原有社区水网基础上，在社区内补充雨水收集和生活用水再生系统，社区内水循环系数为0.5～0.8，推荐采用0.6，采用再生水供应室内再生水、消防水和社区内景观用水。改善现有社区室外管网系统，将现有室外生活用水单线路供水系统改为双线路供水系统，

同时将雨水收集补充进入循环再生水系统，并将循环再生水系统用于社区消防、景观（如图 2-7 所示）。依此可节约社区生活用水的 50%～80%。

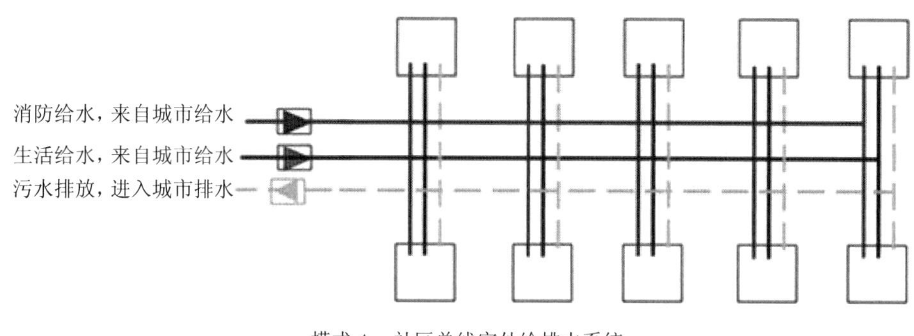

模式 A：社区单线室外给排水系统

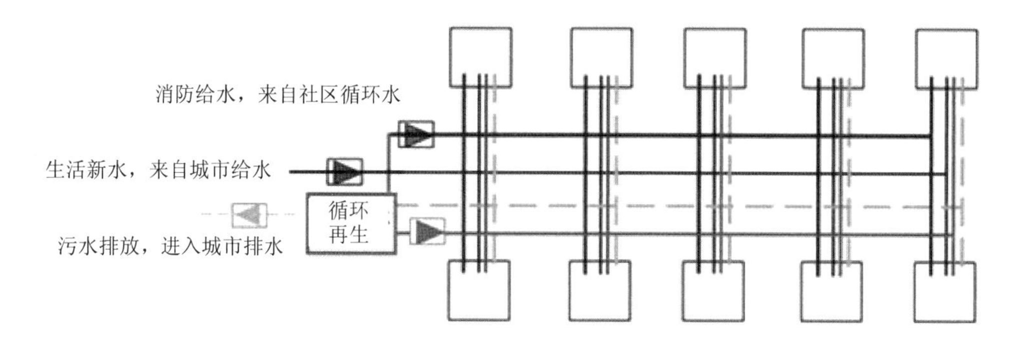

模式 B：社区双线室外给排水系统

图 2-7 社区室外水网系统模式对比

③城市功能区水系统：城市功能区主要有居住区、工业区、商业区、文教区、休闲疗养及旅游区等。不同功能区域用水类型和排水水质差异很大，应分别结合各功能区特点规划设计功能区内室内外水系统网络体系。在各功能区内部，基于室内和室外水循环再生利用技术方法，进一步优化功能区内不同用水排水类型间的联接关系，力争各功能区内水资源充分循环利用，实现新水用量最小化、再生水用量最大化、功能区外排废水最小化。在各功能区之间，将各功能区排放的不满足本功能区水质要求的再生水统一纳入城市再生水系统，二次再生后补充或供应城市生态、景观等用水（如图 2-8 所示）。依此将可节约各功能区用水的 40%～60%。

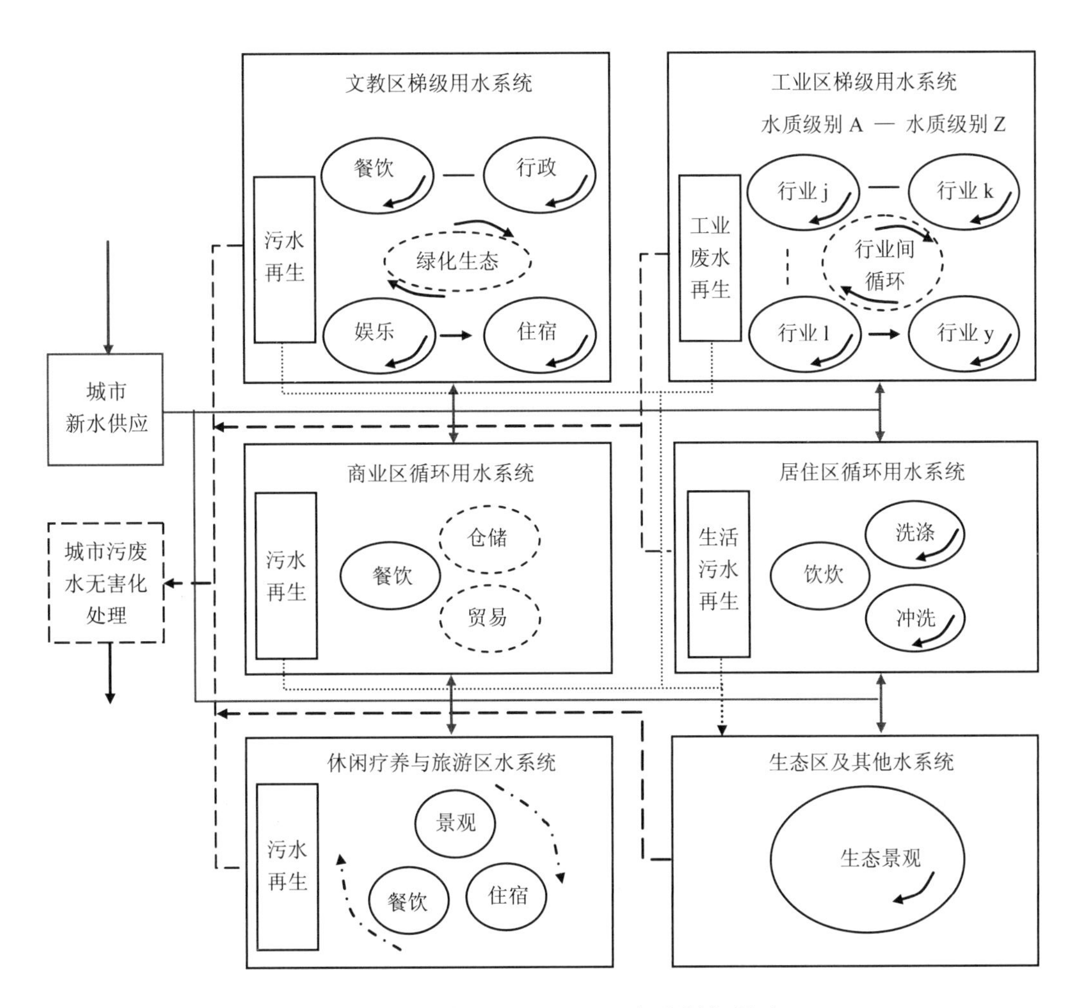

图 2-8　城市典型功能区循环用水系统模型框架

④城市总用水系统：在城市层面，将统筹城市各种水资源和各类用水系统及其间的联系。其水资源包括地表水、地下水、海水、雨水等。其用水系统将包括从一次水生产与供应为起点到末端用户、废水再生的各个环节；除了涵盖各类功能区外，还将考虑区域内农业系统以及水系与其他地区间的联系。利用前述单体、社区、功能区等水系统技术方法，城市层面在协调农业用水、生活用水、工业用水和生态用水之间关系的基础上，着重收纳各功能区排放的水质恶劣的外排水，利用废水深度处理技术，实现废水的无害化，并将废水外排至环境系统。收集各功能区排放的可用外排水，并设置城市再生水管网，将水输送到水质要求较低的功能区域。开发生活用水生态化技术，因地制宜地补充部分农业用水、生态用水和景观用水，从而形成城市梯级供水、多级用水的复合网络体系（如图 2-9 所示）。

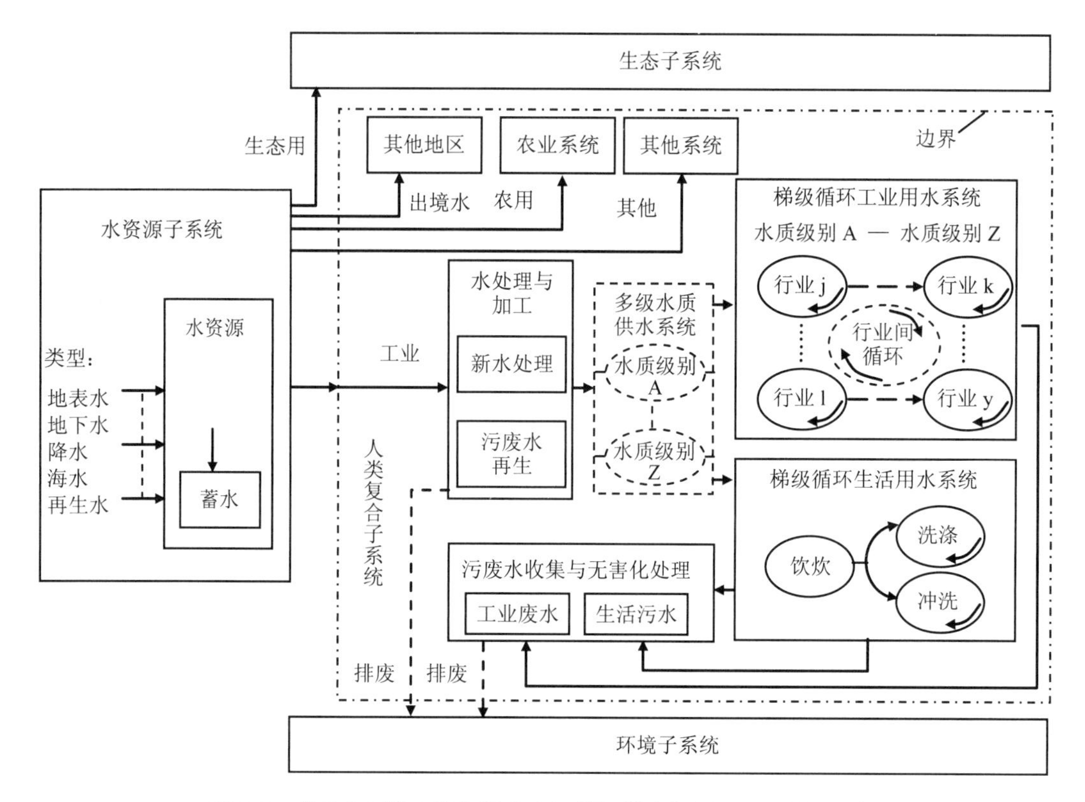

图 2-9 基于水质梯度的多级水资源梯级供应与循环利用模型框架

2.4.4 城市生态用水调控技术

对于“三生”用水中的生态用水，注重考虑生态用水调控。生态用水调控把供水调蓄设施（水库、调水工程等）、用水部门和河流生态系统作为一个整体的研究系统，其基本思想是从该大系统出发，以水平衡为基础，通过供水设施对系统的径流过程进行合理的调蓄，确定满足生态基流下的调控方案，得出可供给的最大水资源量及其时间过程，使系统中的生态用水和生产用水分配相协调，缺水率最小。

在生态调控分期的基础上，以河流健康评价的各指标得分为依据，结合当前河流的实际情况分析综合确定水利工程的生态调控目标。1—3 月为封冻期，各河段水文指标和水体理化指标得分最低，是影响河流健康的主要因素。此时要改善河流健康状况，应以改善河道内水文及水质条件为调控目标。同时考虑到河流此时期基本处于封冻阶段，生态系统对河流水量要求最低，因此将调控目标确定为维持河流一定规模、保证河道不断流的水量调控。3—5 月、10—12 月为河流枯水期，该时期河流水体理化指标得分变化明显，且该指标与河流水文条件高度相关。此外，河流景观效应指标得分在该时期下降，主要原因在于河流流量在枯水期较少且水质状况较差，直接导致人们对河流的亲近度不高。因此，将该时期的调控目标定位为改善水环境状况、维持河流自净稀释流量、提高水体水环境容量的水质调控。6—9月，河流处于汛期，该时期来水量较大且水环境状况最好，说明水量增大对水质的改善已经达到最大化。此时期，河流形态结构指标得分下降，表明此时段大流量洪水对河岸冲刷严重，河流含沙量增加，河岸侵蚀较其他时期重。同时结合河流的泥沙、河道淤积状况，将调控目标定位为维持河道输沙需水量的输沙调控。

想要找到合理正确的生态调控原则，必须清楚河流生态问题的来源，通过研究其规律及特征，给出适宜的调控方法。根据流域下游的生态系统所存在的问题，生态需水量调控以维持下游河道基本功能为目标，主要调控流域下游生物生长繁殖的基本生态需水量，防止泥沙淤积、具有可比拟天然冲沙能力的水量，防止水华、咸潮入侵所需的水量，防止河道萎缩及断流的水量等。可以通过改变水库的下泄流量、泄流时间以及泄流方式来满足下游河道生态系统的最小生态需水量。最终结果是保持河流以适宜生态径流量下泄，不允许河流径流量小于最小的生态径流量。其中，水库下泄流量可采用双断面控制法进行确定，具体方法如下。

（1）水量控制断面界定

计算中设置两类水量控制断面，一类是水库下游附近的控制断面；另一类是水库下游、距离水库较远的控制断面。由于水库下游附近的河段受水库的影响最为剧烈，因此设置第一类控制断面，而第二类控制断面的设置是为了通过满足这些断面的生态需水量，实现满足流域主要河段的生态需水量的目的。

（2）水库下泄流量计算

水库与两类水量控制断面的基本位置关系可以用图2-10表示，图中A表示水库，B表示第一类水量控制断面，C表示第二类水量控制断面，B控制断面的生态需水量为Y_1，C控制断面的生态需水量为Y_2。

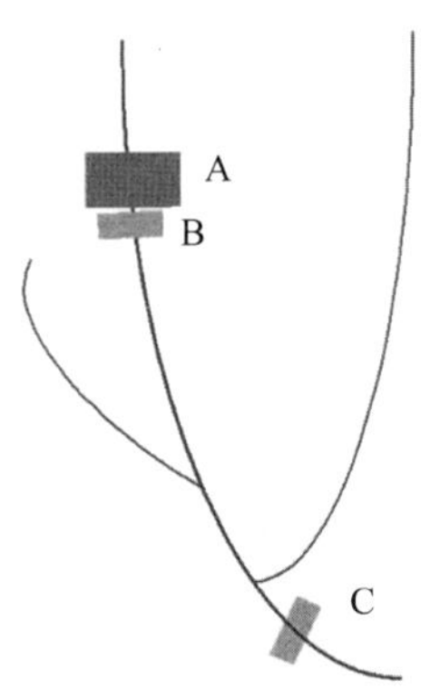

图2-10 水库与水量控制断面相对位置示意

1）满足 B 控制断面生态需水量的水库下泄流量计算方法

第一类控制断面紧邻水库，控制断面的水几乎都来自水库的下泄水量，因此为了满足这类断面的生态需水量，水库的下泄流量 X_1 等于断面的生态需水量 Y_1，即：$X_1=Y_1$。

2）满足 C 控制断面生态需水量的水库下泄流量计算方法

为了满足 C 控制断面的生态需水量，A 水库的下泄流量 X_2 应该满足下式：

$$Y_2 = X_2 - Z + P - E - S + L \tag{2-41}$$

式中：Y_2 —— C 控制断面的生态需水量；

X_2 —— 水库的下泄流量；

Z —— A—C 区间净取水量（取水量与回水量之差，包括干流和支流）；

P —— A—C 区间汇水范围内降雨直接产生的径流量（包括干流和支流的汇水范围）；

E —— A—C 区间水面蒸发量（包括干流和支流水面）；

S —— A—C 区间河流渗漏量（包括干流和支流）；

L —— A—C 区间基流量（地下水转化为地表水的量，包括干流和支流）。

分别确定 P、E、S 和 L 这几个量都比较困难，尤其是地表水与地下水相互转化关系复杂，S 和 L 难以量化，因此需确定整体控制方法。$T=P-E-S+L+Z$，T 为区间水量天然增加值，它主要由自然控制，受人为扰动较小。区间水量天然增加量 T 近似等于区间汇水范围内产生的径流量。可通过流域的径流深等值线图，计算出 A—C 区间河段的汇水范围产生的径流量，然后按照 C 点的天然径流情况把计算出的径流量分配到各月，作为各月的 T 值。因而，为了满足 C 控制断面的生态需水量，水库 A 需下泄的水量为 $X_2=Y_2+Z-T$。

3）水库优化的下泄流量计算方法

水库的下泄流量需要同时满足以上两类控制断面的生态需水量要求，因此需要对 X_1、X_2 取最大值，即水库优化的下泄流量 $X=\max(X_1, X_2)$。

第 3 章　城市雨水生态收集利用

随着城市化的发展，城市的下垫面条件与之前相比发生了巨大变化。城市下垫面条件的改变使得城市原有的气象水文状况和水文循环发生了巨大变化，突出表现为以下两大问题：城市频繁出现内涝和积水，城区排洪防涝压力增大；雨水径流造成的水体污染问题也越来越严峻。面对严峻的雨水径流问题，应该借鉴国内外先进的理念和管理措施，采取一系列工程性和非工程性的措施解决径流污染问题，并应积极探索以实现雨水的资源化利用。尽管国外先进的雨水利用技术被广泛地应用，但应因地制宜地学习改造这些技术来进行本土化。通过对国内外雨水生态利用相关背景知识的学习，结合我国城镇化的特色，推进绿色、低影响开发和可持续发展等理念，推广低影响开发、可持续排水系统、水敏感设计等技术，在设计中强化自然控污能力。

本章从建设指导角度阐述了城市雨水低碳化控制利用的具体内容，通过采取实验室研究、实地研究、示范应用相结合的方式，分别开展雨水污染源解析、低影响开发设计与模拟、生态水系植物配伍研究、雨水生态收集利用效果研究等四部分研究，以达到城市雨水的低碳化控制和资源利用的目的。

3.1　雨水生态收集利用理念与依据

传统城市雨水管理模式是在雨水降落地面后，一部分雨水通过地面下渗补充地下水，不能下渗或来不及下渗的雨水通过地面收集后回流进入雨水口。雨污分流系统中，雨水通过管道收集后，排入河道或通过泵提升进入河道；合流制系统中，雨水与污水混合进入污水处理厂。由于初期雨水冲刷路面会携带大量的污染物，直接排入水体会导致天然水的污染，受污染的水体会有大量生物繁殖，代谢产生 CO_2 等碳化合物并排放到空气中。若雨水直接进入城市污水处理厂，则会产生进水量的冲击负荷，增加污水处理系统的负荷，以及各级提升泵的负荷，由此产生大量能源消费型碳排放。雨水进入污水处理厂，一方面因污水处理大量耗电，电能生产过程存在碳的排放；另一方面，微生物降解污水中的污染物并释放出 CO_2。总之，雨水无论排放还是处理，都会产生大量碳的排放。随着城市化程度的提高，传统雨水管理模式的碳排放量越来越大。

城市雨水低碳化控制利用顺应了低碳-生态的城市规划建设理念，对提高城镇化质量和生态文明建设水平具有重要作用。本研究从建设指导角度阐述了城市雨水低碳化控制利用的具体工程内容与实施方法，所体现的低影响开发和雨水资源循环利用不同于传统的高碳型排放工程，可以在很大程度上减少碳的排放，体现了低碳城市理念。具体是将屋顶、庭院、广场、道路等下垫面进行生态型铺装或改造，从源头对雨水尤其是初期雨水进行原地分散式生态截流收集、沿程生态滞留输送、末端生态净化储存，经适当处理后回用于绿地灌溉、冲厕、洗车、景观补水、喷洒路面等。雨水低碳收集回用使雨水就地直接利用，既减少了雨水排放量，又节约了自来水用量，从而减少了用水的碳排放量。收集回用的雨水未进入外部排水系统，降低了合流制污水处理厂的处理负荷，从而减少了污水处理过程的碳排放量。

3.2 城市雨水污染源解析技术

随着城市化的快速发展，城市原有的地表发生了巨大变化，不透水面积大大增加，其结果是地表产流量增加、洪峰时间提前，致使不少城市在汛期常常发生积水和内涝。同时，城市地表累积的污染物增多，经雨水冲刷、淋洗，形成了总量巨大的污染负荷，对水环境造成了严重污染。研究城市雨水径流问题，获取对雨水径流量的削减途径，寻找径流污染问题的控制方法，可实现城市水体环境的良性循环，从而满足整个城市健康、可持续发展的目标和要求。

3.2.1 城市降水特征分析

（1）资料收集

调查城市基本的自然地理概况，包括其自然条件、水资源及气象水文状况等；统计收集气象水文资料，包括气温、日照、降水量、蒸发量等。

（2）降水量变化的评价标准

①降水量等级根据降水距平百分率（$\Delta R\%$）按下面标准划分（如表 3-1 所示）。

$$\Delta R\% = \frac{Y - Y_{\mathrm{P}}}{Y_{\mathrm{P}}} \times 100\% \tag{3-1}$$

$$Y_{\mathrm{P}} = \frac{1}{n}\sum_{i=1}^{n} Y_i \tag{3-2}$$

式中：Y—— 某时段降水量；

Y_P—— 同一时段的平均降水量；

n—— 时间点；

Y_i—— 某一时间的降水量。

表 3-1 降水量等级标准划分

ΔR%值	降水量等级
ΔR%≥30%	异常偏多
20%≤ΔR%<30%	显著偏多
10%<ΔR%<20%	偏多
−10%≤ΔR%≤10%	正常
−20%<ΔR%<−10%	偏少
−30%<ΔR%≤−20%	显著偏少
ΔR%≤−30%	异常偏少

②平均气温、日照时数的异常程度用异常度 C 表示。

$$C = \frac{Y - Y_P}{\delta_y} \tag{3-3}$$

$$Y_P = \frac{1}{n}\sum_{i=1}^{n} Y_i \tag{3-4}$$

$$\delta_y = \sqrt{\frac{1}{n-1}\sum_{i=1}^{n}(Y_i - Y_P)^2} \tag{3-5}$$

式中：δ_y——标准差。

其等级标准如表 3-2 所示。

表 3-2 平均气温、日照时数异常程度等级

C 值	变化评价
C≥2.0	异常偏高（多）
1.5≤C<2.0	显著偏高（多）
1.0<C<1.5	偏高（多）
−1.0≤C≤1.0	正常
−1.5<C<−1.0	偏低（少）
−2.0<C≤−1.5	显著偏低（少）
C≤−2.0	异常偏低（少）

③按世界气象组织（WMO）的规定，以 1971—2000 年 30 年平均值为常年平均值。

④内陆降雨强度等级划分如表 3-3 所示。

表 3-3 内陆降雨强度等级划分

项目	24 h 降水总量/mm	12 h 降水总量/mm
小雨、阵雨	0.1～9.9	≤4.9
中雨	10.0～24.9	5.0～14.9
中雨—大雨	17.0～37.9	10.0～22.9
大雨	25.0～49.9	15.0～29.9
大雨—暴雨	33.0～74.9	23.0～49.9
暴雨	50.0～99.9	30.0～69.9
暴雨—大暴雨	75.0～174.9	50.0～104.9
大暴雨	100.0～249.9	70.0～139.9
大暴雨—特大暴雨	175.0～299.9	105.0～169.9
特大暴雨	≥250.0	≥140.0

3.2.2 城市雨水径流污染负荷计算

目前，对城市雨水径流中污染负荷的估算，主要有以建立模型为主的模型法和以实测数据为基础的浓度法。模型法一般有物理模型法和统计模型法。本研究主要利用浓度法对城市雨水径流污染负荷进行估算。

浓度法基于对雨水径流中污染物浓度的实测资料，利用径流量和径流中污染物实测浓度进行估算。该方法不考虑径流中污染物的形成、转化机理，只以监测到的污染物浓度和径流量为基础，从宏观上对径流中污染物的输出总量进行估算。

径流污染所受的影响因素较多，雨水径流的径流量和水质具有随机性与不稳定性的特点。这样往往造成不同地区、不同场次降雨事件之间污染水平难以比较的现实。因此，本研究采用目前常用的径流中污染物浓度的表征方法：次径流平均浓度（Event Mean Concentration，EMC）及多种降雨径流平均浓度。

（1）次径流平均浓度

次径流平均浓度是指单场降雨事件中，径流中污染物总量（M）与径流总量（V）的比值。其数学表达如式（3-6）所示。

$$\mathrm{EMC}=\frac{M}{V}=\frac{\int_0^{t_r}C(t)q(t)\mathrm{d}t}{\int_0^{t_r}q(t)\mathrm{d}t} \tag{3-6}$$

式中：M—— 整个降雨事件中，径流中污染物总量，mg；

V—— 径流总量，L；

$C(t)$—— t 时刻的污染物质量浓度，mg/L；

$q(t)$—— t 时刻的径流量，L/s；

t—— 时间，s；

t_r—— 降雨事件终止的时刻（降雨开始时计为 0），s。

（2）次降雨径流污染负荷

次降雨径流污染负荷是单场降雨所形成的径流中的污染物总量。次降雨径流污染负荷常用式（3-7）计算。

$$L=0.001\times\mathrm{EMC}\times R\times A\times P \tag{3-7}$$

式中：L——次降雨径流污染负荷，g；

0.001 —— 单位转换系数；

EMC —— 本次降雨径流的污染物平均质量浓度，mg/L；

R—— 本次降雨的径流系数，量纲一；

A—— 集水区面积，km^2；

P—— 本次降雨的降雨量，mm。

通过实测的基础资料，按式（3-6）计算得到降雨事件的次径流平均浓度，然后求得研究区域的径流系数，就可以估算出次降雨径流污染负荷。

（3）年降雨径流污染负荷的计算

年降雨径流污染负荷是指一年中所有降雨事件所排放的污染物的总量。地表径流排放污染负荷的随机性导致在实际监测中每次降雨的实测污染负荷值都相差较大，单次降雨的径流污染负荷代表性较差，一般以平均污染浓度对研究区域的年降雨径流负荷进行估算，以评价该地区的径流污染状况。

年降雨径流污染负荷常用式（3-8）进行计算：

$$L=0.001\times\sum_{i=1}^{m}\mathrm{EMC}_i\times R_i\times A\times P_i \tag{3-8}$$

式中：L—— 年降雨径流污染负荷，g；

0.001 —— 单位转换系数；

EMC_i—— 第 i 次降雨径流的污染物平均质量浓度，mg/L；

R_i—— 第 i 次降雨的径流系数，量纲一；

A—— 集水区面积，km^2；

P_i—— 第 i 次降雨的降雨量，mm。

由于在实际计算中，不能测得每次降雨的污染物浓度，因此利用式（3-8）计算时不便的，式（3-8）可以简化为：

$$L_y = 0.001 \times \text{EMC}_s \times R \times A \times P \tag{3-9}$$

式中：0.001 —— 单位转换系数；

EMC_s —— 多次降雨径流的污染物平均质量浓度，mg/L；

R —— 第 i 次降雨的径流系数，量纲一；

A —— 集水区面积，km^2；

P —— 第 i 次降雨的降雨量，mm。

3.3 雨水利用低影响开发设计与模拟

本节利用暴雨洪水管理模型（Storm Water Management Model，SWMM）评价雨洪管理措施效果并模拟雨洪管理措施对降雨径流的处理过程。依据案例区的基本资料进行低影响开发（LID）措施的选用，构建案例区的低影响开发体系，通过 SWMM 模型构建出符合该案例区的低影响开发雨水系统模型，利用该模型进行不同降雨强度下的降雨径流模拟，得到该雨水生态收集案例区的降雨、产流、汇流及雨水下渗利用全过程的水质、水量变化情况，实现案例区低影响开发措施运行效果的模拟。主要研究内容包括：①根据案例区的基本资料设计雨水排水管道。研究低影响开发措施的分类、特点适用性，在案例区内设置低影响开发方案，确定其位置、规模、做法。②简要介绍 SWMM 模型的地表产流汇流机理、污染物的累积与冲刷机理、各项低影响开发措施在 SWMM 中的表达，为雨水生态收集与利用案例区系统模型的建立提供理论基础。③构建雨水生态收集利用案例区的系统模型并确定水力参数、水文参数、水质参数。对雨水生态收集与利用案例区低影响开发措施的实施效果进行模拟评价。

3.3.1 雨水利用低影响开发设计

低影响开发（LID）是一项管理城市雨水径流的综合性措施，其可归纳为 5 个方面（如图 3-1 所示）。

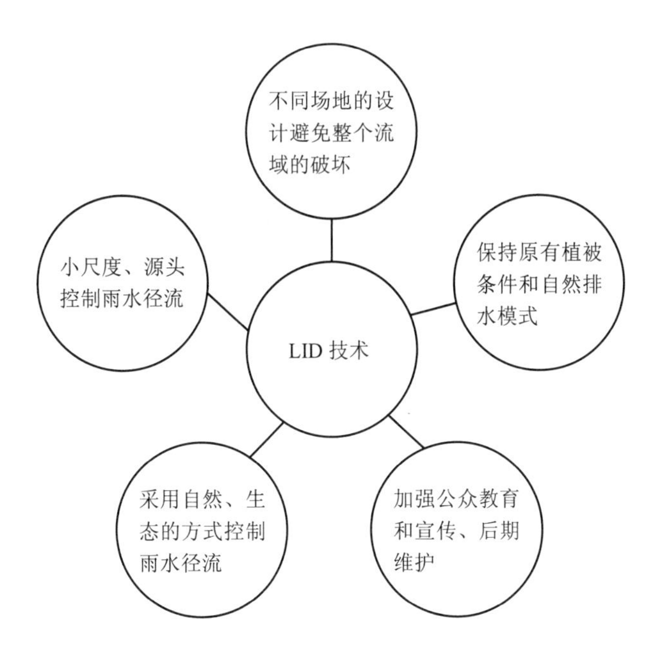

图 3-1　低影响开发技术的主要组成

传统的城市雨水排水规划设计与低影响开发不同，这导致在整个降雨事件中雨水的径流量过程线是不一样的。传统雨水排除方式中，径流量随着降雨时间的延续慢慢增大，在达到径流峰值后，径流量随降雨时间减小，直至降雨结束，径流量减小为零。在利用低影响开发措施的场地上，由于受场地源头措施的控制，径流量增长较慢，其径流峰值也远远小于传统情况下的径流峰值。低影响开发与传统排水方式的区别如图 3-2 所示。

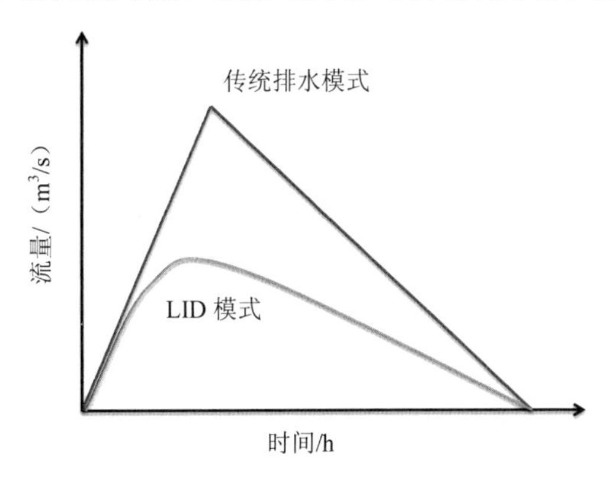

图 3-2　低影响开发控制雨水示意

传统的排水设计是以雨水尽快排除为根本目的，对雨水的低影响开发措施的重点则在于强调从源头控制雨水径流造成的污染。传统雨水排除方式与低影响开发措施的对比如表 3-4 所示。

表 3-4 传统雨水排除方式与低影响开发措施的对比

项目	传统雨水排除方式	低影响开发措施
设计理念	快速排除雨水，降低区域雨水径流洪峰流量，末端控制	从源头控制雨水水量和水质，控制面源污染
主要措施	分雨污完全分流制、截留式排水制等，依靠雨水管渠、排水泵站、城市防洪设施等措施	依靠雨水花园、透水铺装、绿色屋顶、下凹绿地、植草沟等一系列分散的措施
径流削减	不能削减径流峰值和径流总量，易发生洪涝灾害	通过渗滤、截留等从源头上控制产流量，能补给河流基流
水质控制	不能控制径流污染，一般直接排入水体（即完全分流式排水制）或者截留后送入污水处理厂（即截流式排水制）	能通过沉淀、过滤、吸收等作用，在很大程度上控制径流污染
生态效应	—	补充地下水、创造微气候环境、减轻城市热岛效应等
升级改造	复杂	简单
管理维护	复杂	简单

低影响开发技术主要有六大类：保护性设计、渗透技术、径流贮存、过滤技术、生物滞留、低影响景观等。在控制径流时可结合实际情况进行选择，具体情况如图 3-3 所示。

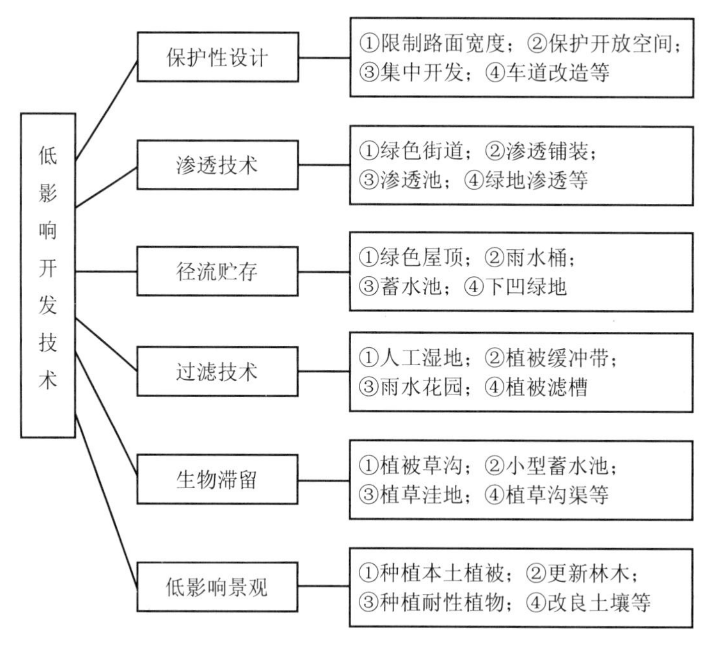

图 3-3 低影响开发技术体系分类

在控制城市道路径流污染方面，可以参考借鉴低影响开发的设计理念，因地制宜地利用这一措施，对雨水径流从源头、传输过程与终端采取组合的工程控制措施，削减径流总量、延缓洪峰时间、削减径流污染负荷并最终实现雨水资源化利用的目的（如图3-4所示）。

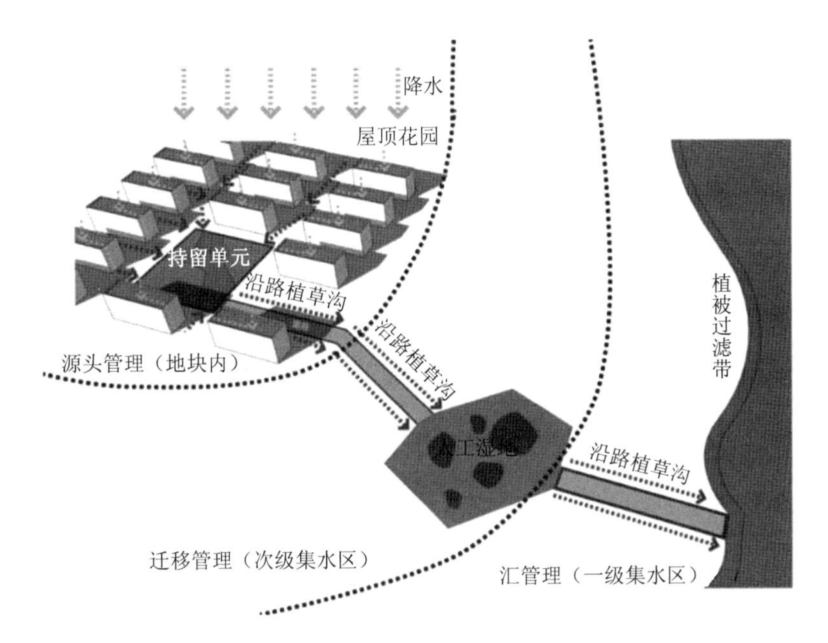

图3-4　雨水径流源头、传输过程与终端组合工程控制措施

依照雨水径流控制的措施特征，工程措施主要分为三大类型：源头控制措施、中间控制措施和末端控制措施（如表3-5所示）。

表3-5　工程措施的主要雨水设施及其应用

类型	低影响开发雨水景观设施	示意图	实际应用
源头控制措施	绿色屋顶		用于建筑屋顶。截留雨水、净化水质，对建筑物起到隔热作用，缓解热岛效应，冬暖夏凉，起到节能和美化环境的作用
	雨水花园		用于小尺度绿地内，如街头、住宅、停车场等，适用于小于1 hm^2的汇水面积区域。滞留、净化雨水，营造生态环境
	下凹式绿地		用于街道、住宅等绿地，一般比周边街道或地面低5～20 cm。滞留、净化雨水，营造生态景观

类型	低影响开发雨水景观设施	示意图	实际应用
源头控制措施	透水铺装		包括人行道、车辆较少的车行道、停车场、广场路面。增加下垫面渗透性，渗透雨水，减缓径流，小雨时基本无径流形成
中间控制措施	植被浅沟		用于道路两侧、不透水路面的周围，可以同雨水管网联合使用。起到收集、输送和净化雨水的作用
	植被缓冲带		用于滨水地带。减缓径流，净化雨水，防止水土流失
末端控制措施	生态堤岸		用于湖滨、河道堤岸，在生态堤岸上种植护坡植物。雨水截污，保护河湖，构建良性生态系统
	湿地、雨水塘		用于公园、滨水区等。控制洪峰流量，调蓄利用雨水，净化水质，营造生态水景观
	多功能调蓄	wet dry	结合生态、雨水和其他社会功能，非雨季时没有水或保持低水位状态，将公园等存储空间建立在水位以上

源头控制措施是指雨水径流传输过程中的开始区的措施，即雨水直接降落在区域内并产生径流。经实践检验，在起始点对雨水径流的控制措施是对面源污染的控制效果最理想，同时也是最经济的重点控制措施。中间控制措施是指从场地中产生的雨水径流传输到下一控制利用措施或场地外的过程中，开展的收集、输送和净化雨水的措施。末端控制措施主要发生在雨水途经的末端区域，其位置与雨水径流输送途径有关。在场地雨水规划设计中可能会用到一个或几个措施，这取决于场地类型、雨水管理设施类型等，设计时要因地制宜，使雨水管理设施与生活设施、自然景观达到统一和谐。

3.3.2 研究区域 SWMM 模型的建立

SWMM 模型是由美国环境保护局（USEPA）为了解决日益严重的城市排水问题，研发的一个 FORTRAN 语言的计算机程序，主要用于模拟分析城市径流水量和水质问题。该模型最早开发于 1971 年，经过几十年的发展而完善升级。模型主要用于城区雨水径流、合流制管道、污水管道等排水系统的规划、分析和研究。模型将研究区域概化为子汇水区、节点、排水管线三部分，模拟过程包括地表径流模拟、径流水质模拟和排水管网传输过程模拟。SWMM 可以模拟由多个时间步长构成的时段内任一时刻任一汇水区的径流量和水质变化，以及每一管渠中任一时刻的流量、水深和水质。SWMM 模型是国际上通用的排水管网分析计算模型，已经在国内外得到广泛应用。随着室外排水设计规范的不断修编以及排水系统规划管理的技术进步，SWMM 模型在国内的应用前景将十分广泛。

在 Windows 系统下运行 SWMM 模型，可对研究区域的各种水文、水力和水质属性进行编辑，运行结果可以多种形式显示，并可分析统计频率，便于对 SWMM 模型的二次开发集成以及结果呈现。从 5.0 版本开始，SWMM 模型增加了低影响开发（LID）模块，可以实现低影响开发措施对排水系统的影响评估，模拟低影响开发对径流的滞留效果、滞留量的分析以及污染物控制的效果。同时 SWMM 模型也是一款免费的开源软件，因此为科学研究提供了便利，同时也是众多商业软件的核心计算引擎。

（1）研究区域子汇水区的概化

研究区域为普通住宅小区，小区内有景观湖。为提高小区抗洪排涝能力，故在小区内设置各类低影响开发措施，主要包括下凹式绿地、渗透沟、雨水花园、渗透铺装、植被缓冲带等。

概化原则如下：

①研究区域内的各子汇水区的降雨是均匀分布的，各子汇水区的降雨强度是相同的。

②子汇水区的划分依据 CAD 图纸地形标高、雨水管网情况等确定，子汇水区汇集雨水就近排入雨水管网或相近的汇水区。

③根据本研究区域子汇水区的下垫面特性，将下垫面分为透水地面、有洼蓄量的不透水地面和无洼蓄量的不透水地面。透水地面不产生径流，有洼蓄量的不透水地面在降雨过程中首先满足地表的洼蓄量后再产生径流，无洼蓄量的不透水地面在暴雨初始即产生径流。

④根据区域内的土地利用类型，将其分为屋面、绿地、道路、水系四类。由于水系的径流量和径流污染浓度的变化不在本研究范围内，故在模型中考虑的本研究区域的土地利用类型仅包括屋面、绿地和道路三大类。

（2）水力参数的确定

SWMM 模型中涉及的参数包括水力参数、水文参数和水质参数。水力参数在本研究区域内为雨水管网的属性设置，主要包括雨水管道的特征属性和相应节点、排放口的属性。雨水管道的属性包括管道长度、管道直径、坡度以及曼宁系数。其中管长、管径和管道坡度可由提供的 CAD 设计图纸直接获得，并可根据与管道相接的节点内底标高值获得相应的管道偏移量，而管道曼宁系数则与管材有关。

在本研究中只需输入检查井内底标高值，即可获得节点属性（即检查井属性），而雨水管内底标高可由提供的 CAD 图获得。在模型中，排放口是研究区域排水的输出节点，1 个系统中必须要设置 1 个排放口。可以将排放口与管道相接，也可以直接将雨水排至河道中。本研究区域共有 2 个排放口，模型中排放口的类型选择默认类型，排放口的标高选择相应节点的内底标高值。

（3）水文参数的确定

SWMM 模型中，地表产汇流模块中的水文参数主要包括子汇水区的各项特性，如面积、宽度、坡度、透水地表洼地蓄水量、不透水地表洼地蓄水量、透水地表曼宁粗糙率、不透水地表曼宁粗糙率、不透水地表所占比例、不透水无洼地蓄水地表所占比例、湿润前锋处的平均毛细管吸力（吸入水头）、土壤水力传导率（导水率）以及湿度亏损值（初始亏损）。其中，汇水区域面积、不透水率、汇水区坡度、汇水区宽度具有显著的空间特征，可以通过测量计算得到。

1）子汇水区宽度（Width）

子汇水区宽度的物理定义是子汇水区面积与地表漫流最长路径的比值，这是一个无法实测的参数值，子汇水区宽度的计算方法主要有以下 4 种，可根据实际情况进行选用。

$$\text{Width}=1.7\times\text{MAX}(\text{Height},\ \text{Width}) \tag{3-10}$$

$$\text{Width}=K\times\text{Sqrt}(\text{Area})\ (0.2<K<5) \tag{3-11}$$

$$\text{Width}=K\times\text{Perimeter}\ (0<K<1) \tag{3-12}$$

$$\text{Width}=\text{Area}\ /\ \text{Flow length} \tag{3-13}$$

式中：Width —— 宽度；

Height —— 高度；

K —— 系数；

Area —— 汇水区面积；

Perimeter —— 参数；

Flow length —— 漫流路径的长度。

根据已有资料，参考文献中的子汇水区计算方法，本研究选用式（3-13）计算子汇水区宽度。

2）子汇水区坡度

SWMM 模型中，子汇水区坡度是指排水区域径流地表的坡度。由于子汇水区域内具有多个雨水径流路径，因此，该坡度被认为是地表漫流路径或者其面积权重的平均值。若研究区域的地表坡度信息不完善，则可利用检查井地面标高来计算检查井所在道路坡度，以此作为汇水区坡度的取值。若研究区域内整体坡度较小，则可采用统一的地表坡度作为子汇水区的坡度。

3）子汇水区的不渗透性参数

SWMM 模型中，子汇水区不渗透性是区域内不渗透面积占区域总面积的百分比。本研究以地表径流系数作为参考，定义子汇水区的不渗透性取值。根据《室外排水设计规范》（GB 50014—2006，2014 年版），可以得到不同类型地表的径流系数，子汇水区的不渗透性则采用综合径流系数进行计算。各类地表径流系数的取值如表 3-6 所示。

表 3-6 径流系数

地面种类	ψ
各种屋面、混凝土或沥青路面	0.85～0.95
大块石铺砌路面或沥青表面处理的碎石路面	0.55～0.65
级配碎石路面	0.40～0.50
干砌砖石或碎石路面	0.35～0.40
非铺砌土路面	0.25～0.35
公园或绿地	0.10～0.20

注：参考《室外排水设计规范》（GB 50014—2006，2014 年版）中 3.2.2 规定的给排水设计中雨水设计径流系数取值表。

4）其他水文参数

其他水文参数则通过参考各文献及模型手册取推荐值，其具体取值范围如表 3-7 所示。

表 3-7 其他水文参数取值范围及获取途径

参数名称	参数含义	取值范围	获取途径
Dstore-Perv	透水地表洼地蓄水量/mm	2.54～7.62	模型手册
Dstore-Imperv	不透水地表洼地蓄水量/mm	1.27～2.54	模型手册
N-perv	透水地表曼宁粗糙率	0.05～0.8	模型手册
N-Imperv	不透水地表曼宁粗糙率	0.011～0.05	模型手册
%Zero-imperv	不透水无洼地蓄水地表所占比例/%	0～100	模型手册
Suction Head	吸入水头/mm	1.93～12.6	参考文献
Conductivity	导水率/（mm/h）	0.025～12.04	参考文献
Initial Deficit	初始亏损率	0.04～0.15	参考文献
Maxrate	最大渗透率/（mm/min）	25.4～254	参考文献
Minrate	最小渗透率/（mm/min）	0.254～29.972	参考文献
Decay	渗透衰减系数/（m^{-1}）	2～14	参考文献
Curve Number	径流曲线数	30～100	参考文献
Drying Time	干旱时间/d	2～14	参考文献

（4）水质参数的确定

根据本研究区域内下垫面的不同，将各子汇水区的土地利用类型划分为屋面、道路、绿地三种，选取地表径流中最为常见的主要污染物 SS、COD、TN 与 TP。

模型中所涉及的水质参数包括污染物累积模型、污染物冲刷模型中的相关参数，以及街道清扫模型中的相关参数。而这些参数的取值与相应的下垫面类型以及污染物类型有关，因此可根据所选用的模型类型、下垫面类型以及所要模拟的污染物选择相应的经验值。

1）污染物累积模型

地表污染物的累积增长情况和研究区域的土地利用状况、绿化状况、交通道路状况、土地覆盖情况以及降雨间隔和降雨强度直接相关。

采用饱和函数（sat）累积模型作为地表污染物的累积函数，需要确定的参数包括最大累积量、累积速率常数及半饱和累积时间。根据美国环境保护局的研究成果，不同城市和地域间降雨径流的水质统计结果不存在明显差异，污染成分的次径流平均浓度（Event Mean Concentration，EMC）与城市、地理位置和地面条件等没有明显关系，但各种指标的变化范围很大。故可参考相关研究成果，结合研究区域情况，各参数具体取值如表 3-8 所示。

表 3-8　不同土地利用类型下地表污染物累积模型参数

土地利用类型	参数	SS	COD	TN	TP
屋面	最大累积量/（kg/hm^2）	140	80	6	0.2
	半饱和累积时间/d	4	4	4	4
绿地	最大累积量/（kg/hm^2）	60	40	10	0.6
	半饱和累积时间/d	4	4	4	4
道路	最大累积量/（kg/hm^2）	270	170	6	0.2
	半饱和累积时间/d	4	4	4	4

2）污染物冲刷模型和街道清扫模型

根据已有研究，地表污染物中颗粒直径大于 2 mm 的颗粒物占地表污染物总量的 25%，其中绝大部分可通过日常的路面清扫去除。而直径介于 120 目和 2 mm 之间的颗粒物占地表污染物总量的 3/4，其中直径小于 80 目的细小颗粒可因交通和人为活动而被扬起或被带走。鉴于此，结合小区物业管理情况，SWMM 模型中道路清扫时间间隔设置为 1 天 1 次，地表污染物的去除效率采用 0.7。降雨前干旱天数设置为 5 d。

径流中的污染物冲刷选用指数函数（exp）进行模拟，根据研究结果，该模型能够较好地反映污染物随降雨强度及降雨时间被冲刷的变化。冲刷系数和冲刷指数的选取参考前人研究成果。不同下垫面的地表污染物冲刷模型和道路清扫模型参数如表 3-9 所示。

表 3-9 不同下垫面的地表污染物冲刷模型和街道清扫模型参数

土地利用类型	参数	SS	COD	TN	TP
屋面	冲刷系数	0.007	0.006	0.004	0.002
	冲刷指数	1.8	1.8	1.7	1.7
	清扫去除率/%	0	0	0	0
绿地	冲刷系数	0.004	0.003 5	0.002	0.001
	冲刷指数	1.2	1.2	1.2	1.2
	清扫去除率/%	0	0	0	0
道路	冲刷系数	0.008	0.007	0.004	0.002
	冲刷指数	1.8	1.8	1.7	1.7
	清扫去除率/%	70	70	70	70

3）设计降雨

雨水管网中雨水口的流量过程是典型的非恒定流入流过程。降雨数据是城市雨水管网中最主要的输入变量（蒸发量可以忽略不计），模型中所需的降雨过程线可以来源于实测的降雨资料，也可以通过模型合成暴雨过程线。

降雨雨型主要用于雨水系统的模拟计算，市政雨水系统的汇水面积相对较小，设计降雨历时一般为 2～3 h，最小时段为 5 min。

目前广泛采取的暴雨强度公式如下：

$$q = \frac{167A_1(1 + C\lg P)}{(t + b)^n} \tag{3-14}$$

式中：q——设计暴雨强度，L/（s·hm^2）；

A_1、C——参数，根据设计雨强值，用图解法或最小二乘法推算；

P——设计重现期，a；

t——降雨历时，min；

b——时间参数；

n——暴雨衰减指数。

A_1、C、b、n 为地方参数，根据统计方法计算确定。

降雨雨型的推求公式有很多，如 Huff 法、Yen&Chow 法、模糊识别法、芝加哥雨型法、Pilgrim&Cordery 法等。由于降雨强度过程较容易模拟、降雨峰值不受降雨历时的影响、对资料的要求较低、使用方便，芝加哥雨型得到了广泛的应用，已经成为国内城市排水设计中常用的一种雨型。国内相关研究也应用芝加哥雨型在 SWMM 模型中进行降雨过程的径流模拟，模拟的结果表明芝加哥雨型适合用于中国暴雨。本研究采用芝加哥雨型对降雨强度进行时间尺度上的分配，具体方法如下。

暴雨强度公式为：

$$i = \frac{a}{(t+b)^n} \tag{3-15}$$

式中：i——暴雨强度，L/（s·hm^2）；

a——雨力；

t——暴雨历时，min；

b——时间系数；

n——暴雨衰减指数。

则雨强过程如下：

峰前上升阶段

$$i_a = \frac{a}{(t_1/r+b)^n}\left(1-\frac{ct_1}{t_1+rb}\right) \tag{3-16}$$

峰后下降阶段

$$i_b = \frac{a}{[t_2/(1-r)+b]^n}\left[1-\frac{ct_2}{t_2+(1-r)b}\right] \tag{3-17}$$

式中：i_a和i_b—— 上升阶段和下降阶段的瞬时暴雨强度；

a、b和n—— 暴雨强度公式中的地方统计参数；

t_1和t_2—— 峰前和峰后的时间；

r—— 雨峰系数（即降雨峰值发生前的历时与总历时之比）。

3.3.3 低影响开发措施模拟参数设置

（1）SWMM 模型中低影响开发措施模拟

SWMM 5.1 模型中将低影响开发措施概化为 8 种：生物滞留设施（Bio-Retention Cell）、雨水花园（Rain Garden）、绿色屋顶（Green Roof）、浅沟渗渠（Infiltration Trench）、渗透铺装（Permeable Pavement）、雨水桶（Rain Barrel）、屋顶散水（Rooftop Disconnection）、植草沟（Vegetative Swale）。

低影响开发控制通过竖向层的组合来表示，其属性在单位面积基础上定义。模型中允许相同的低影响开发设计，但是在各子汇水区上具有不同的面积覆盖，以便布置。模拟过程中，SWMM 模型执行含水量平衡关系，跟踪水在低影响开发的每一层之间的移动和存储。

SWMM 模型将每种措施概化成不同的组成层，具体如图 3-5 所示。

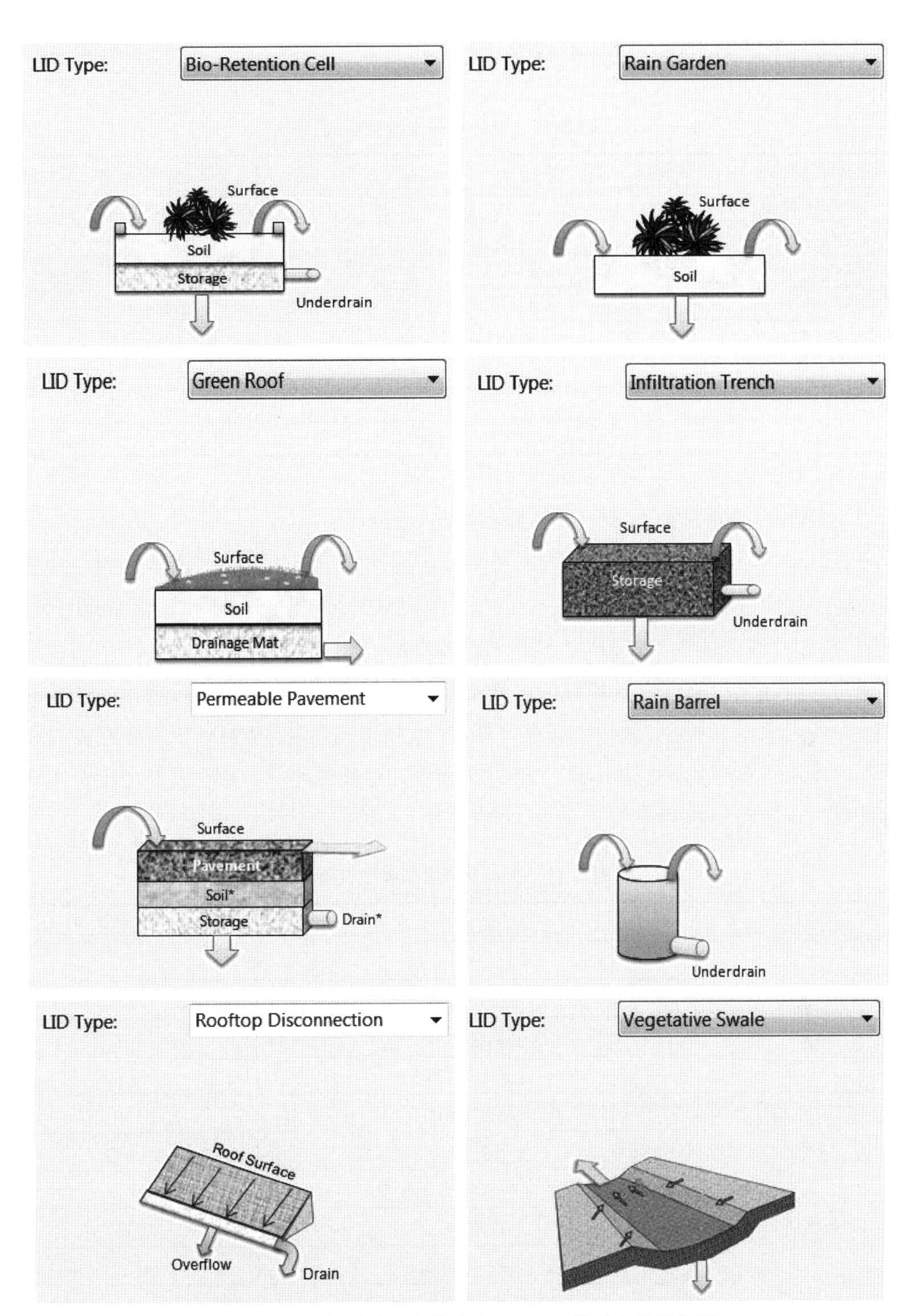

图 3-5　不同低影响开发措施在 SWMM 模型中的概化图

表 3-10 说明了每种低影响开发措施中层的组合（×表示必须设置，O 表示可选）。

表 3-10　低影响开发措施组成

低影响开发类型	表层	路面层	土壤层	蓄水层	暗渠	排水层
生物滞留设施	×		×	×	O	
雨水花园	×		×			
绿色屋顶	×		×			×
浅沟渗渠	×			×	O	
渗透铺装	×	×		×	O	
雨水桶	×			×	×	
屋顶散水	×				×	
植草沟	×					

（2）SWMM 模型中低影响开发措施参数的设置

研究区域内所采取的低影响开发措施有如下几种：下凹式绿地、雨水花园、渗透铺装、浅沟渗渠组合设施、植被缓冲带。其中：下凹式绿地占地 7 090 m^2，雨水花园 3 个，面积为 20 m^2；渗透铺装 2 550 m^2；浅沟渗渠 602 m^2；植被缓冲带 2 050 m^2。下凹式绿地的作用为滞留净化径流雨水，故按生物滞留设施考虑；浅沟渗渠组合设施在本区域的主要功能为使雨水径流下渗，故按渗渠进行概化；其他措施通过 SWMM 模型中提供的概化模型进行模拟。模拟参数如表 3-11～表 3-13 所示，植被缓冲带参数设置参考植草沟的参数设置要求（如表 3-14 所示）。

表 3-11　雨水花园模拟参数设置

处理层	参数	取值
表层	蓄水深度/mm	75
	植被覆盖度	0.2
	表面粗糙系数 n	0.1
	表面坡度/%	0.1
土壤层	厚度/mm	150
	孔隙率	0.437
	产水能力	0.1
	枯萎点	0.024
	导水率/（mm/h）	120
	导水率坡度	5
	吸水头/mm	50

表 3-12　渗透铺装模拟参数设置

处理层	参数	取值
表层	蓄水深度/mm	10～30
	植被覆盖度	0
	曼宁系数	0.1～0.12
	表面坡度	0.3～0.5
路面层	厚度/mm	100～150
	孔隙率/%	0.15～0.3
	不透水率/%	0
	渗透率/（mm/h）	200～400
	阻碍因子	0
蓄水层	厚度/mm	500～800
	孔隙率	0.15～0.30
	下渗率/（mm/h）	250～750
	阻碍因子	0

表 3-13　浅沟渗渠模拟参数设置

处理层	参数	取值
表层	蓄水深度/mm	50
	植被覆盖度	0
	曼宁系数	0
	表面坡度	0
蓄水层	厚度/mm	500
	孔隙率	0.15～0.30
	下渗率/（mm/h）	250～750
	堵塞因子	0

表 3-14　植草沟模拟参数设置

处理层	参数	取值
表层	蓄水深度/mm	250
	植被覆盖度	0.8
	曼宁系数	0.03
	表面坡度	0.1～0.3
	边坡（横向：纵向）	3：1

（3）模拟参数校准与验证

研究区域尚在规划建设中，管网系统并未形成，故没有现状管网的流量与径流水质的实际监测数据；由于现场不具备监测实际降雨的条件，故没有实测降雨数据，常规的校准验证方法对本区域并不适用。本研究参考缺乏实测数据的情况下利用径流系数对降雨径流模型的参数进行率定的方法。校准思路如下：以径流系数为目标函数，以雨水管网设计所用的综合径流系数与SWMM模型模拟运行的结果系数进行比较，从而校准模型参数。综合径流系数如表3-15所示。

表3-15 综合径流系数

区域情况	取值范围
城镇建筑密集区	0.6～0.7
城镇建筑较密集区	0.45～0.6
城镇建筑稀疏区	0.4～0.6

模型参数校准过程如下：①区域概化。小区位于建筑较密的居住区，平均不透水面积占比为60%，汇水面积为8 km^2。选用芝加哥降雨过程线模型合成重现期P=1a、r=0.4、T=120 min的单峰型合成降雨作为模拟降雨输入。②参数校准。根据汇水区实际情况结合文献和手册设计初始值，将不透水区和透水区的粗糙系数、洼蓄量和Horton入渗模型的参数最大入渗率、最小入渗率、衰减系数作为校准参数。通过将模型模拟结果得到的径流系数与综合径流系数（如表3-15所示）经验值进行对比，逐步迭代调整，从而得到最优值。通过手动调整参数值，最终校准结果如下：不透水区粗糙系数取0.02，透水区粗糙系数取0.2，不渗透性洼地蓄水2 mm，渗透性洼地蓄水6 mm，最大入渗率76.2 mm/h，最小入渗率3.3 mm/h，衰减系数2 h^{-1}，此时模拟结果中径流系数为0.553，满足规划一年一遇0.6以内的要求。

为验证校准结果的稳定性，选取多场重现期设计降雨进行稳健性验证，本研究选取重现期分别为0.5 a和2 a、r=0.4、T=120 min的合成单峰芝加哥降雨过程线对上述参数进行验证，模拟结果计算的径流系数分别为0.534、0.622，基本满足综合径流系数设计要求。且排水口流量变化也满足降雨产流规律，结果表明校准的参数可用于该地区降雨模拟。

3.4 景观水系植物配伍技术

雨水生态收集净化系统的净化植物配伍、降污效果及景观协调是城市雨水生态收集与利用的关键。根据水生植物的生长和降污特性，通过优化配置，在时间上和空间上形成不同的搭配组合，使系统能够低碳地、经济地净化雨水。本节主要研究景观水系植物的生长和净化污水的特性，构建一个由多种群水生植物组成并具有景观效果的多级生态污水净化系统。主要研究内容如下。

（1）景观水系植物筛选

通过查阅文献资料并结合当地实际情况，选取一定数量具有较好的水质净化功能的本地优势种作为试验研究对象，收集植物并加以栽培，准备试验。

（2）景观水系植物降污效果试验

利用水生植物处理生活污水，分析经过一定的停留时间后各种污染物的去除效果，进行对比分析，再筛选出不同季节处理效果较好的植物。

（3）景观水系植物配伍的推荐

将不同季节具有净化优势的植物按时间和空间进行搭配组合，推荐几个较优的组合。

3.4.1 景观水系植物筛选

为了优选景观水系植物，本研究考察了几种植物在不同季节、不同的生长时期对污染物的去除效果。依据选取原则，向专家咨询并通过查阅国内外利用水生植物净化富营养化水体的相关文献资料，同时结合当地实际情况，最终选取了 9 种水生（湿生）植物作为研究对象。

大型水生植物（hydrophyte）指生长在水中或湿土壤中的植物，以大型草本植物为主，包括水生植物、湿生植物和沼生植物，主要包括两大类：水生维管束植物和高等藻类。水生维管束植物（aquatic vascular plant）一般分为 3 种生活型，即挺水植物、浮水植物和沉水植物（如表 3-16 所示）。

表 3-16　水生维管束植物的 3 种生活型

生活型	生长特点	代表种类
挺水植物	根茎生于底泥中，植物体上部挺出水面	芦苇、香蒲
浮水植物	叶或植物体漂浮于水面，具有特化的适应漂浮生活的组织结构	凤眼莲、浮萍
沉水植物	植物体完全沉于水气界面以下，根扎于底泥或漂浮于水中	狐尾藻、金鱼藻

根据生态学原理及低成本的要求，水生植物选种的原则是尽可能优先选用当地品种，适当考虑引进外来优良品种。同时，在选取水生植物时还要考虑以下几个方面的因素。

①具有较好的水质净化功能。水生植物主要是靠附着生长在根区表面及附近的微生物去除污水中的 BOD_5、COD、TN、TP，因此应选择根系比较发达的水生植物。

②抗逆性强。抗逆性主要包括 3 个方面：a. 耐污能力——由于人工湿地中的植物根系要长期浸泡在水中并接触浓度较高且变化较大的污染物，因此所选用的水生植物耐污能力一定要强，并且对当地的土壤条件和周围的动植物环境都要有很好的适应能力，所以一般应选用当地或本地区天然湿地中存在的植物。b. 抗冻、抗热能力——由于污水处

理系统是全年连续运行的，故要求水生植物即使在恶劣的气候环境下也能基本正常生长。c. 抗病虫害能力——污水生态处理系统中的植物易滋生病虫害，抗病虫害能力直接关系到植物自身的生长与生存，也直接影响其在处理系统中的净化效果。

③易管理。简单、方便是人工湿地生态污水处理工程的主要特点之一。若能筛选出净化能力和抗逆性均较强的植物，将会减少管理上（尤其是对植物体后处理上）的许多麻烦。

④综合利用价值高。若所处理的污水不含有毒、有害成分，其综合利用可从以下几个方面考虑：a. 作饲料。一般选择粗蛋白的含量大于 20%（干重）的水生植物。b. 作肥料。应考虑植物体的肥料有效成分含量较高、易分解。c. 生产沼气。应考虑发酵、产气植物的碳氮比，一般选用碳氮比为 25～30 的植物体。

⑤美化景观。由于城镇污水的处理系统一般都靠近城郊，同时面积较大，故美化景观也是必须考虑的。

⑥考虑物种间的合理搭配。为了增强污水处理系统的污染物净化能力和景观效果，有利于植物的快速生长，一般选择一种或几种植物作为优势种搭配栽种。

3.4.2 景观水系植物降污效果试验

（1）试验装置

①花盆，盆底有孔。盆口直径为 37 cm，盆底直径为 25 cm，花盆高 30 cm、容积约 22 L。为保证试验盆按不同停留时间排出处理水，维持系统正常运行，在盆中埋设塑料采样管，从盆底孔伸出盆外，用绳扎紧。

②塑料大桶，桶口直径为 44 cm，桶底直径为 34 cm，桶高 50 cm、容积约 55 L。

③塑料小桶，桶口直径为 32 cm，桶底直径为 26 cm，桶高 30 cm，容积约 18 L。

（2）植物的栽培

首先引种栽培水生植物。先用清水培育，待植物正常生长后再逐渐加入少量生活污水，使其适应污水环境；然后再逐渐加大污水的投入量，增强植物耐污能力。

植物的栽培采用以下几种方法。

①挺水植物香蒲、美人蕉和灯心草用陶瓷花盆种植。

香蒲和美人蕉植入时尽量避免带入泥土，用少量砾石将其固定在容器中；灯心草属于密集丛生植物，根系与泥土难以分离，所以附着一部分泥土直接植入容器。

植物每盆种植密度：香蒲 5 株，美人蕉 5 株，灯心草丛生，种植密度约为盆口截面积的 60%。

②沉水植物中马来眼子菜、金鱼藻和狐尾藻用塑料大桶种植。

马来眼子菜与狐尾藻均连根扦插于装满湿土的一次性塑料杯中，深约 5 cm。每一杯中种植 5 棵，一共 5 杯放入桶中培养。

金鱼藻直接扦插于装满湿土的一次性塑料杯中，深约 5 cm。每一杯中种植 5 棵，一共 5 杯放入桶中培养。

③水竹、苦草和伊乐藻用塑料小桶种植。

水竹属于密集丛生植物，连根带少量的泥土直接植入桶中，种植密度约为桶口截面积的 55%。

苦草连根扦插于装满湿土的一次性塑料杯中，深约 2 cm。每一杯中种植 3～4 棵苦草，一共 10 杯放入桶中培养。

剪取伊乐藻枝端 10 cm，扦插于装满湿土的一次性塑料杯中，深约 2 cm。每一杯中种植 3～4 棵伊乐藻，一共 10 杯放入桶中培养。

（3）试验方法及安排

8 月底，植物适应生长环境，进入正常生长期，培育结束，植物的降污试验正式开始。首先分低浓度、中浓度、高浓度 3 个阶段的试验，即将植物置于低浓度、中浓度、高浓度的生活污水中，通过检测不同停留时间后污水中污染物的浓度来测定水生植物对污水的净化能力以及耐高负荷冲击能力，同时综合确定 1 个最佳停留时间；随着季节的变化，间隔一定时间重复试验，分析在不同季节，植物对各种污染物的去除效果。

（4）分析指标与方法

分析指标与方法如表 3-17 所示。

表 3-17　分析指标与方法

分析指标	分析方法
COD	重铬酸钾氧化还原法（微波消解）
NH_3-N	纳氏试剂分光光度法
TP	过硫酸钾氧化-钼锑抗分光光度法

（5）试验仪器

试验仪器如表 3-18 所示。

表 3-18　试验仪器

设备名称	制造厂商
不锈钢蒸馏水器	上海科析试验仪器厂
电热恒温干燥箱 J02707	武汉市大江电器仪表厂
国华快速恒温数显水箱 HH-42	常州国华电器有限公司

设备名称	制造厂商
不锈钢手提式压力蒸汽灭菌器 YXQ-SG46-280S	上海博迅实业有限公司医疗设备厂
MS-3 型微波消解 COD 测定仪	华南环境科技开发公司
UV-9200 紫外可见分光光度计	北京瑞利分析仪器公司

3.4.3 景观水系植物配伍的推荐

根据环境条件和植物群落的特征，按一定比例在空间分布和时间分布方面进行安排，使整个生态系统高效运转，最终形成稳定、可持续利用的生态系统。但也要考虑到不同种类的植物生长在一起，不仅污染物净化能力和景观效果差异较大，而且存在着相互之间的作用。

由于多种植物组合比单种植物能更有效地净化水体，所以目前有越来越多的试验采用了多种植物的组合。这可能是因为不同水生植物的净化优势不同，有的可以高效地吸收氮，有的能更好地富集磷。同时，每种植物在不同时期的生长速率及代谢功能各不相同，因此在不同时期对氮、磷等营养元素的吸收量也不同，而且随着植物发育阶段不同，附着于植物体的微生物也会发生变化。微生物的变化则会直接影响植物对水体的净化率。当多种植物搭配使用时，就有利于植物间取长补短，保持较为稳定的净化效果。多种植物组合具有合理的物种多样性，从而更容易保持长期的稳定性，而且也会减少病虫害。因此，在实际应用中应视具体情况确定配置方式。

3.5 城市雨水收集低碳评估

针对现有的城市雨水收集技术中的雨水源头低碳控制技术、雨水传输过程低碳控制技术、雨水终端利用低碳处理技术等，研发了包括雨水源头收集、传输过程和终端利用在内的全过程水-碳循环追踪模型，重点考察大气碳、燃料碳、生物固碳及碳释放等水-碳循环全过程，研发了不同雨水收集技术的碳收集效益、经济投入成本及相应的生态服务价值的核算与评估方法。

3.5.1 城市典型雨水收集及景观利用系统模式构建

本研究涉及的城市典型雨水收集回用系统主要包括三部分：雨水源头低碳控制技术（包括绿色屋顶、绿色墙壁）、雨水传输过程低碳控制技术（包括浅沟、输水管网、蓄水池等）和雨水终端利用低碳处理技术（潜流式人工湿地等）。

图 3-6 是雨水源头收集、过程传输和终端利用全过程水-碳循环追踪模型，长方形区

域代表雨水收集系统。从图中可以看出，该系统再生能源包括阳光、风、雨水，其他投入包括机械、混凝土、商品、燃料、劳动力等。系统的存在和内部结构的维持依赖于产品和服务的投入与产出。太阳能通过植物的光合作用被转化并储存，用于支持整个系统。雨水主要通过绿色屋顶、有植被的土壤、人工湿地被收集，最后进入市政管网、人工湿地和用于景观绿化。在这个过程中，系统产生的经济价值和生态价值包括土壤碳储存、减少雨水径流和生物多样性等。

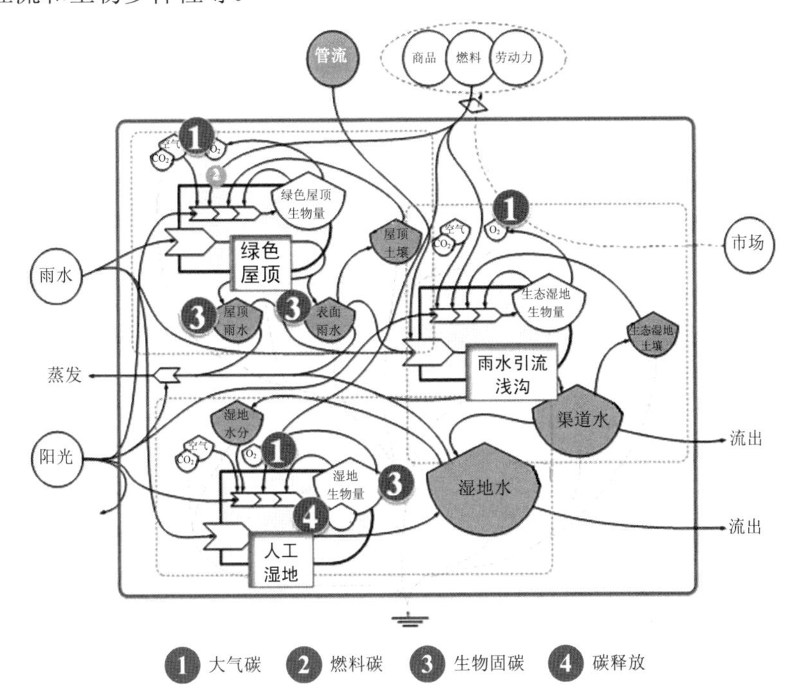

图 3-6　雨水源头收集、过程传输和终端利用全过程水-碳循环追踪模型

3.5.2　模型参数设置

（1）雨水源头低碳控制技术

典型绿色屋顶的结构包括植被层、种植层、排水层、防水层和隔根层等。屋顶绿化种植构造基层材料可参照表 3-19 选择。

表 3-19　屋顶绿化种植构造基层材料选择

构造层	材料	主要指标	说明	造价
防水层	SBS 改性沥青	厚 4 mm	双层铺设	
排（蓄）水层	PE 排水板	厚 25 mm，蓄水 5 kg/m^2		35 元/m^3
隔根层	HDPE 膜	厚 1.0 mm		35 元/m^3

构造层	材料	主要指标	说明	造价
过滤层	长纤维聚酯过滤布	150 g/m^2		
种植基质层	宝绿素	干容重 120 kg/m^3， 湿容重 450～650 kg/m^3		
轻型基质材料				20 元/m^3
施工费用 （包括 3 年养护费）				40 元/m^3
管理成本				20 元/m^3

屋顶绿化基质应符合植物生长发育的基本需求，具体基质厚度可根据植物类型和规格、小气候环境及灌溉方式等因素综合确定（如表 3-20 所示）。不同植物类型基质厚度应符合要求。土壤基质的荷载可根据土壤基质的容重和所需基质厚度加以计算。

表 3-20　不同植物类型基质厚度　　单位：m

植物类型	植物规格	植物生存所需基质厚度	植物发育所需基质厚度
乔木	3.0～10.0	0.60～1.20	0.90～1.50
大灌木	1.2～3.0	0.30～0.60	0.60～0.90
小灌木	0.5～1.2	0.20～0.45	0.45～0.60
草本、地被植物	0.2～0.5	0.10～0.30	0.30～0.45

草坪式屋顶绿化：以大面积铺植为主，选用耐干旱、耐高温的地被植物或藤本植物。

花园式屋顶绿化：以复层结构为主，由小型乔木、灌木和草坪、地被植物组成，应利用植物枝、叶、花、果色彩和芬芳丰富景观效果。乔木种植位置与女儿墙距离应大于 2.5 m。

组合式屋顶绿化：应根据屋顶荷载配置。植物栽植部分可采取一种或多种绿化方式组合，可参照花园式屋顶绿化或草坪式屋顶绿化种植方式，亦可因地制宜采用固定式容器种植或移动式容器种植方式，丰富植物景观配置。容器苗栽植适宜于屋顶荷载复杂或难以种植植物处，应选用轻质、环保、牢固、透气的容器。

雨水源头收集碳吸收模式如图 3-7 所示。

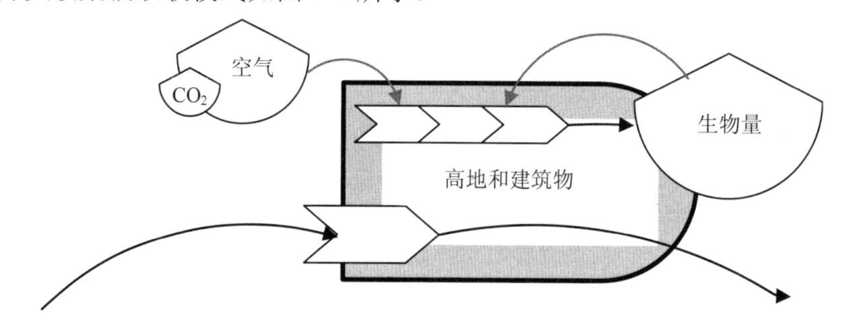

图 3-7　雨水源头收集碳吸收模式

（2）雨水传输过程低碳控制技术

在此以城市简易型道路浅沟为例，该道路浅沟深 1.5 m、宽 1 m，其中人工土 0.5 m、砾石 1 m。该道路浅沟主要通过砾石进行雨水的渗滤和简单的去污处理。不同透水铺装的渗透系数如表 3-21 所示。

表 3-21　透水铺装渗透系数

类别	渗透系数 K 值/（mm/s）
混凝土透水砖	≥0.1
风积沙透水砖	≥0.5
露骨料透水混凝土	≥2.7

（3）雨水终端利用低碳处理技术

本研究重点考虑湿地的供水蓄水能力，因此以潜流式人工湿地为例，植被为芦苇，最终的雨水汇入人工湿地，建设周期 20 年，人工湿地在下游提供部分的取水，并且其本身作为小区休憩的景观。

3.5.3　基于能值分析的水–碳追踪评估技术及生态服务功能评估

（1）基于能值分析的水-碳追踪评估技术

作为一种生态热力学评价方法，能值方法可以系统地评价环境服务功能。每一种形式的能量（例如环境投入和经济投入等）乘以各自的转换因子（如能值转换率）得到相应的太阳能值。应用这一理论和方法，可将生态系统内流动和储存的各种不同类别的能量转换为同一标准的能值，进行定量分析研究，突破了不同类别的能量之间统一评价的难题，为定量分析生态系统和复合生态系统提供了衡量和比较各种不同种类、不可比较的能量的共同尺度和标准。

在已有数据基础上，通过能量转换、能值转换率，将各种能量统一转换为太阳能值，通过能值流图和能值分析表，定量研究城市雨水收集系统能值，分析其成本和生态经济效益。具体步骤如下：

①收集城市雨水收集系统的有关能量流、物质量和货币量的资料数据。

②确定系统的主要能源和组分，绘制能值系统图。能值系统图包括系统外部的环境投入能值、人类经济反馈能值和系统产出能值，以及系统内部的生产者和消费者等主要组分。

③编制能值评价分析表，评价城市雨水收集系统的成本效益和环境损害。

④根据能值分析表中的相关数据，计算反映系统能值特征和评价系统结构功能的各

种能值指标，衡量整个系统的发展状况。

（2）基于能值分析的生态服务功能评估技术

1）固碳作用

自然生态系统通过光合作用实现对 CO_2 的吸收与贮存，同时释放 O_2，起到调节大气组分、减少温室效应、控制气候变暖的作用。具体计算过程如下：

$$C_i=p\times A_i\times Q_i \tag{3-18}$$

式中：C_i —— 第 i 类植被固定的 CO_2 量；

A_i —— 第 i 类植被的面积；

Q_i —— 第 i 类植被的净初级生产力；

p —— 碳转换系数。根据光合作用方程，推算出每形成 1.0 g 干物质需同化 1.62 g CO_2，即碳转换系数为 1.62。

值得说明的是，由于不同植被的固碳能力不同，碳转换系数会因不同自然生态系统类型而变化，也会因 CO_2 背景值等因素而变化。

2）减少径流

以绿色屋顶为例，雨水降到绿色屋顶后，经过土壤渗滤和植被根系吸收，可以减少一部分径流。通过比较有绿色屋顶和无绿色屋顶情况下的年平均暴雨径流量，可以计算绿色屋顶的减少径流效益。过程如下：

$$\mathrm{Em_r}=h\times t\times G\times \rho\times T \tag{3-19}$$

式中：$\mathrm{Em_r}$ —— 暴雨能值；

h —— 暴雨径流深；

t —— 年平均暴雨数；

G —— 暴雨吉布斯自由能；

ρ —— 暴雨密度；

T —— 暴雨能值转换率。

$$\mathrm{Em_R}=\mathrm{Em_1}-\mathrm{Em_2} \tag{3-20}$$

式中：$\mathrm{Em_R}$ —— 绿色屋顶减少的暴雨能值；

$\mathrm{Em_1}$ —— 无绿色屋顶时的暴雨径流能值；

$\mathrm{Em_2}$ —— 有绿色屋顶时的暴雨径流能值。

需要说明的是，上面是对绿色屋顶减少暴雨径流的简化处理，而对实际情况而言，屋顶绿色植被对暴雨径流的减少是非线性的，受降雨特性、植被种类、土壤含水量、屋顶坡度等的影响。

3）绿色屋顶节电效益

绿色屋顶的降温隔热作用可以减少空调的使用，产生的节电效益可以通过制冷系统达到相同的效果所产生的能耗来计算。

$$\mathrm{Em_e}=P\times n \tag{3-21}$$

式中：$\mathrm{Em_e}$ —— 节约的电能；

P —— 制冷系统的功率；

n —— 绿色屋顶节电百分比。

4）净化水质

污染物排放后经过自然生态系统的稀释、淡化或分解，污染物浓度达到一个可接受的水平。生态服务能值价值可以根据排放浓度和背景浓度折算相关的能值转换率进行计算。

计算稀释水源污染的生态服务时，可以用如下公式中计算出的水的质量与水的能值转换率（$\mathrm{tr_{chem,water}}$）相乘：

$$M_{\mathrm{water}}=V\times d\times\frac{W}{c} \tag{3-22}$$

式中：M_{water} —— 稀释所需水的质量；

V —— 稀释所需水的体积；

d —— 水的密度；

W —— 每年的第 i 个污染物的浓度；

c —— 法规或科学研究证实的污染物可容忍浓度。

若只考虑污染物被转运，可以计算空气或水的能量及环境服务价值。如果考虑其消减污染物的化学反应，还需计算稀释用空气或水的化学能。

净化排入水体中的污染物所需能量投入如下：

$$F_{\mathrm{w,water}}=\max(R_{\mathrm{w,water}})=\max(N_{\mathrm{chem}}\times \mathrm{tr_{chem,water}})=\max\left[(M_{\mathrm{water}}\times G)\times \mathrm{tr_{chem,water}}\right] \tag{3-23}$$

式中：$F_{\mathrm{w,\,water}}$——考虑净化多种水体污染物的总能量投入；

$R_{\mathrm{w,\,water}}$——净化单项水体污染物的总能量投入，max（$R_{\mathrm{w,\,water}}$）是取其最大值；

N_{chem}——水的化学可用能（驱动化学转换的能力）；

$\mathrm{tr_{chem,\,water}}$——水的能值转换率；

G ——单位水体相对于参考值（海水）的吉布斯自由能（4.94 J/g）；

M_{water} ——稀释所需水的质量。

第4章　城市污水处理厂低碳运行与过程控制

针对城市污水水质特征及厌氧氨氧化工艺运行特点，在大量调研国内外城市污水处理领域研究现状的基础上，本章主要研究城市污水厌氧氨氧化组合处理工艺及过程控制。以城市污水为研究对象，将自动控制、微生物菌群调控与工艺运行优化有机结合，开发城市污水处理系统，为厌氧氨氧化工艺在城市污水处理过程中的推广及应用提供理论与技术支撑。主要研究内容如下：①如何去除污水中的有机物、保留污水中的氨氮，在为厌氧氨氧化反应器提供基质的同时，实现污水中磷资源的回收；②如何实现城市污水的半短程硝化，为厌氧氨氧化反应器提供适宜的进水水质；③如何集成高效的城市污水半短程硝化厌氧氨氧化组合处理，为厌氧氨氧化工艺的推广应用提供技术支持。

为此展开了实验研究，应用 SBR 与一体化氧化沟的构型理念，引入上流式厌氧污泥床反应器（UASB）三相分离技术，在池底设置三相分离器以有机耦合生化反应区与沉淀区，构成零回流生化/沉淀系统；并基于厌氧-缺氧-好氧法（A^2/O 法）及 SBR 脱氮除磷原理，融合时间序列和空间序列反应模式，开发连续流一体化同步脱氮除磷生物反应技术，形成连续流一体化间歇生物反应（Continuous-flow Intermission Biological Reactor，IBR）技术及其反应器。

4.1 IBR 脱氮除磷馈控技术

IBR 是针对现有一体化反应器技术特点及存在问题而研发的一体化连续流间歇曝气脱氮除磷生物反应器。

本研究通过 IBR 工艺运行设计，研究 IBR 这类连续流一体化间歇生物反应器的脱氮除磷过程机理，以及 IBR 中溶解氧、氧化还原电位和 pH 值在生物脱氮除磷过程中的变化规律及其与生化反应之间的定量关系，探讨溶解氧、氧化还原电位和 pH 值作为连续流一体化间歇生物反应器过程控制参数的可行性；并基于这些参数的变化规律，建立相应的控制规则库，以此获得有效的实时在线反馈控制策略。本研究将对这类连续流一体化间歇生物反应器的优化运行、实时反馈控制起到进一步的推动作用。

4.1.1 IBR 工艺运行实验设计

（1）IBR 实验系统

IBR 实验系统如图 4-1 所示。

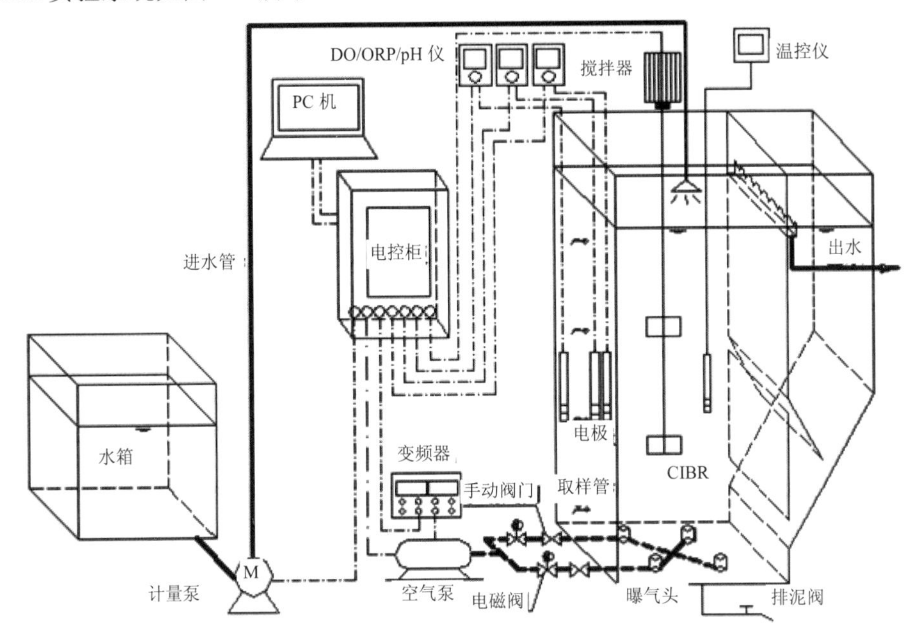

图 4-1 IBR 实验系统

IBR 系统处理能力为 Q=0.6 m^3/d。主要尺寸与参数：反应区 0.5 m×0.5 m×1.15 m，水力停留时间（HRT）为 10 h，混合液悬浮固体质量浓度（MLSS）为 3 500 mg/L，温度为 20～25℃，搅拌速度为 200 r/min；沉淀区 0.5 m×0.2 m×1 m，q=0.28 m^3/（m^2·d），$T_{沉}$=2.36 h。设备仪器：电脑可控进水蠕动泵，电磁式空气泵，气体流量计，微曝气变频器，在线溶解氧（DO）、氧化还原电位（ORP）和酸碱度（pH）仪。电控系统：装有在线反馈控制软件的 PC 机和电控系统联合实时自控。

（2）实验水质

模拟生活污水，自配实验进水，主要成分为：碳源（NaAc）、啤酒和牛奶，氨氮（NH_4Cl），磷酸盐（KH_2PO_4）。以 $NaHCO_3$ 调节碱度和 pH 值，pH 值为 7.0～8.0，另添加 10 mL/L 微量元素浓缩液（如表 4-1 与表 4-2 所示）。

厌氧烧杯实验 HRT 为 10 h，连续进水浓度为模拟生活污水的 2 倍，流量减少 1/2。

表 4-1 模拟生活污水水质指标

水质指标	质量浓度	水质指标	质量浓度
COD	250 mg/L	TP	5.0～5.2 mg/L
NH_3-N	30 mg/L	pH 值	8.1
TN	31～32 mg/L	碱度	230～250 mg/L
PO_4^{3-}-P	5 mg/L		

表 4-2 微量元素组成与浓度

组成	质量浓度/（mg/L）	组成	质量浓度/（mg/L）
$MgSO_4·7H_2O$	10	H_3BO_3	0.15
$CaCl_2$	10	$MnCl_2·7H_2O$	0.12
$FeSO_4$	0.1	$ZnSO_4·7H_2O$	0.12
$FeCl_3·7H_2O$	1.5	EDTA	3
$CuSO_4·5H_2O$	0.03	$(NH_4)_6Mo_7O_{24}·7H_2O$	0.06
$CoCl_2·7H_2O$	0.15	$NiSO_4·H_2O$	0.20
KI	0.03		

（3）运行设计

IBR 实验采取连续进出水、间歇反应运行模式。具体如下：

好氧段实验在 IBR 系统中进行，曝气时间 3.5 h，溶解氧质量浓度为 2～2.5 mg/L。主要考察此段溶解氧、氨氮、亚硝态氮、硝态氮和磷酸盐的变化规律。

缺氧段实验在 IBR 系统中进行，对比研究搅拌和微曝气的溶解氧、氨氮、亚硝态氮、硝态氮和磷酸盐变化规律。微曝气溶解氧质量浓度控制在（0.35±0.05）mg/L，反应时间根据溶解氧、氧化还原电位和 pH 值实时变化曲线反馈确定。

厌氧段实验在 4 个 5 L 烧杯中平行开展。实验混合液取自缺氧结束前的 IBR 系统，4 个烧杯混合液均为 5 L，4 台蠕动泵分别进水，在线 pH 仪每 1 min 检测 1 次，至 pH 值峰点（表征缺氧结束、进入厌氧释磷）时分别取第 1 个水样。此后，1#烧杯连续搅拌厌氧反应 1.5 h，在 30 min、60 min、90 min 时分别取样；2#烧杯、3#烧杯、4#烧杯静沉厌氧反应，在 30 min、60 min、90 min 时取上清液样和混合液样。分别测定各水样磷酸盐含量，比较搅拌和静沉的厌氧释磷效果。

（4）测试项目及方法

COD、NH_4^+-N、NO_2^--N、NO_3^--N、磷酸盐、总碱度、MLSS 等采用国家标准中的方法测定；溶解氧、氧化还原电位和 pH 值采用美国 JENCO 在线监测仪监测。

4.1.2 IBR脱氮除磷过程机理

本研究通过实验探讨 IBR 好氧段溶解氧变化规律及经济有效的溶解氧控制方式，对比研究缺氧搅拌和微曝气反硝化效果，分析厌氧搅拌和静沉方式的聚磷菌对碳源的利用水平和释磷效果，从而获得高效脱氮除磷的最佳运行模式，为 IBR 的工程应用提供技术支持。

（1）好氧段溶解氧变化规律及其优化控制

在 IBR 的一个典型周期中，好氧段的溶解氧、氨氮、亚硝态氮、硝态氮和磷酸盐呈现如图 4-2 所示的变化规律。

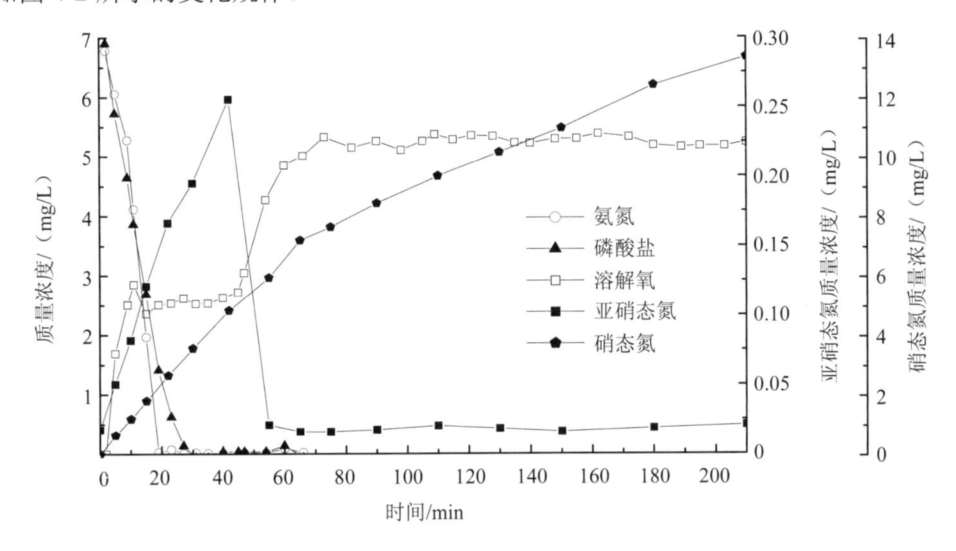

图 4-2 好氧段溶解氧、氨氮、亚硝态氮、硝态氮和磷酸盐曲线变化规律

图 4-2 中，溶解氧曲线有两个突升和两个平台。第一个突升是好氧菌经厌氧段压抑后处于活性恢复期，需氧量小于供氧量所致。第一个平台是好氧菌活性恢复后，积累的营养物使其代谢能力最大限度地发挥，使需氧与供氧达到平衡。随着好氧降解的进行，营养物逐渐减少，导致好氧菌活性降低，需氧量随之减小，溶解氧第二次跃升。此后，好氧菌只有进水营养物可利用，需氧量与供氧量再次平衡，呈现第二个平台。由此可见，IBR 中溶解氧变化规律与 SBR 中的基本一致，由于间歇进水，SBR 中溶解氧的第二次跃升表明进入难降解阶段。

IBR 好氧段主要完成有机物降解、硝化和吸磷过程。好氧段包括累积营养降解与进水营养降解两个时段。第一时段的营养来自连续进水的 COD、氨氮和磷酸盐，以及上周期未完全降解的 COD、缺氧和厌氧段累积的氨氮、厌氧释放的磷酸盐等营养物。第二时段的营养来自连续进水。氨氮 30 min 内快速转化，亚硝酸盐少量累积并迅速消失，硝酸盐浓度 65 min 内快速增高，65 min 后增长缓慢，硝酸盐曲线在 65 min 时出现膝点。因此，可以认为 65 min 前为快速硝化段，65 min 后为慢速硝化段。好氧段吸磷迅速，前 30 min 磷浓度急剧下降，55 min 吸磷结束。

由于 COD 降解与 NH_3-N 硝化的生物耗氧量高于聚磷菌吸磷耗氧量，因此，IBR 好氧段 COD 降解与 NH_3-N 硝化过程直接决定溶解氧变化规律。IBR 中，上周期余积的 COD 在好氧初期几分钟就被降解，进水 COD 被迅速稀释降解且需氧量恒定，对溶解氧变化影响不明显。上周期余积和连续进水的 NH_3-N 引起好氧生物快速硝化，余积量耗完后进入连续进水 NH_3-N 降解的慢速硝化阶段，由此形成两个溶解氧平台。第一平台为快速硝化平台，IBR 系统中的生物处在代谢进水及上周期余积的 NH_3-N 的高活性阶段。余积量耗完则快速硝化结束，需氧量减小，溶解氧从第一平台跃升至第二平台，该平台仅代谢进水 NH_3-N，称为慢速硝化平台。两溶解氧平台曲线表征了 IBR 好氧段的生物代谢规律。

（2）好氧段溶解氧及曝气时间的控制

溶解氧是 IBR 好氧段控制的关键因子，一般认为活性污泥曝气池溶解氧质量浓度为 2～3 mg/L。IBR 因其工艺构型和运行模式，使溶解氧呈现两个跃升和两个平台，前期研究尚未提出控制 IBR 哪个阶段的溶解氧质量浓度在此范围表征 IBR 供氧充足，也很少有文献提及表征污水处理系统供氧是否充足的溶解氧的判断准则。根据一年多的实验观察，建议控制第一个平台溶解氧质量浓度为 2.0～2.5 mg/L。在第一个平台浓度时，好氧菌的活性在整个好氧段是最大的，该溶解氧浓度可充分激发好氧菌的活性和储存-代谢能力，保证好氧菌经过厌氧压抑后其活性快速恢复。而在第二个溶解氧平台期，好氧菌由于进水底物的限制，没有发挥最大降解活性，曝气相对过量，溶解氧处于较高浓度，微生物体内聚-β-羟基丁酸（PHB）将逐渐被氧化，造成内碳源的损失，同时也浪费能量。因此，可将溶解氧作为 IBR 对污水脱氮过程和脱氮终点的控制参数。

将溶解氧二次跃升作为判断快速硝化结束的依据，对只需脱氮的系统，此时结束曝气能效最高。由于溶解氧曲线只表征硝化程度，尚未表征好氧吸磷程度，为兼顾除磷，可观察并依据吸磷效果，确定硝化结束后的曝气时长，以保证硝化和吸磷的双重效果。

由于曝气充氧受进水水质、温度和 pH 值等的影响，固定曝气量难以控制溶解氧质量浓度在 2～2.5 mg/L，采用变频曝气可实现溶解氧的准确控制和有效节能。

（3）缺氧搅拌和微曝气反硝化模式对比

1）搅拌与微曝气反硝化效果

本研究进行了缺氧段的搅拌和微曝气反硝化模式对比实验。实验结果如图 4-3～图 4-6 所示。

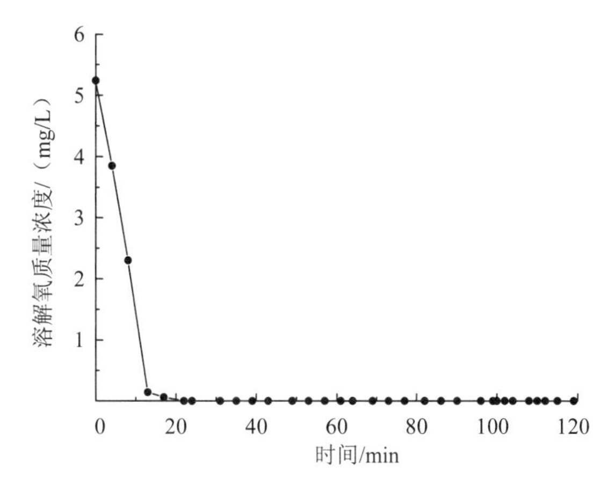

图 4-3 缺氧搅拌溶解氧曲线

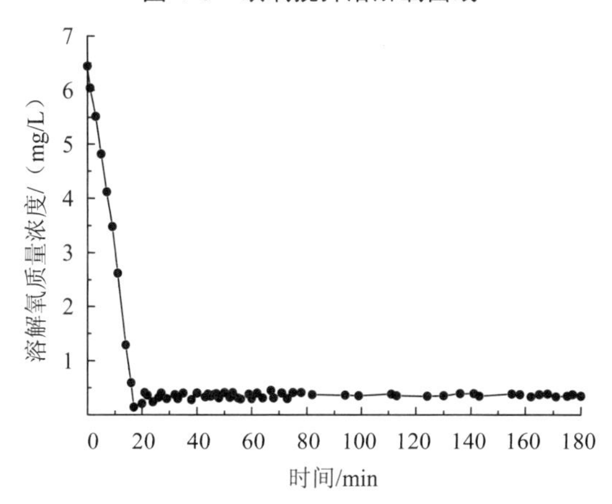

图 4-4 缺氧微曝气溶解氧曲线

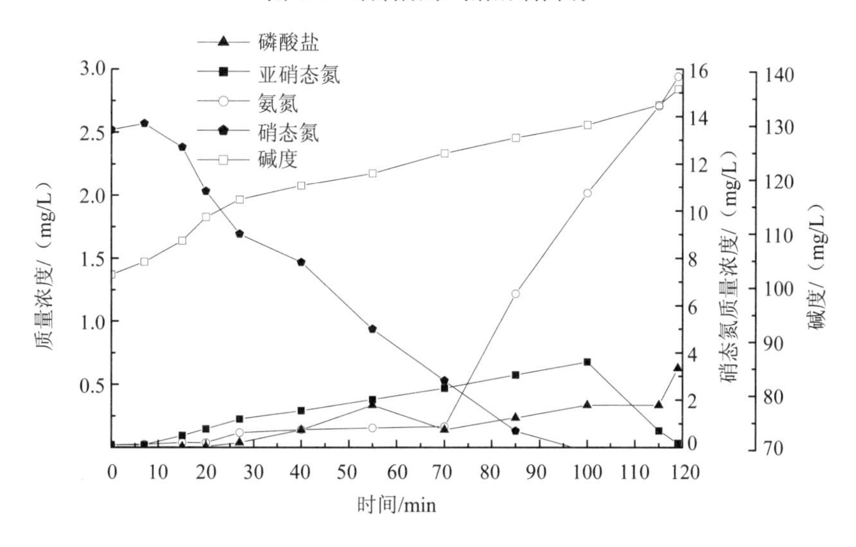

图 4-5 缺氧搅拌碱度、氨氮、亚硝态氮、硝态氮和磷酸盐变化曲线

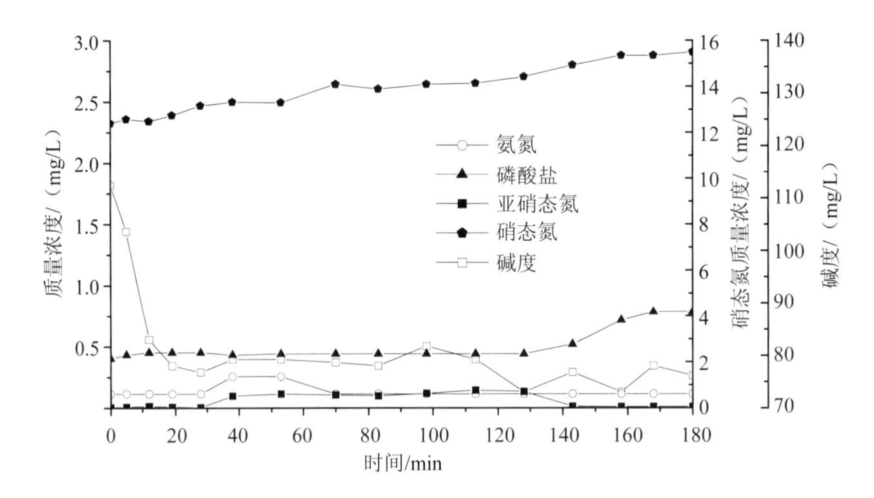

图 4-6　缺氧微曝气碱度、氨氮、亚硝态氮、硝态氮和磷酸盐变化曲线

在缺氧段搅拌模式下，停止曝气进行搅拌，溶解氧质量浓度直线下降，17 min 时溶解氧质量浓度降低到 0（如图 4-3 所示），表明反应器中已无分子态溶解氧。图 4-5 显示，缺氧初期 10 min 的硝态氮质量浓度不降反升，这是由于溶解氧满足硝化所需。随着溶解氧质量浓度降低，反硝化开始，硝态氮快速被还原，碱度升高。由于进水碳源种类、碳氮比和温度共同影响，硝酸盐还原速率大于亚硝酸盐还原速率，反硝化过程中出现亚硝酸盐累积。100 min 时硝酸盐还原结束，亚硝酸盐累积至峰值（0.72 mg/L）。此后亚硝酸盐在十几分钟内快速被还原，进入厌氧释磷阶段。

在缺氧段微曝气模式下，停止曝气后，溶解氧质量浓度快速下降，16 min 时溶解氧质量浓度降至 0.30 mg/L（如图 4-4 所示），此时变频器启动，持续运行 3 h，维持溶解氧质量浓度在 0.35 mg/L 左右。从图 4-6 可见，微曝气过程中硝态氮缓慢增加，碱度在微曝气初期快速下降后维持稳定，混合液中氨氮质量浓度未增加，亚硝酸盐累积不明显，未发生明显释磷。同时，缺氧微曝气过程中进水补充氨氮 9 mg/L，而 TN 质量浓度只增加了 3.10 mg/L。

2）缺氧段运行模式的选择及理论分析

由缺氧段搅拌和微曝气对比结果可见，缺氧搅拌时硝酸盐减少和碱度升高均表明反硝化菌充分利用进水碳源还原硝态氮；缺氧微曝气时则硝化和反硝化同时存在，且硝化处于主导地位，硝酸盐增加，碱度降低，TN 质量浓度显著下降，同步硝化反硝化现象非常明显。

反硝化菌是异养型兼性厌氧菌。有研究者认同氧气的存在会抑制硝酸盐还原酶的合成及其活性，限制反硝化还原酶基因的表达。氧还会与硝酸盐和亚硝酸盐竞争电子供体，因此严格的缺氧环境应是存在 NO_2^-和 NO_3^-但不存在分子态溶解氧的环境。也有研究者认为氧的存在对大部分反硝化菌本身却并不抑制，而且这些细菌呼吸链的某些成分甚至需要在有氧的情况下才能合成。相关研究表明，氧的存在并没有完全抑制反硝化的顺利进行，究其原因可能是氧和硝酸盐、亚硝酸盐同时作为电子受体协同呼吸。硝化与反硝化之间存在一个平衡溶解氧浓度，当环境中的溶解氧浓度大于平衡溶解氧浓度时，硝化作用占优势，反之则反硝化占优势。

在缺氧微曝气模式下，溶解氧质量浓度为 0.35 mg/L 时，仍有氨氮减少、硝酸盐增加和 TN 损失的情况；缺氧搅拌初期，溶解氧质量浓度未降至 0 已存在反硝化；这表明溶解氧对反硝化菌未完全抑制，硝化与反硝化之间应存在一个平衡溶解氧浓度。此平衡溶解氧浓度受污泥絮体形态、污水性质、曝气方式和搅拌等因素的影响。因此，缺氧环境应为含有 NO_3^-和 NO_2^-的低溶解氧环境，其溶解氧浓度以不影响反硝化为限。为保证反硝化顺利进行，缺氧段溶解氧浓度控制得越低越好。相关研究也发现当溶解氧浓度为 0 时，反硝化速率最大。本缺氧搅拌实验也证实了无溶解氧的缺氧环境更有利于反硝化。总之，IBR 缺氧段最优运行模式是搅拌反硝化。

（4）厌氧搅拌和静沉释磷效果对比研究

在厌氧段进行了厌氧搅拌和厌氧静沉释磷 4 个烧杯的平行对比实验，其中 1#烧杯为厌氧搅拌，2#烧杯、3#烧杯和 4#烧杯为厌氧静沉。实验结果列于表 4-3。

表 4-3 厌氧搅拌和厌氧静沉上清液和混合液中磷酸盐质量浓度 单位：mg/L

实验类型	缺氧末期	静沉上清液			搅拌/静沉快搅混合液		
	0 min	30 min	60 min	90 min	30 min	60 min	90 min
1#（厌氧搅拌）	2.00	—	—	—	8.58	11.78	14.25
2#（厌氧静沉）	1.71	2.49	—	—	4.06	—	—
3#（厌氧静沉）	2.10	—	3.47	—	—	4.25	—
4#（厌氧静沉）	2.10	—	—	4.45	—	—	4.55

由表 4-3 可见，4 个烧杯混合液中磷酸盐质量浓度表明在缺氧末期均已慢速释磷。厌氧搅拌的 1#烧杯中聚磷菌快速释磷，释磷满足如下一级反应动力学（R^2=0.998 9）：

$$y = 15.160\,9 - 13.160\,9e^{-0.022\,3x} \quad (4\text{-}1)$$

式中：x——反应时间；

y——磷酸盐增量。

2#烧杯厌氧静沉 30 min、3#烧杯厌氧静沉 60 min、4#烧杯厌氧静沉 90 min 的上清液磷酸盐增量分别为 0.78 mg/L、1.37 mg/L 和 2.35 mg/L，混合液磷酸盐增量分别为

2.35 mg/L、2.15 mg/L 和 2.45 mg/L。上清液磷酸盐增量来自进水磷酸盐和下部污泥释出磷酸盐的扩散，且随静沉时间延长而增大。表 4-3 中，30 min、60 min 与 90 min 静沉后再快速搅拌，混合液的磷酸盐质量浓度差别不大，表明聚磷菌利用缺氧反硝化残留碳源释放少量磷后，释磷行为基本停止，且与一定的静沉时间无关。静沉烧杯按 HRT=10 h 从上部连续进水，向下层流扩散。在 90 min 内尚未扩散至下部的聚磷菌，进水碳源尚未用于释磷，释磷效果差。前期研究发现厌氧静沉阶段反应区表层与底部 COD 质量浓度差值达 20 mg/L，反应区存在良好的垂直推流流态，与本实验结果一致。若静沉时间过长，聚磷菌将利用体内碳源（PHB）进行无效释磷，进而导致后续吸磷失败。

综上所述，厌氧搅拌可使聚磷菌充分利用进水碳源，释磷效果远好于厌氧静沉释磷效果。

4.1.3 IBR 反馈控制策略

IBR 作为一种新型工艺，如何在低碳源污水条件下实现低碳排放运行，关键是需要建立一套有效的脱氮除磷反馈控制策略。反应器运行稳定后，取一个全周期水样进行分析检测，得到一个典型周期水质指标参数及在线控制参数的变化规律曲线（如图 4-7 所示）。本实验中在 329 min 时系统自动判断缺氧反硝化结束特征点。

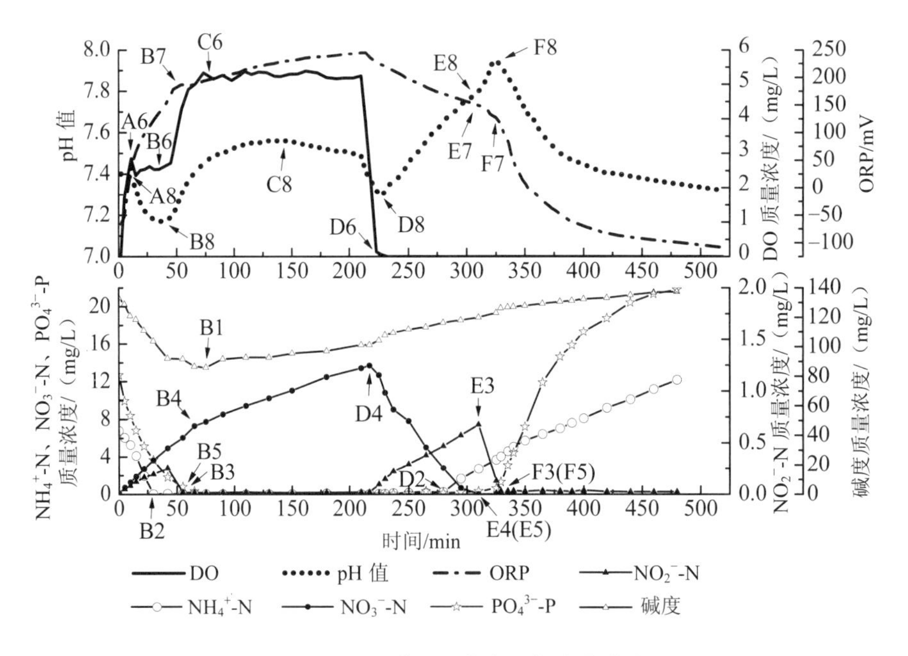

图 4-7 IBR 典型周期各指标变化曲线

对图 4-7 的 8 个指标按生化反应阶段划分特征点并编号：A——启动曝气出现的特征点；B——快速硝化阶段特征点；C——慢速硝化阶段特征点；D——曝气结束开始搅拌特征点；E——硝酸盐消失出现的特征点；F——亚硝酸盐消失出现的特征点；1、2、3、4、5、6、7、8——分别对应碱度、氨氮、亚硝酸盐氮、硝酸盐氮、磷酸盐、溶解氧、氧化还原电位、pH 值曲线上特征点。通过典型周期数据分析得出 IBR 1 个典型周期中特征点的统计表（如表 4-4 所示）。

表 4-4　一个典型周期中特征点及出现时间

特征点名称	特征点编号	出现时间/min	特征点名称	特征点编号	出现时间/min
好氧初始曝气吹脱 pH 值上升的峰值点	A8	5	硝酸盐继续增加点	D4	217
溶解氧上升的峰值点	A6	11	溶解氧降到接近零的点	D6	223
氨氧化结束点	B2	30	缺氧氨氮开始累积点	D2	280
pH 值硝化谷点	B8	35～40	硝酸盐质量浓度降到 0.5 mg/L	E4	310
亚硝酸盐累积消失点	B3	55	pH 值硝酸盐膝点	E8	310
快速硝化结束点	B4	65	氧化还原电位硝酸盐膝点	E7	310
碱度谷点	B1	75	亚硝酸盐峰点	E3	310
溶解氧第二次突跃点	B6	40	慢速释磷开始点	E5	310
氧化还原电位快速硝化结束膝点	B7	54	亚硝酸盐质量浓度降到 0 mg/L	F3	329
好氧吸磷结束	B5	55	pH 值亚硝酸盐膝点	F8	329
溶解氧第二次平台点	C6	73	氧化还原电位亚硝酸盐膝点	F7	329
pH 值达到平台并有微弱下降或上升	C8	140	快速释磷开始点	F5	329
缺氧停曝 pH 值突降谷点	D8	227			

（1）IBR 营养物去除的过程机理及水质指标参数的变化规律

在 IBR 工艺中，混合液中 COD 浓度一直非常低。在好氧阶段，由于异养菌与硝化菌在争夺溶解氧中处于优势地位，上周期累积的少量 COD 在曝气初期被快速降解，好氧阶段进水 COD 也立刻被降解。连续进水补充的 COD 也是缺氧反硝化和厌氧释磷的限制因素，厌氧末剩余的 COD 也非常有限，所以，全周期取样检测 COD，均低于 COD 检测浓度范围的下限。因此无法绘制 COD 变化曲线。

1）氨氮

好氧阶段初期，由于上周期厌氧末剩余的COD浓度较低，缺氧阶段和厌氧阶段累积的氨氮和进水氨氮快速被降解，30 min时氨氧化结束（B2）。此后好氧阶段进水补充的氨氮也立刻被氧化。在缺氧阶段和厌氧阶段，进水的氨氮从缺氧 70 min 开始不断地累积（D2），氨氮累积的速率与进水补充速率基本一致。缺氧阶段初期氨氮不累积的原因尚未得到合理的解释，可能存在微生物同化作用、活性污泥微弱的吸附作用以及厌氧氨氧化现象。

2）亚硝态氮

随着好氧阶段氨氧化过程的进行，亚硝酸盐开始慢慢线性累积，42 min 时亚硝酸盐累积达到最大，随后快速消失（B3）。本实验中好氧阶段出现亚硝酸盐的累积可能与温度有关，实验期间水温为26～28℃，适宜的温度条件适于亚硝酸盐菌生长而对硝酸盐菌产生部分抑制，导致氨氮氧化速率大于亚硝酸盐氧化速率，反应器出现亚硝酸盐累积。

在缺氧反硝化阶段，随着反硝化的进行，同样出现了亚硝酸盐累积。当硝酸盐还原基本结束时（E4），亚硝态氮累积达到最大。随后，亚硝态氮快速消失，F3点时已经检测不到亚硝酸盐。本实验中反硝化阶段的亚硝酸盐累积是进水碳源种类、碳氮比和温度共同决定的。

3）硝态氮

从硝酸盐曲线可明显看出，65 min（B4）前的硝态氮增长速率明显高于65 min后。IBR的硝化过程可分为两个阶段，即65 min前上周期累积的氨氮和进水氨氮被氧化的快速硝化阶段和65 min后进水氨氮不断被氧化的慢速硝化阶段。在缺氧阶段初期，在溶解氧浓度快速下降的过程中仍然能够将部分进水氨氮氧化，D4点硝态氮质量浓度比好氧阶段末增加了0.26 mg/L。当溶解氧浓度降低到较低时，反硝化菌利用进水补充的碳源将硝酸盐快速还原，在缺氧阶段进行到100 min时，硝酸盐还原基本结束（E4），硝酸盐质量浓度低于0.5 mg/L。

4）磷酸盐

磷酸盐从好氧阶段开始就被吸收，55 min 时（B5）吸磷基本结束。好氧快速吸磷过程满足零级反应动力学规律，反应方程为 $y=-0.877\,2+13.389\,9e^{-0.037\,1x}$，$R^2$=0.998 7。缺氧反硝化阶段，聚磷菌与反硝化菌在争夺碳源过程中处于劣势，硝酸盐还原基本结束（E4）后，只剩下亚硝酸还原菌利用碳源进行亚硝酸盐的还原，此时，聚磷菌能开始获得少量碳源进行慢速释磷。亚硝酸盐还原结束（F3）后，不存在硝酸盐还原菌与亚硝酸盐还原菌对碳源的竞争，聚磷菌开始利用进水碳源进行快速释磷，标志着反应器进入厌氧阶段。厌氧快速释磷过程也满足一级反应，反应方程为 $y=23.502\,6-7\,860.42e^{-0.017\,8x}$，$R^2$=0.997 5。

5）碱度

好氧阶段开始后，随着硝化反应的进行，碱度不断降低，在 75 min 碱度达到最低（B1）。此后，碱度缓慢升高直至曝气结束。在缺氧阶段和厌氧阶段，碱度持续升高。

对全周期的碱度变化规律进行分析发现，曝气初期硝化反应顺利进行，碱度的变化主要受到两个因素的影响，一是进水乙酸钠补充碱度，乙酸钠的好氧降解也会增加碱度；二是硝化过程消耗碱度造成碱度的降低，每氧化 1 g 氨氮要消耗碱度 7.14 g（以 $CaCO_3$ 计）。本系统硝化过程消耗的碱度大于进水乙酸钠和 COD 降解对碱度的补充，因此在好氧开始阶段，碱度一直下降。快速硝化结束后，只剩下连续进水的氨氮被氧化，此时碱度的消耗量小于补充量，导致碱度不断上升，直至好氧阶段结束。缺氧阶段进行反硝化反应，每还原 1 g 硝酸盐氮就产生 3.5 g 碱度（以 $CaCO_3$ 计），厌氧阶段聚磷酸盐的积累只对碱度有轻微的影响，同时连续进水不断补充碱度，因此缺氧阶段与厌氧阶段碱度仍保持上升趋势。

（2）IBR 在线控制参数的变化规律以及与水质指标参数的对应关系

1）pH 值

IBR 好氧阶段中 pH 值的变化同时受进水 COD 降解、吸磷、曝气吹脱强度和硝化反应程度等因素影响。曝气开始后，pH 值出现小的突升（A8）。pH 值突升的原因主要有：厌氧反应积累在系统中的 CO_2 等气体成分被突然吹脱；在曝气初始，厌氧阶段污泥层中产生的有机酸被好氧降解；好氧吸磷过程会产生 OH^-；好氧阶段初期 COD 的氧化分解产生 CO_2，曝气不断地将产生的 CO_2 吹脱；连续进水碱度补充。这几个因素综合作用导致的 pH 值上升量大于硝化作用引起的 pH 值下降量。随着硝化反应的进行，进水碱度不足以补充硝化反应所需碱度，系统原有的碱度被不断消耗，pH 值开始不断下降。30 min 时上周期累积的氨氮好氧降解完全，只剩下进水氨氮继续被氧化，35 min 时，pH 值曲线停止下降转为上升而出现凹点（B8）。这是由于进水碱度的补充大于氨氮氧化所消耗的碱度，同时进水有机物的好氧降解不断产生 CO_2，曝气对 CO_2 产生吹脱，不断提高碱度，出现了 pH 值曲线由下降转为上升的情况。此后，pH 值曲线不断缓慢上升并趋于稳定。

反硝化开始时，pH 值出现小幅度的短时下降。原因是突然停止了对 CO_2 的吹脱，混合液中 CO_2 浓度突然增高。由于很快进入反硝化阶段，反硝化过程产生碱度，pH 值曲线由下降转为上升（D8）。IBR 反硝化过程满足零级反应动力学规律，碱度的增加速率稳定，pH 值缓慢上升。当硝酸盐还原基本结束时，pH 值突然快速上升，出现硝酸盐膝点（E8），此时反硝化阶段累积的亚硝酸盐浓度达到最大，此后不存在硝酸盐还原菌对碳源的争夺，亚硝酸盐还原菌充分利用进水碳源快速将累积的亚硝酸盐还原，并且 pH 值快速上升。由式（4-2）、式（4-3）可知，亚硝酸盐利用碳源作为电子供体的效率高于硝酸盐，因此，产生碱度的速率加快导致了 pH 值快速上升。

$$NO_2^- + 3H（电子供体有机物）\longrightarrow 0.5N_2 + H_2O + OH^- \quad (4\text{-}2)$$

$$NO_3^- + 5H（电子供体有机物）\longrightarrow 0.5N_2 + 2H_2O + OH^- \quad (4\text{-}3)$$

当亚硝酸盐还原结束时，系统进入厌氧阶段，发酵产酸菌将大分子有机物降解为乙酸等小分子脂肪酸（VFAs），引起体系的 H^+增多，pH 值由上升转为下降，出现膝点（F8）。聚磷菌快速吸收混合液中原有的和新产生的 VFAs，将其转化为 PHB 并储存于细胞内，VFAs 不断被快速吸收，同时可被酸化水解的有机物又在不断减少，水中酸性物质的净增加量将会逐渐减少，但聚磷菌为了维持细胞的质子推动力，能够利用分解胞内聚磷产生的能量将胞内的 H^+排至胞外，同时释磷。系统中的 VFAs（COD）浓度降低和 PO_4^{3-}-P 浓度升高的过程都是相对应地由强变弱的。此外，PAOs 所释放的 PO_4^{3-}-P 还会水解转化为 HPO_4^{2-}和 $H_2PO_4^-$，使水中 H^+相对减少，且这种作用将逐渐增强。正是在这些因素的共同作用下，自厌氧阶段开始以后，pH 值的下降速率由快逐渐变慢。

2）溶解氧

好氧阶段溶解氧曲线出现两个突升和两个平台，第一个突升是由于好氧菌经厌氧段压抑后处于活性恢复期，导致系统供氧量大于需氧量。随着好氧菌活性缓慢恢复，需氧量不断增加，溶解氧从上升转为下降，出现峰值点（A6），随后溶解氧曲线进入第一个平台期。溶解氧曲线出现第一个平台的原因是混合液中存在上周期累积和连续进水补充的营养物，系统中底物和溶解氧丰富，所有好氧菌发挥最大生物活性进行生长和代谢，而使需氧量与供氧量达到平衡。随着好氧降解的进行，营养物逐渐减少，导致好氧菌活性降低，需氧量随之减小，溶解氧出现第二次跃升（B6）。此后，好氧菌只有进水营养物可利用，需氧量与供氧量再次平衡，出现第二个溶解氧平台（C6）。

在缺氧搅拌初期，微生物继续利用混合液中剩余的溶解氧好氧降解连续进水补充的营养物，17 min 时溶解氧降低到 0 mg/L（D6），表明反应器中已无分子态溶解氧。此后，溶解氧质量浓度始终为 0 mg/L。

3）氧化还原电位

大量试验表明，氧化还原电位与溶解氧、COD、氨氮、NO_x 和磷酸盐浓度之间存在良好的相关关系。好氧阶段初期，氧化还原电位快速跃升。有研究表明，硝化过程中氧化还原电位随着溶解氧的变化而变化。本系统中好氧阶段初期氧化还原电位快速跃升，一方面是由于氧的突然充入，溶解氧浓度快速升高，另一方面是由于上周期累积的和连续进水补充的营养物不断被好氧降解，还原态物质减少，氧化态物质增多。本系统中，溶解氧出现第二次跃升时，氧化还原电位并没有随之产生跃升。54 min 后，氧化还原电位的上升速率逐渐变缓，并形成了膝点（B7）。其原因是上周期累积的营养物好氧降解结束，只有进水营养物继续被好氧降解，氧化态物质增加的速率减缓。因此说明 IBR 中氧化还原电位值主要受系统氧化态物质的量的影响，而不是主要受溶解氧浓度影响。

在缺氧阶段对氧化还原电位变化起主导作用的是 NO_3^- 和 NO_2^- 的浓度。反硝化过程中 NO_3^--N 不断被还原成 N_2，氧化还原电位缓慢下降。缺氧进行到 100 min 时，硝酸盐还原基本结束，此时亚硝酸盐的累积达到最大，氧化还原电位曲线上出现硝酸盐膝点（E7）。此后，亚硝酸还原菌利用进水碳源快速还原混合液中的亚硝酸盐，119 min 时，亚硝酸盐还原结束，氧化还原电位曲线上出现亚硝酸盐膝点（F7）。系统出现硝酸盐膝点和亚硝酸盐膝点的原因是：从反硝化开始到硝酸盐膝点主要进行 NO_3^- 的还原，氧化还原电位曲线下降趋势主要由 $NO_3^- \| NO_2^-$ 电对的氧化还原电位（$E_{NO_2^-/NO_3^-}$）决定。从硝酸盐膝点到亚硝酸盐膝点主要进行 NO_2^- 的还原，氧化还原电位曲线下降趋势主要由 $NO_2^- \| N_2$ 电对的 E_{N_2/NO_2^-} 决定。$E_{NO_2^-/NO_3^-}$ 和 E_{N_2/NO_2^-} 分别为 0.43 V 和 0.965 V，因此从硝酸盐膝点到亚硝酸盐膝点，氧化还原电位下降的速率会更快，亚硝酸盐膝点后，系统开始厌氧释磷，氧化还原电位急剧下降，因此氧化还原电位出现两个拐点。

根据半反应 $H_2PO_4+2H^++2e+OH^-=H_3PO_4+H_2O$ 所得的电极电势−276 mV，厌氧阶段氧化还原电位快速下降的主要原因是磷酸盐浓度的增加。可见，厌氧阶段氧化还原电位与磷酸盐之间表现良好的相关性，厌氧释磷越多，氧化还原电位越低。在 IBR 厌氧释磷过程中，氧化还原电位快速下降，且下降速率逐渐变缓。当厌氧释磷结束，氧化还原电位值并未出现一个稳定的平台，而是呈现稳定的较低速率下降，可能是因为进水磷酸盐和 COD 不断补充。

4.1.4 IBR 控制策略

通过检测溶解氧、pH 值、氧化还原电位在线控制参数并识别和判断曲线特征点，对 IBR 工艺好氧/缺氧/厌氧运行阶段进行控制和转换。

（1）控制特征点分析

在 IBR 中，全周期混合液中 COD 浓度均低于 COD 的准确检测范围，出水 COD 非常低。因此控制策略着重兼顾脱氮和除磷过程，不需要考虑 COD 去除。

①脱氮过程特征点：与好氧硝化过程结束相关的水质指标特征点有碱度谷点（B1）、氨氧化结束点（B2）、亚硝酸盐累积消失点（B3）和快速硝化结束点（B4）。硝化结束应以 B4 为划分点，因为 B4 前快速硝化的中间反应仍在进行，B4 后只有进水的营养物在降解。快速硝化过程与在线控制曲线上 pH 值谷点、溶解氧第二次跃升、氧化还原电位膝点 3 个特征点对应，控制策略需在三者之间权衡。

缺氧阶段完成反硝化，E4 点硝酸盐还原基本完成，开始慢速释磷。F3 点亚硝酸盐还原结束，并且聚磷菌开始快速释磷。不存在亚硝酸盐的累积时，反硝化结束时只会出现氧化还原电位上的硝酸盐膝点和 pH 值曲线上的峰点，因此应以 pH 值峰点和氧化还原电位硝酸盐膝点作为缺氧结束的判断点。当反硝化过程中存在亚硝酸盐累积时，会出现氧化还原电位上的硝酸盐膝点（E7）和亚硝酸盐膝点（F7），pH 值曲线上会出现快速上升的膝点（E8）和膝点（F8），其中氧化还原电位硝酸盐膝点和 pH 值硝酸盐膝点出现时间相同，表明硝酸盐还原基本完成，氧化还原电位曲线上亚硝酸盐膝点和 pH 值曲线上峰点表征亚硝酸盐消失。因此，本系统应以氧化还原电位曲线上亚硝酸盐膝点和 pH 值曲线上峰点作为判断反硝化结束的特征点。

②除磷过程特征点：在好氧阶段，好氧吸磷会消耗溶解氧和产生碱度，导致溶解氧的降低以及 pH 值和氧化还原电位的升高。但是实验过程中未发现与好氧吸磷结束关系密切的过程参数变化的特征点。在 IBR 中，好氧吸磷无法通过在线控制参数来表征。

厌氧阶段进行厌氧释磷，pH 值的变化受 VFAs 的产生和吸收、磷酸盐的增加与水解作用的共同影响，pH 值缓慢下降并趋于稳定。氧化还原电位快速下降，且下降速率逐渐变缓，厌氧释磷结束时氧化还原电位仍呈现较低速率下降。因此，以 pH 值和氧化还原电位的下降趋于平台作为系统厌氧释磷的指示。

（2）控制特征点的判断

前文已经阐述了在线指标与水质指标的对应关系以及脱氮和除磷过程的控制策略，好氧阶段应综合 pH 值硝化谷点（B8）、溶解氧第二次突跃点（B6）和氧化还原电位快速硝化结束膝点（B7）来判断，缺氧反硝化结束应综合氧化还原电位亚硝酸盐膝点（F7）和 pH 值亚硝酸盐膝点（F8）来判断，以 pH 值和氧化还原电位下降趋于平台作为厌氧释磷结束的指示。这些特征点都涉及两个及两个以上参数，在线控制参数的表达形式、参数选择、判断的准确性和优先级是 4.1.4 节要讨论的。

在线控制参数的判断依据有参数本身数值（谷点、峰点和膝点）、参数的一阶导数（dDO/dt、$dORP/dt$ 和 dpH/dt）和参数的二阶导数（d^2DO/dt^2、d^2ORP/dt^2 和 d^2pH/dt^2）。由于计算机无法直接识别谷点、峰点和膝点，只能借助数学上导数的概念来判断曲线的峰值、谷值、拐点及趋近于零的特征点，假设各曲线在反应周期的变化是连续的且每一点的一阶导数及二阶导数都存在，则如图 4-8～图 4-10 所示。

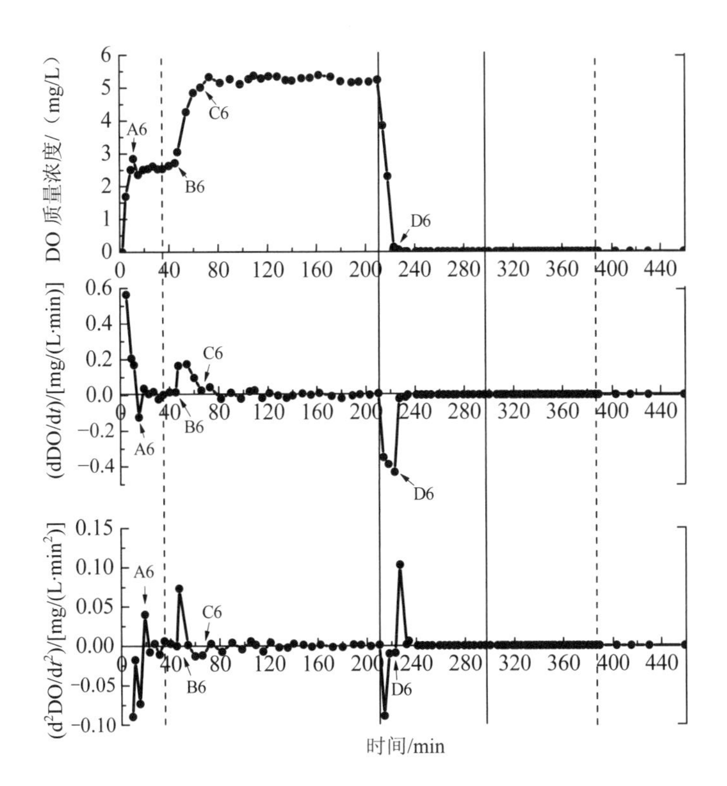

图 4-8　一个典型周期 DO、dDO/dt 和 d^{2}DO/dt^2 变化规律

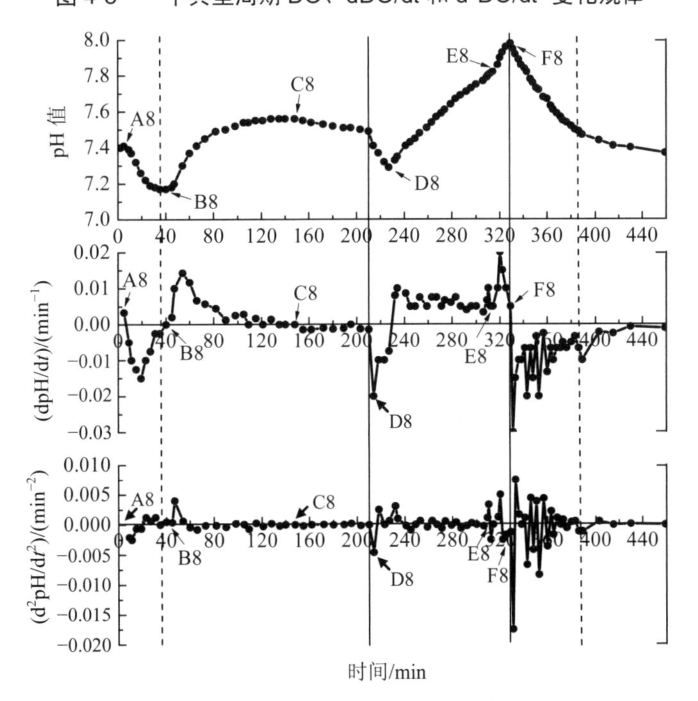

图 4-9　一个典型周期 pH 值、dpH/dt 和 d^{2}pH/dt^2 变化规律

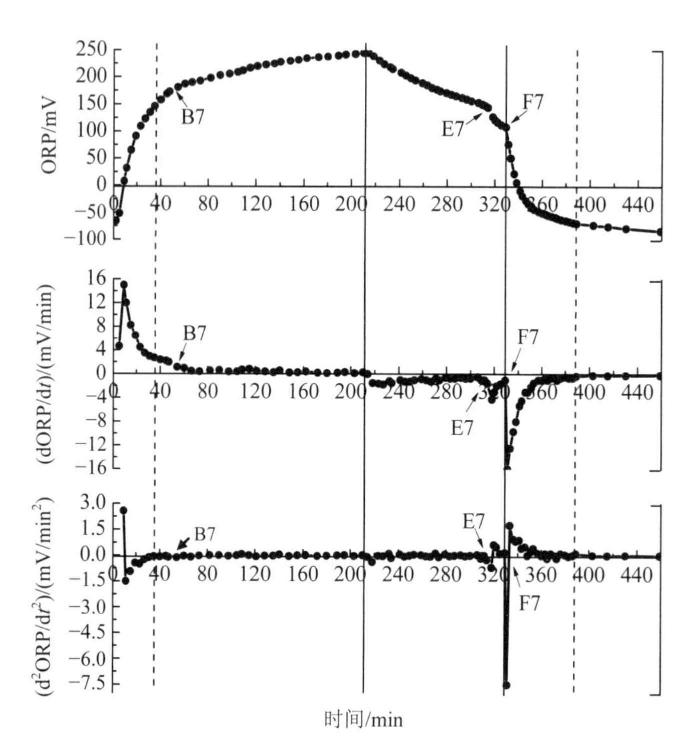

图 4-10　一个典型周期 ORP、dORP/dt 和 d^2ORP/dt^2 变化规律

从图中可以看出，溶解氧出现第一次跃升，且增长速率越来越慢，溶解氧在 A6 点出现峰值，dDO/dt 由正变负，d^2DO/dt^2 变化不明显。随后溶解氧进入第一个平台，dDO/dt 和 d^2DO/dt^2 的值均在零点上下波动。溶解氧曲线在 B6 点出现第二次跃升，在 C6 点开始进入第二个平台，在 B6 与 C6 之间溶解氧增长速率由快变慢，因此 dDO/dt 先增大后减小，出现 1 个波峰，d^2DO/dt^2 由正变负。在溶解氧进入第二个平台后，dDO/dt 和 d^2DO/dt^2 的值始终在零点上下波动。曝气结束后，溶解氧质量浓度快速下降，在 D6 处，溶解氧质量浓度基本降为 0 mg/L，dDO/dt 曲线出现一个波谷，而 d^2DO/dt^2 由负变正。以后溶解氧、dDO/dt 和 d^2DO/dt^2 均无变化，值均为 0。

在 A8 与 B8 之间，pH 值不断下降，下降速率先快后慢，在 B8 点出现谷点后，pH 值开始上升，pH 值上升速率也先快后慢。因此，dpH/dt 在 A8 与 B8 之间先出现波谷后，其值在 B8 由负变正，此后再出现 1 个波峰。而 B8 刚好为 d^2pH/dt^2 曲线的 2 个波峰之间的波谷，d^2pH/dt^2 值为 0。在 C8 点，pH 值缓慢降低并逐渐趋于平缓，因此，dpH/dt 略有减小后趋于零，d^2pH/dt^2 曲线在此段变化不明显。搅拌初期，pH 值曲线出现波谷 D8，dpH/dt 由负变正，d^2pH/dt^2 变化不明显。在硝酸盐还原过程中（D8 与 E8 之间），pH 值缓慢增加，dpH/dt 的值缓慢降低，d^2pH/dt^2 变化不明显，在 E8 点进入亚硝酸盐还原过程，pH 值快速上升，E8 点 pH 值曲线出现硝酸盐膝点，$\mathrm{dpH}/\mathrm{d}t$ 曲线出现谷点但不明显，$\mathrm{d}^2\mathrm{pH}/\mathrm{d}t^2$ 点出现震荡，规律不明显。在 F8 点反硝化结束，厌氧释磷开始，pH 值曲线出现峰点。$\mathrm{dpH}/\mathrm{d}t$ 由正变负，F8 点 $\mathrm{dpH}/\mathrm{d}t=0$。$\mathrm{d}^2\mathrm{pH}/\mathrm{d}t^2$ 的变化不明显。厌氧阶段，pH 值缓慢减小并趋于稳定，$\mathrm{dpH}/\mathrm{d}t$ 由负趋于 0，$\mathrm{d}^2\mathrm{pH}/\mathrm{d}t^2$ 上下震荡并稳定趋于 0。

氧化还原电位曲线在 B7 点出现膝点，$\mathrm{dORP}/\mathrm{d}t$ 由正趋于 0，而 $\mathrm{d}^2\mathrm{ORP}/\mathrm{d}t^2$ 在 B7 点由负趋于 0。氧化还原电位曲线在 E7 点出现硝酸盐膝点，$\mathrm{dORP}/\mathrm{d}t$ 出现谷点，$\mathrm{d}^2\mathrm{ORP}/\mathrm{d}t^2=0$；在 F7 点出现亚硝酸盐膝点，$\mathrm{dORP}/\mathrm{d}t$ 出现谷点，$\mathrm{d}^2\mathrm{ORP}/\mathrm{d}t^2=0$。

从上面的分析可以看出，IBR 中溶解氧曲线、氧化还原电位曲线、pH 值曲线的变化与一阶导数、二阶导数曲线变化规律相关性较好，特征点的判断方法为：在谷点，一阶导数从负到正；在峰点，一阶导数从正到负；在膝点，二阶导数为 0，一阶导数出现峰点或谷点（绝对值变大）。通过一阶导数判断曲线的谷点和峰点的准确度较高，而二阶导数无法判断；需结合一阶导数和二阶导数联合判断膝点，较曲线的谷点和峰点判断难度大，且判断的准确度较差；pH 值的变化区间较小，一阶导数曲线和二阶导数曲线波动厉害，特别是在厌氧阶段。综合考虑上述因素，本研究归纳了 IBR 中特征点的识别方法、判断准确性及优先级（如表 4-5 所示）。

表 4-5　特征点的识别方法、判断准确性及优先级

	参数	特征点	出现时间/min	判断准确度	优先级
好氧	DO	跃升	40		
	$\mathrm{dDO}/\mathrm{d}t$	峰点（绝对值变大）	47～60	一般	2
	$\mathrm{d}^2\mathrm{DO}/\mathrm{d}t^2$	0（由正变负）	47～60	一般	
	pH 值	谷点	35～40		
	$\mathrm{dpH}/\mathrm{d}t$	从负到正	40	准确	1
	$\mathrm{d}^2\mathrm{pH}/\mathrm{d}t^2$	0	47	模糊	
	ORP	膝点	54		
	$\mathrm{dORP}/\mathrm{d}t$	由正趋于 0	60	一般	3
	$\mathrm{d}^2\mathrm{ORP}/\mathrm{d}t^2$	由负趋于 0	54	一般	
缺氧	pH 值	峰点	329		
	$\mathrm{dpH}/\mathrm{d}t$	从正到负	329～331	准确	1
	$\mathrm{d}^2\mathrm{pH}/\mathrm{d}t^2$	0	331	模糊	
	ORP	缺氧第一个膝点	329		
	$\mathrm{dORP}/\mathrm{d}t$	谷点（绝对值变大）	331	一般	2
	$\mathrm{d}^2\mathrm{ORP}/\mathrm{d}t^2$	0（由负变正）	329～331	一般	

	参数	特征点	出现时间/min	判断准确度	优先级
厌氧	pH 值	趋于稳定			
	dpH/dt	由负趋于 0		模糊	
	d^2pH/dt^2	等于 0		模糊	
	ORP	趋于稳定			
	dORP/dt	由负趋于 0（>−0.1）		一般	1
	d^2ORP/dt^2	等于 0		模糊	

（3）控制策略的制定

用 pH 值曲线上的谷点最易判断硝化结束，而氧化还原电位曲线和溶解氧曲线上的折点和突升点较易误判。因此，应以 pH 值曲线上的硝化结束谷点作为主要控制点，氧化还原电位曲线和溶解氧曲线上的折点和突升点作为辅助判断点。以 dpH/dt 从负到正为主要判断依据，享有最高优先级。以 dDO/dt 出现峰值点且 d^2DO/dt^2 从正到负、dORP/dt 和 d^2ORP/dt^2 趋向于 0 为辅助判断。在此判断基础上再加上一定时间的延迟作为好氧阶段的控制策略。延时一方面能够保障好氧吸磷的顺利完成；另一方面，可灵活调整运行周期的长短，避免自控系统对设备的操作切换过于频繁。

缺氧反硝化过程中，pH 值的峰点较硝酸盐膝点和亚硝酸盐膝点更易判断，应以 pH 值峰点作为主要判断点，氧化还原电位曲线上硝酸盐膝点或亚硝酸盐膝点作为辅助判断。缺氧阶段以 dpH/dt 从正到负为主要判断依据，以 dORP/dt 出现谷点且 d^2ORP/dt^2 从负到正为辅助判断点。在实际运行过程中，无法预测反硝化过程中是否会发生亚硝酸盐累积，因此，控制策略优先考虑判断硝酸盐膝点为厌氧阶段开始，如果随后出现亚硝酸盐膝点，再将厌氧开始时间修改至此点。

在厌氧阶段，pH 值变化区间较小，dpH/dt 变化曲线紊动较严重，因此以 dORP/dt 趋于某个接近 0 的负数为主要判断依据，再结合最短时间和最长时间限制联合控制。经过长期实验发现，达到厌氧释磷的稳定需要较长的厌氧时间（3～5 h），由于厌氧初期释磷较快，0.5～1.5 h 内的释磷量比例较大，因此建议 IBR 的厌氧时间采用 0.5～1.5 h，当水温较低或进水碳源较难被聚磷菌利用时，可适当延长厌氧时间。

（4）控制策略图

通过分析，建立反馈控制系统的规则库：好氧阶段 dpH/dt 由负到正，缺氧阶段 dpH/dt 由正到负，厌氧阶段 dORP/dt>−0.1 mV/min，并结合最长时间和最短时间限制来实现 IBR 的自动反馈。根据这些规则可建立控制策略（如图 4-11 所示）。

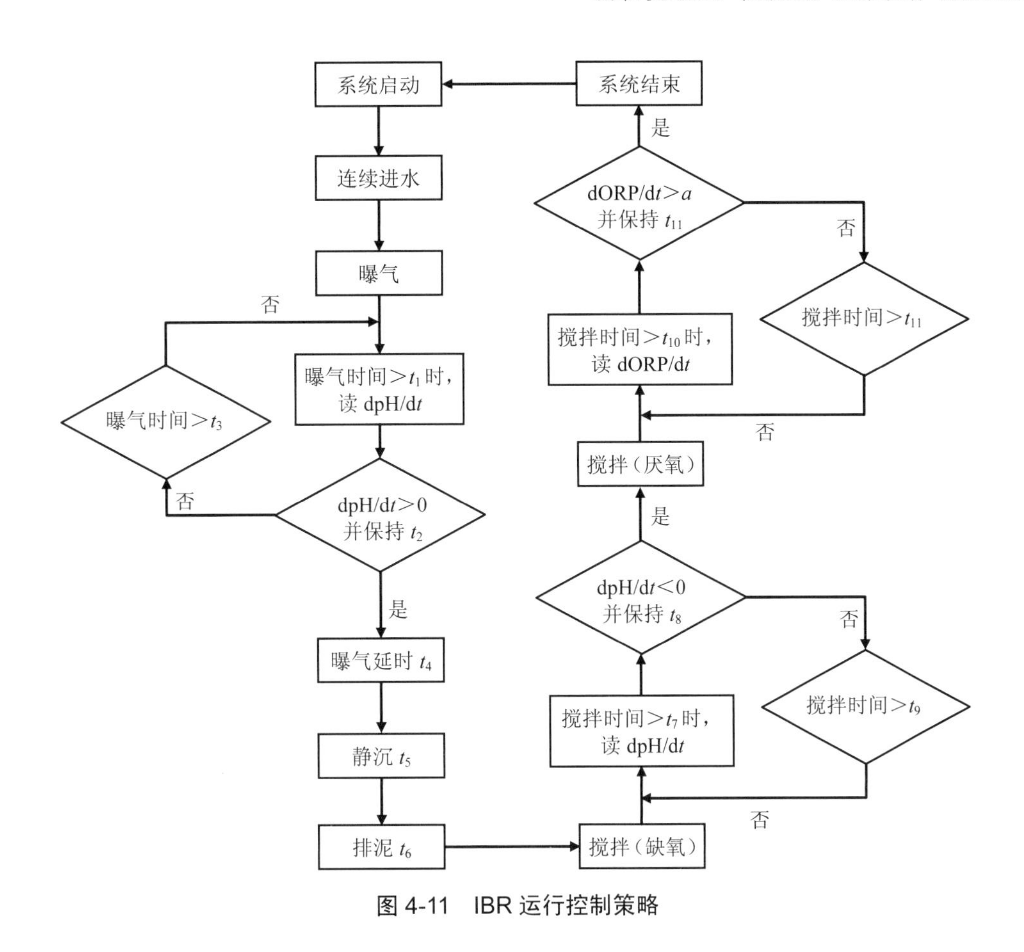

图 4-11　IBR 运行控制策略

在 IBR 控制策略中，共设置了 t_1～t_{12}（min），分别是用来控制反应进程的时间变量和识别 ORP 一阶导数 a（mV/min）的变化特征，a 为接近 0 的负常数。控制策略运行的主要流程有连续进水、曝气、排泥、缺氧搅拌、厌氧搅拌。系统启动后，开启全周期连续进水泵。同时启动曝气，设置曝气 t_1 时间后开始采集 pH 值并求导计算，得到过程实时控制变量，并根据控制策略对得到的控制变量进行比较。当 pH 值的一阶导数由负变正（$\mathrm{d}pH/\mathrm{d}t>0$）并保持 t_2 时间或系统达到设定的最大曝气时间 t_3 时，曝气延时 t_4 后即可判断硝化反应结束，停止曝气静沉 t_5，打开排泥阀，排泥时间为 t_6。开启搅拌器进入缺氧反硝化过程，设置在搅拌开始 t_7 时间后再采集并处理在线 pH 值信号，当 pH 值的一阶导数由正变负（$\mathrm{d}pH/\mathrm{d}t<0$）并保持 t_8 时间或系统达到设定的最大搅拌时间 t_9 时，即可判断反硝化反应结束。进入厌氧静沉阶段，设置在搅拌开始 t_{10} 时间后再采集并处理在线氧化还原电位信号，当 $\mathrm{d}ORP/\mathrm{d}t>a$ mV/min 时并保持 t_{11} 时间或系统达到设定的最大搅拌时间 t_{12} 时，即可判断厌氧释磷结束。本周期运行结束，进入下一运行周期。

4.1.5 IBR 在线反馈控制系统

通过对上述水质指标参数和在线控制参数的变化规律和相互关系进行分析，建立一套 IBR 的在线反馈控制系统（如图 4-12 所示）。

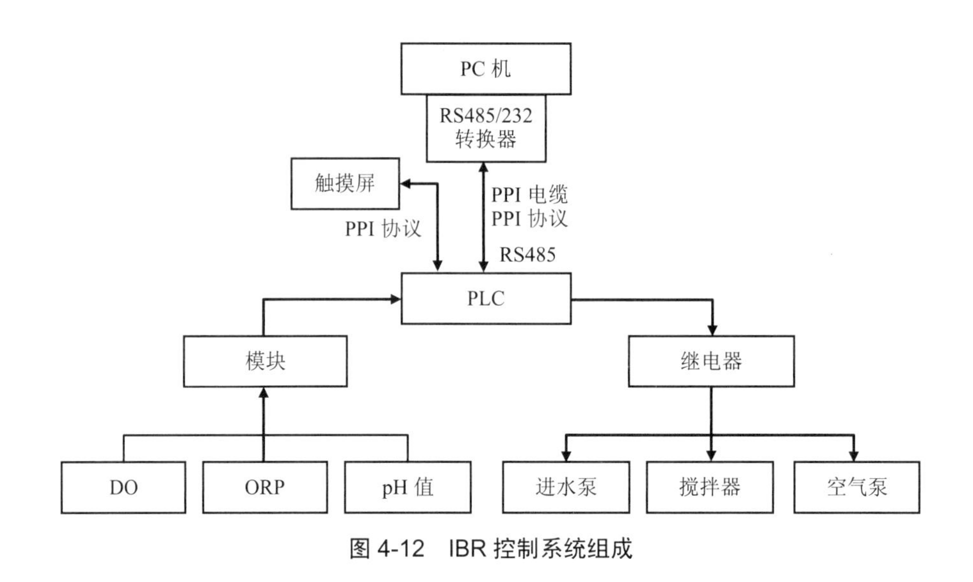

图 4-12　IBR 控制系统组成

（1）硬件组成

IBR 在线反馈控制系统采用三层网络的构架，分为管理级、控制级、现场级。管理级采用 PC 机和触摸屏作为人机界面，主要完成设定值的操作输入、运行管理以及所有工艺参数和设备运行状态的显示。触摸屏只能实现运行状态显示和运行参数的修改等功能，不具有数据处理和曲线分析等功能，只用于不需要智能反馈的时序控制条件。控制级是控制系统的核心，是 PC 机与现场各设备之间的枢纽，主要实现数据的采集、控制算法的实现、控制命令的下发、工艺信号的连锁以及通信等功能。可编程逻辑控制器（PLC）对设备的控制主要是由 PLC 控制柜内的继电器向电控柜内的接触器提供一个无源的干接点来实现，继电器组的功能是实现强电和弱电的隔离并充当电子开关的作用。现场级主要由在线仪表（溶解氧、氧化还原电位、pH 仪）、现场控制设备（进水泵、搅拌器、空气泵）组成，完成数据采集和上一层下发的所有控制命令。也可通过现场设备上自带的控制开关或电控柜上的手动控制按钮实现现场进水泵、搅拌器、空气泵的启停。

本系统采用装有 Intel P4 处理器的 PC 机和 eVIEW 触摸屏作为人机界面，以西门子 PLC（S7-200，CPU226）为控制核心，并扩展模拟量输入输出模块 EM231 完成 A/D 转化，通过对现场设备上传的溶解氧、氧化还原电位、pH 值实时数据和运行状态信号进行分析，按照预先设计的控制算法完成对系统中的进水泵、空气泵、搅拌器等的控制，或将现场设备的数据上传至 PC 机或触摸屏，同时接受 PC 机和触摸屏发出的调节指令，进行相应的操作。

（2）软件组成

系统控制软件分为 PC 机软件和 PLC 软件。本系统 PC 机安装 Windows XP 操作系统，采用 C++语言自主研发了 IBR 在线反馈控制软件。C++语言编程操作简便，界面友好。数据库的开发使用 Microsoft Access，结合 SQL 使数据库查询更加方便快捷。IBR 在线反馈控制软件主要实现工艺过程的数据显示、数据处理、数据存储、实时曲线、历史曲线、运行记录以及运行参数设置等功能。主控界面可完成系统设置、数据采集和数据处理等设置命令，在主控界面实现停止模式、手动控制模式、自动控制模式、反馈控制模式的切换。在停止模式下，所有设备停止运转，用于紧急情况。在手动控制模式、自动控制模式、反馈控制模式下，完成运行监控和工艺参数的设置。IBR 在线反馈控制软件的主控界面如图 4-13 所示。

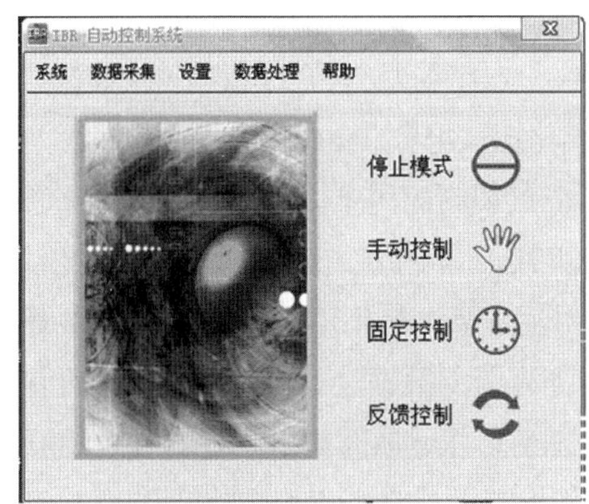

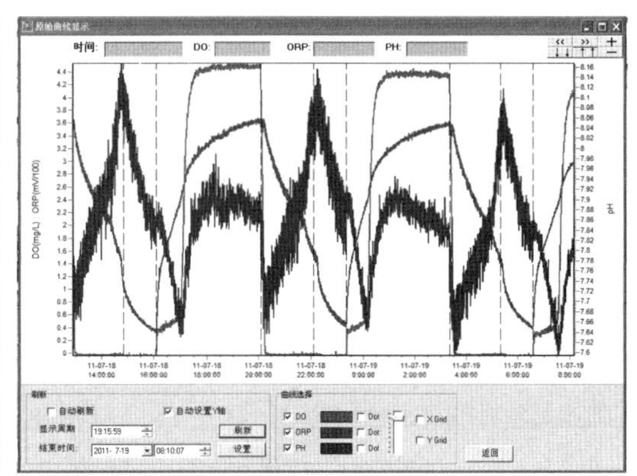

图 4-13 IBR 在线反馈控制软件主控界面

PLC 程序设计采用 STEP7 实现。STEP7 采用模块化设计方法，编程语言采用梯形图和语句表结合的形式。PLC 控制程序分为 7 个标准模块：模拟量输入、顺序控制、互锁保护、故障处理、PLC 计算、断电保护、数据整理及输出。本系统 PLC 程序主要包括主程序、数据采集和处理子程序、时序控制子程序、通信子程序。触摸屏程序也是由 STEP7 编程实现，包括 IBR 运行状态、参数设置、在线控制参数值、运行记录等界面。

（3）通信网络组成

该控制系统在 PC 机建立 OPC（OLE for Process Control）服务器，信号数据传输到 OPC 服务器后，IBR 在线反馈控制软件通过建立 OPC 服务器的客户端完成数据的访问。

PLC 与 PC 机、PLC 与触摸屏之间通信采用 PPI 协议，西门子 S7-200 PLC 与 PC 机上的串行 COM 口采用 PC/PPI 电缆（RS-232/PPI 电缆）连接。PC 机中 IBR 在线反馈控制软件设计有 RS-232 通信功能，PC 机通过 RS485/232 转换装置建立与 PLC 的通信，通过 PC 机修改 PLC 中的各种参数数据，PLC 也同时向 PC 机发送测得的参数数据，以便 PC 机显示实时参数数据和存入数据库。

PLC 可采集的信号包括数字量信号（设备的关闭为 0，开启为 1）和模拟量信号。模拟量信号为溶解氧、氧化还原电位和 pH 值传感器在线监控的物理参数，再通过仪表转换为 4～20 mA 电流的标准信号。PLC 通过模拟量输入模块 EM231 将这些电流信号转换为数字信号，所有的数字量信号存储到数据寄存器中，并通过 PPI 电缆连接至 PC 机，供 PC 机调用。PLC 运算单元可将这些数字信号按照梯形图控制算法进行运算，输出数字量控制信号给继电器组，控制设备的开启。也可由 PC 机软件调用存储在 PLC 数据寄存器中的这些数字信号，经过处理后按一定的控制算法输出数字量控制信号给 PLC，PLC 再将控制信号给继电器组。

（4）数据处理

本系统需要根据溶解氧、氧化还原电位和 pH 值变化曲线进行在线反馈，因此数据的采集和处理非常重要。由于直接采集的溶解氧、氧化还原电位和 pH 值数据包含了大量高频噪声，如果直接对其进行数据处理，将造成特征点识别的困难。因此，这些数据首先要经过去噪声及平滑处理。本系统去噪声处理是以 10 选 4 的方式进行，平滑处理是以滑动窗口平均法来对曲线每一个数据点进行处理，对溶解氧、氧化还原电位、pH 值 3 种曲线在每个阶段的滑动窗口大小进行设置。将平滑处理后的数据进行工程量转换，得出仪表的实际测量值并进行校正。在进行这些数据处理后，求一阶导数和二阶导数，对导数曲线进行特征点的提取，完成模式识别和特征点提取后，按规则库识别特征点。

（5）运行模式

为更加灵活安全，本系统采用 3 种控制模式，即现场手动控制、PLC 自动控制及 PC 机控制软件改变参数控制。现场手动控制是指在选择手动控制方式下，通过电气控制柜由现场开关直接控制设备开启或关闭。在此模式下，设备就不受 PLC 的控制，PLC 仅监视运行状态。PLC 自动控制是指在选择该控制方式下，由 PLC 根据测量参数自动执行内部控制程序，完成对进水泵、空气泵和搅拌器的控制功能。PC 机控制软件改变参数控制是指通过人机界面可对部分运行参数赋值。PLC 属于黑箱控制，需借助触摸屏作为人机界面进行参数设置来保障系统的自动运行。IBR 系统通过 PC 机和触摸屏的联用实现多级控制，当 PC 机出现故障时可通过触摸屏进行参数设置来保障系统的自动运行。在不要求实时控制时也可以不使用 PC 机，独立通过触摸屏实现对现场设备的简单时序控制。

4.2 A^2/O 城市污水处理厂低碳运行过程控制技术

4.2.1 试验装置和方法

在研究普通 A^2/O 工艺脱氮除磷性能的基础上，针对如何充分利用原水碳源、有效提高系统脱氮除磷效率，重点开展了分段进水 A^2/O 工艺脱氮除磷的影响因素研究。通过对试验数据的分析，给出了分段进水工艺的污染物去除过程，建立并开发了流量分配等优化策略。在缺氧/好氧工艺（A/O）分段进水脱氮除磷工艺流程的首段设置厌氧池，二沉池污泥回流至首段缺氧池后再提升至厌氧池。通过厌氧区和缺氧区容积、内循环比和污泥回流比的最佳运行参数的确定，合理解决氮磷功能菌之间的矛盾，强化系统除磷性能，并辅助相应的过程控制系统，最终实现工艺出水达一级 A 排放标准。

A^2/O 分段进水脱氮除磷工艺流程如图 4-14 所示。试验反应器均由无色有机玻璃制成，改良型多段 A^2/O 反应器总容积为 82.5 L，有效容积为 67 L，均分为 22 个格室，共 7 个区域。

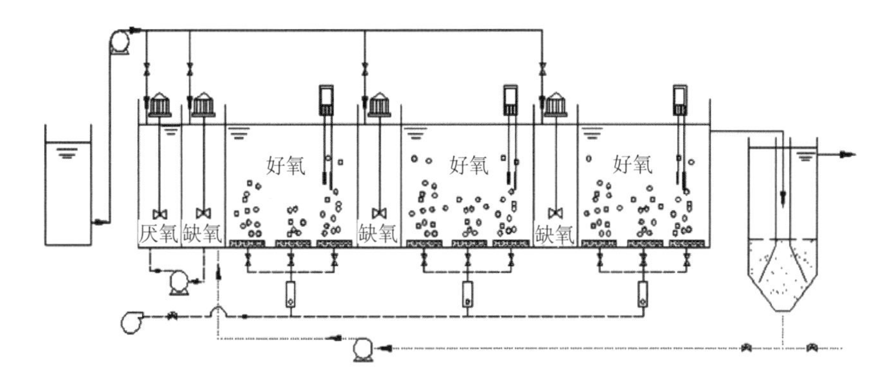

图 4-14 A^2/O 分段进水脱氮除磷工艺流程

进水 COD 与 TN 的质量浓度比约为 5，水力停留时间（HRT）为 9 h，污泥停留时间（SRT）为 15 d，平均混合液悬浮固体质量浓度（MLSS）大于 500 mg/L，污泥回流比为 75%，厌氧/缺氧/好氧体积比为 4∶8∶10。试验运行工况及运行参数如表 4-6 所示。

多段 A/O 分段进水工艺与流量分配系统、硝化反硝化反应控制系统以及碳源投加控制决策系统联合应用，可以实现节能高效脱氮除磷。控制策略如图 4-15～图 4-17 所示。

表 4-6 试验运行工况及运行参数

工况	进水流量分配比 $Q_1:Q_2:Q_3:Q_4$	容积负荷/［10^{-3} kg/（m^3·d)］		
		COD	TN	TP
1	20%∶20%∶30%∶30%	381.3～603.7	69.0～115.7	6.3～14.4
2	20%∶30%∶30%∶20%	294.7～609.2	76.4～107.4	7.1～13.9
3	30%∶20%∶30%∶20%	411.4～631.3	69.0～110.2	6.3～11.7
4	25%∶25%∶25%∶25%	261.0～670.7	60.0～108.6	6.3～18.3
5	20%∶35%∶35%∶10%	282.3～670.7	72.6～108.6	6.3～11.3
6	30%∶30%∶20%∶20%	278.1～575.0	64.6～94.9	4.3～11.9

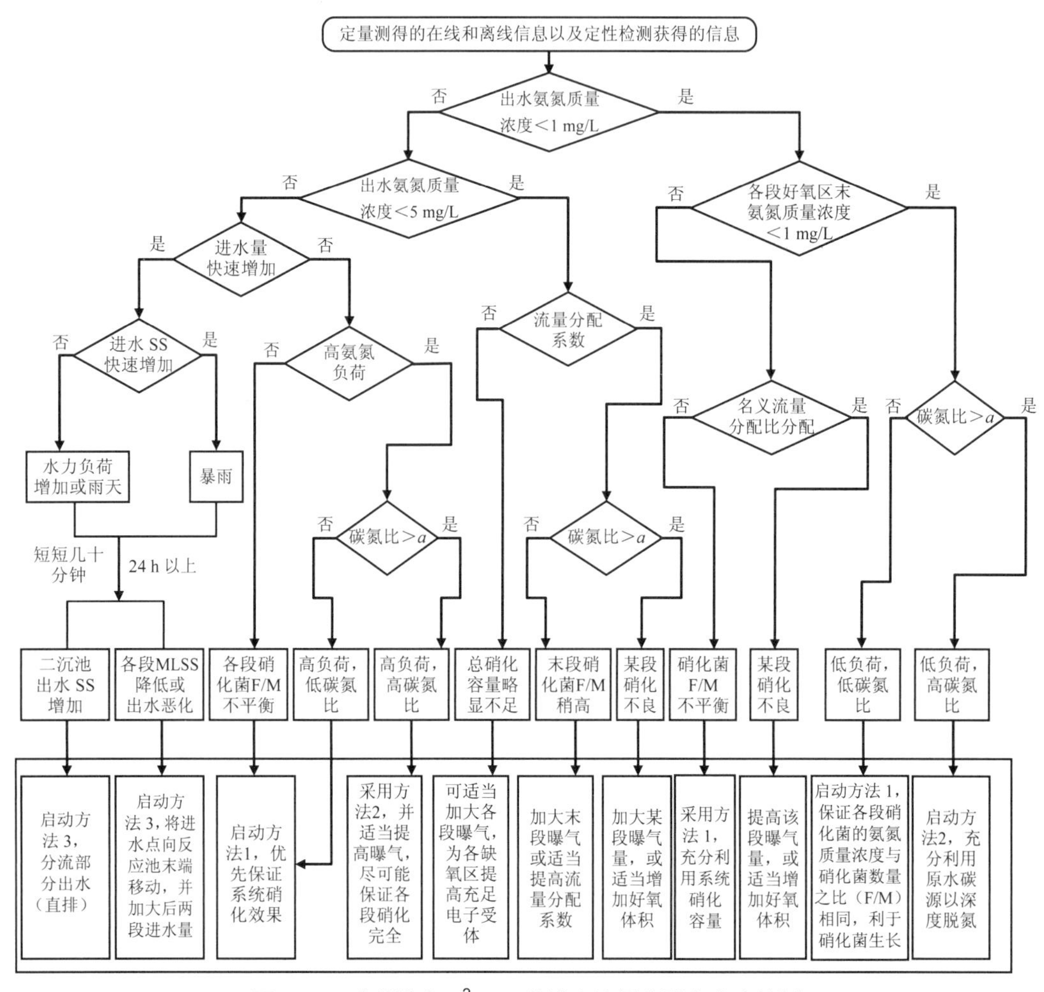

图 4-15 分段进水 A^2/O 工艺进水流量分配专家决策树

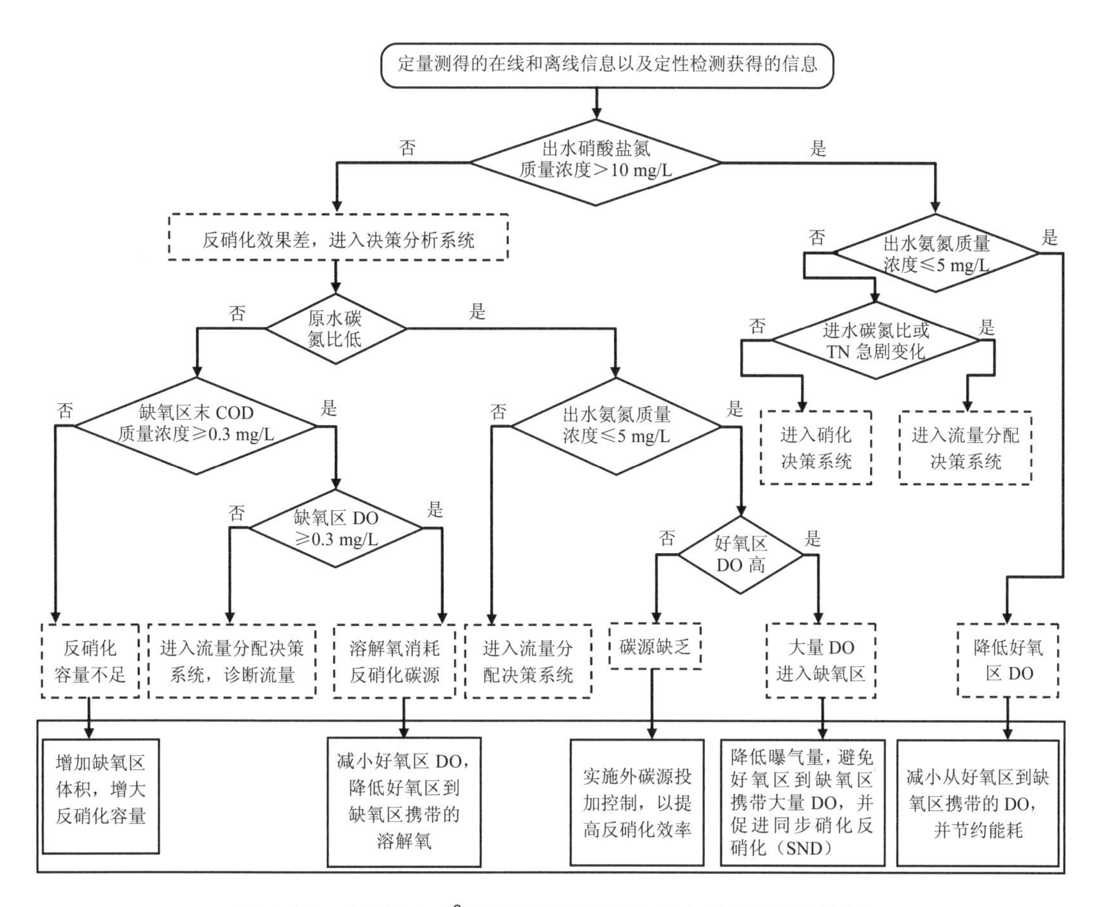

图 4-16　分段进水 A^2/O 工艺反硝化反应专家系统控制决策树

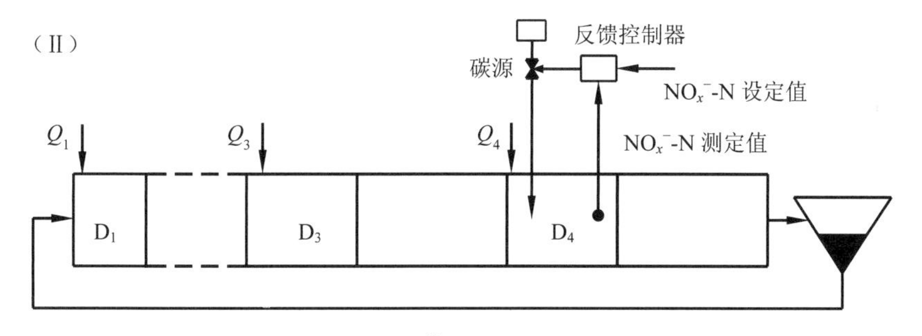

图 4-17　分段进水 A^2/O 工艺碳源投加控制策略

4.2.2　结果与讨论

（1）不同阶段系统对 COD 的去除特性

本试验各运行模式下，改良 A^2/O 分段进水脱氮除磷系统对 COD 的去除效果如图 4-18

所示。由图可知，试验期间进水 COD 质量浓度波动较大，在 89.22～243.10 mg/L 之间变化，平均为 160 mg/L，各工况下 98%的出水 COD 质量浓度在 50 mg/L 以下，E1～E6 工况下出水 COD 质量浓度分别为 33.71 mg/L、30.11 mg/L、32.74 mg/L、34.74 mg/L、33.05 mg/L、31.39 mg/L，去除率分别为 81.42%、80.74%、81.92%、77.58%、78.90%、79.75%；进水流量分配比对 COD 去除效果影响甚微，出水可达《城镇污水处理厂污染物排放标准》（GB 18918—2002）一级 A 排放标准，显示出系统对 COD 的高效稳定去除。

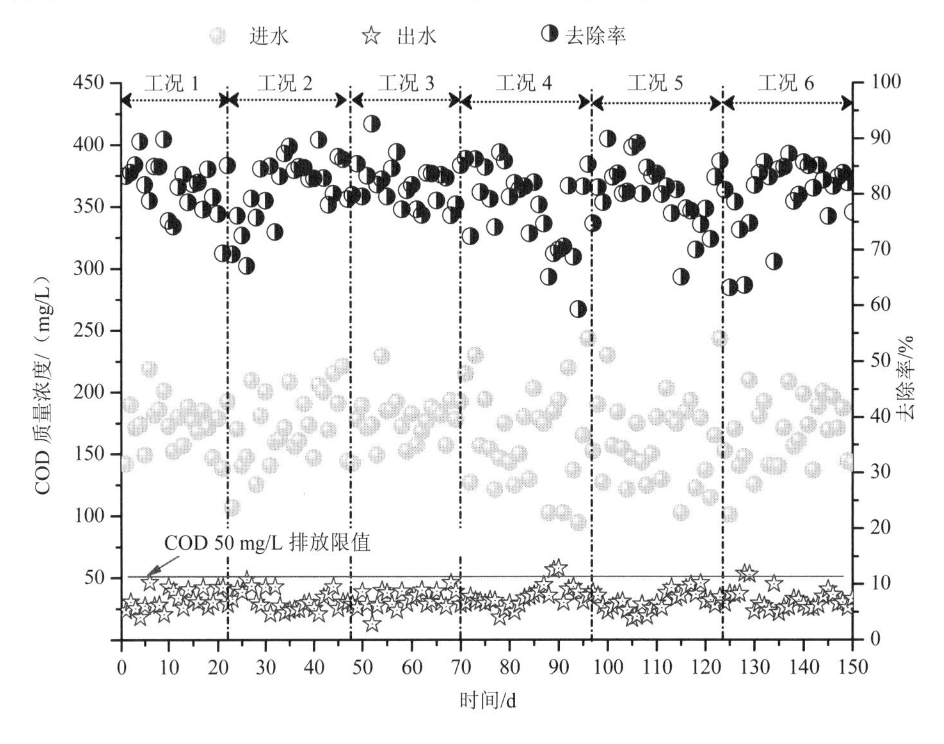

图 4-18　各工况下系统对 COD 的去除效果

（2）系统对氮的去除特性

系统运行的 6 个阶段对 NH_3-N 和 TN 的整体去除性能如图 4-19 所示，可以看出，试验期间进水 TN 质量浓度为 22.77～41.94 mg/L，平均为 31.73 mg/L，各工况下 97.3%的出水 NH_3-N 质量浓度在 5 mg/L 以下，81.3%的出水 TN 质量浓度在 15 mg/L 以下；E1～E6 工况下对 NH_3-N 去除一直保持一个较高水平，出水 NH_3-N 质量浓度分别为 3.72 mg/L、0.39 mg/L、1.23 mg/L、1.15 mg/L、0.58 mg/L、0.20 mg/L，去除率分别为 88.44%、98.65%、96.28%、96.52%、98.31%、99.31%；E1～E6 工况下出水 TN 质量浓度分别为 15.60 mg/L、12.48 mg/L、12.39 mg/L、11.99 mg/L、9.26 mg/L、13.06 mg/L，去除率分别为 51.67%、57.23%、61.46%、61.48%、70.24%、55.12%。

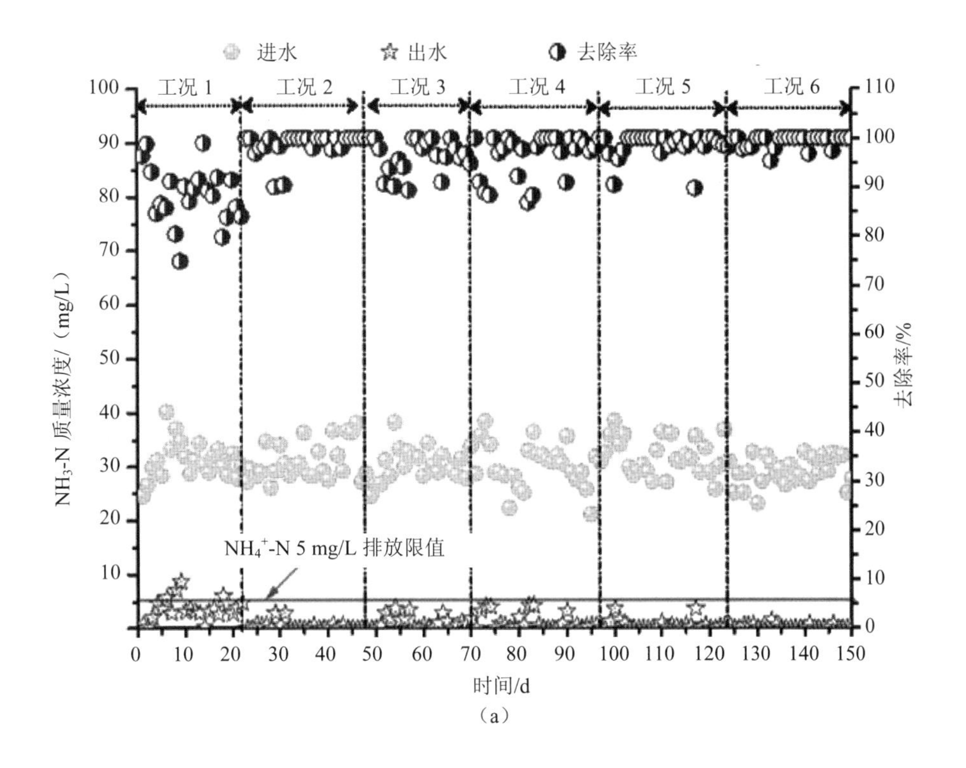

（a）

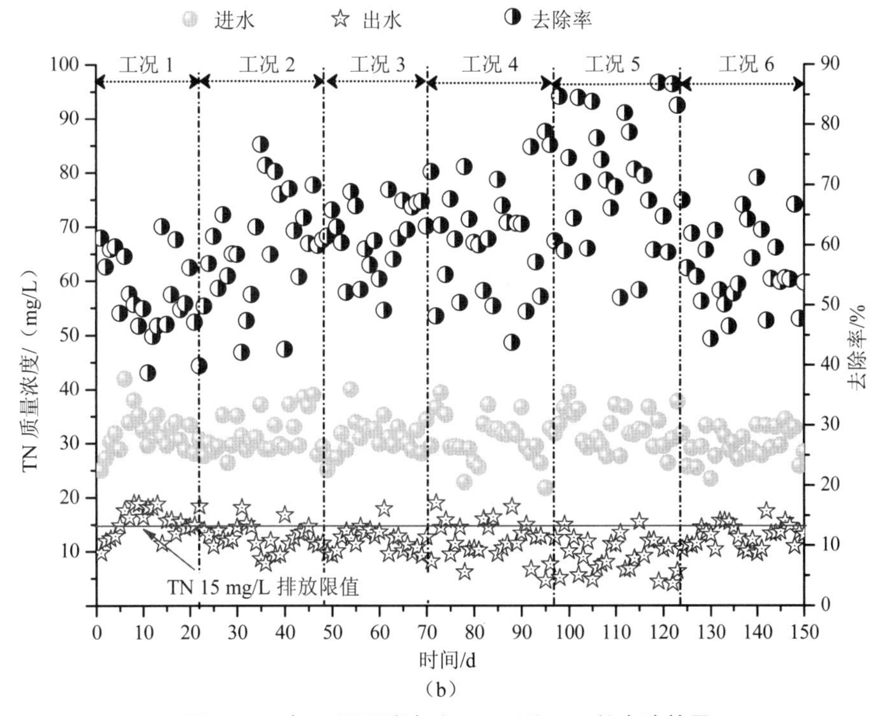

（b）

图 4-19 各工况下系统对 NH_3-N 和 TN 的去除效果

可以看出，进水流量分配比对 NH_3-N 去除效果影响不大，对 TN 去除率有较大影响，E5 工况下 TN 去除率比 E1 工况下提高近 20 个百分点，除 E1 工况外，其他 5 种工况下出水氨氮和总氮质量浓度均可达《城镇污水处理厂污染物排放标准》（GB 18918—2002）一级 A 排放标准。

（3）系统对磷的去除特性

系统对 TP 的去除效果如图 4-20 所示。不同进水流量分配比对 TP 去除效果影响较大，E1～E6 工况下出水 TP 质量浓度分别为 0.79 mg/L、0.56 mg/L、0.43 mg/L、0.63 mg/L、0.43 mg/L、0.35 mg/L，去除率分别为 79.56%、81.69%、89.01%、80.19%、86.11%、88.95%；试验期间，60%的出水 TP 质量浓度低于 0.5 mg/L，而且 TP 去除率随第一段、第二段进水量之和增加而增加。

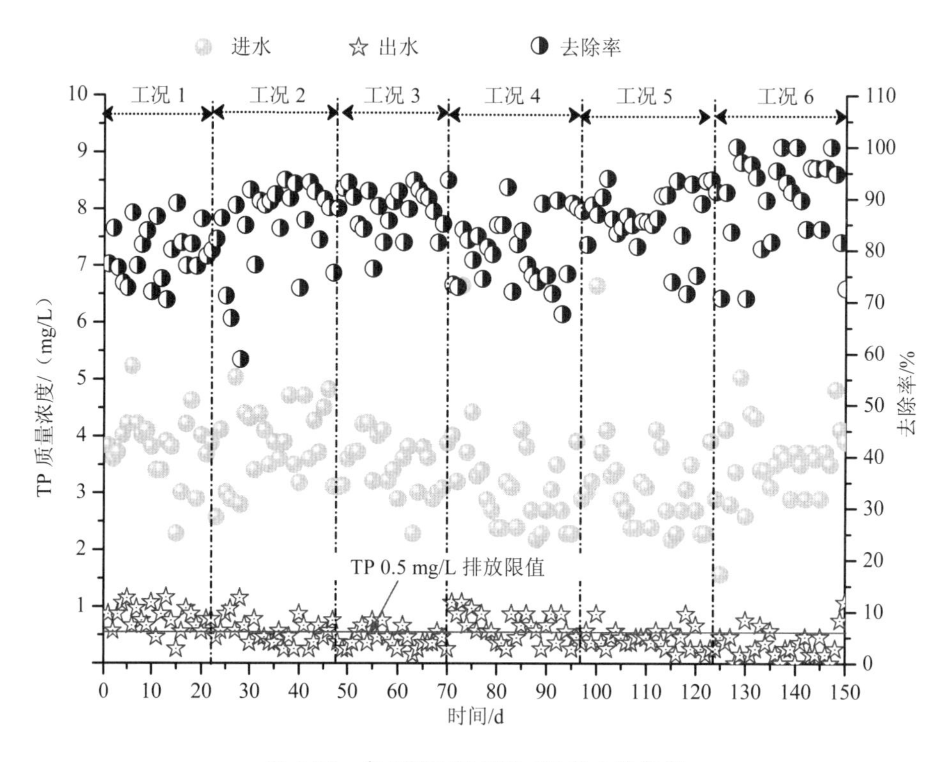

图 4-20 各工况下系统对 TP 的去除效果

综上，分段进水工艺不仅能够有效利用原水碳源，还能提高脱氮除磷效率，适合低碳氮比污水的深度处理。通过对处理实际污水的分段进水 A^2/O 工艺影响的因素进行研究，得出了以下重要结论：

①流量分配比对 COD、氨氮去除无影响；但对 TN 和 TP 影响较大，并且随着预缺

氧和厌氧段进水流量比增加，TN、TP 去除率提高，但流量比超过 55%后 TN 去除率下降。

②进水 COD 绝大部分在厌氧段和缺氧段被作为聚磷菌厌氧释磷和反硝化脱氮所需碳源，最优工况下碳源有效利用率大于 70%。

③系统最佳流量分配比参数为 20%∶35%∶35%∶10%，在此工况下 COD、氨氮、TN、TP 去除率分别为 79%、98.1%、70%、86%，出水优于《城镇污水处理厂污染物排放标准》（GB 18918—2002）一级 A 排放标准。

4.3 城市污水处理系统低碳评估技术

选取城市典型污水低碳处理及污泥循环利用技术，结合生命周期评价（LCA）方法，研究城市污水处理与污泥协同处置后的节碳效果。在此重点选取了污水厌氧消化+污泥循环利用模式、污水厌氧消化+沼气循环利用模式以及污水土培技术等，开发了热经济学成本核算方法，计算全生命周期过程中这些技术所投入的全部成本及环境影响潜值，探讨在循环经济模式下，城市污水处理及污泥循环利用的减碳评估模式。

4.3.1 城市典型污水处理及污泥协同处置系统模式构建

以典型污水处理系统为研究对象，重点考虑了处理后污染物对人群健康和生态环境的影响，采用能值与生命周期评价相结合的办法，建立一套基于生命周期评价框架且适用于污水处理系统的能值综合评价指标体系。

本研究开发了一种基于能值分析方法的污水处理工艺的研究框架。首先对污水处理流程进行热力学解析，其次针对现有能值方法的局限，结合自然系统对污染物的自净化及污染对经济系统和生态系统的损害程度测度方法，从水体污染、大气污染和固体废物污染等方面研究城市代谢对人群健康和自然生态系统的影响。研究有利于政策制定者建立以生态为本的城市观，推动社会系统的生态化转型实践，力求突破当前城市发展的“瓶颈”，促进城市的可持续发展。

（1）城市典型污水处理系统模式构建

据各污水处理工艺使用的比例，建立基于生命周期评价方法的概念框架流程图。根据基于生命周期评价方法的污水处理系统的概念框架流程图，确定研究边界起始点为进入污水处理系统的原水，在经过一级处理、二级处理后，达到排入江河湖海的要求，若再进行深度处理，则能达到再生回用的标准，剩余污泥在机械脱水后进行卫生填埋、焚烧或者堆肥处理。

根据污水处理工艺流程图，借助能量系统语言，绘制能量系统概念框架流程图（如

图 4-21 所示），从而用能量系统综合图（如图 4-22 所示）表达污水的物质和能量流动过程，以综合评估城市不同污水处理系统的资源投入、能源消耗和废弃物对环境的影响。

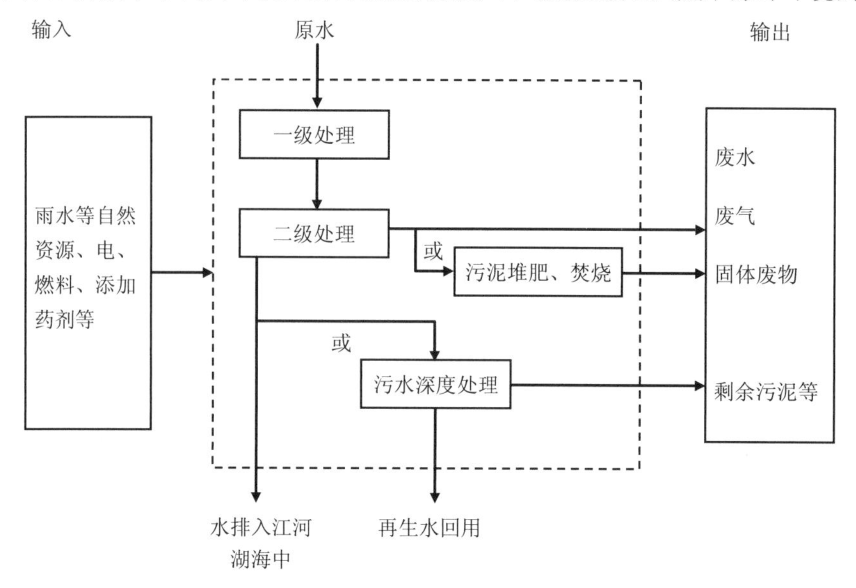

图 4-21 基于生命周期评价方法的污水处理系统概念框架流程

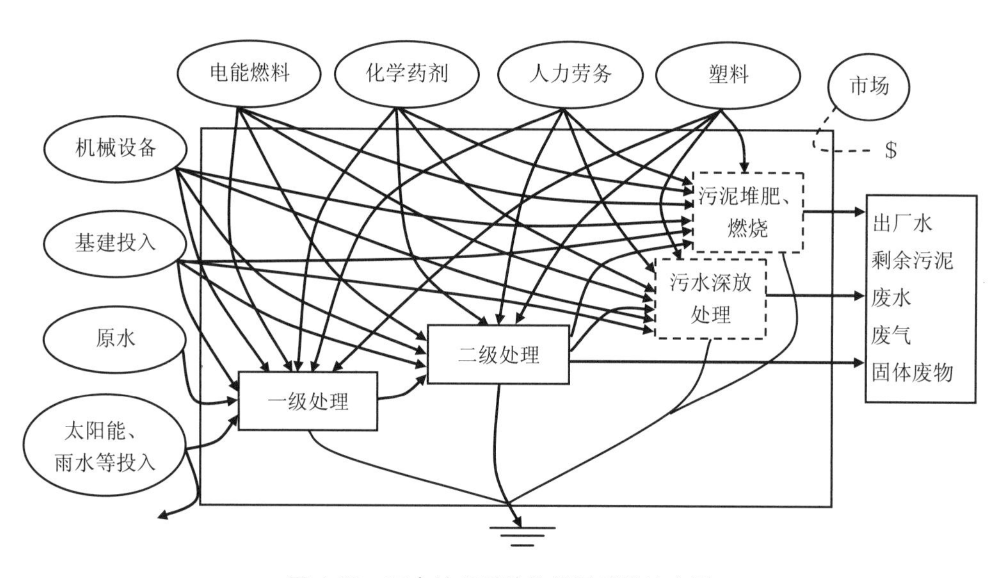

图 4-22 污水处理系统的能量系统综合图

（2）城市典型污水-污泥低碳协同处置模式构建

1）D_1：机械脱水

传统废水处理过程产生的污泥通常有3%～5%是干燥固体。机械脱水是污泥浓稠过程的第一步，产生的干燥污泥含量高达 23%～25%。污泥是否能够脱水取决于污泥的来源（即初级沉淀池、活性污泥槽）以及随后的挥发性固体含量。为了提高脱水的效率，通常会添加污泥调节剂，如阳离子聚合物，或矿盐与石灰石等矿物质。这些调节剂的功能为凝聚沉降，可提高水相的粒子大小，让固体与水能在脱水阶段进行分离。

2）D_2：厌氧消化+脱水

厌氧消化是通过生物作用来减少污泥所含的有机质（其中含病原体）、臭味与整体质量。消化过程是在密闭、无氧的槽内进行的，此时厌氧细菌会将有机质分解为甲烷、二氧化碳与氨。厌氧消化最大的优点是可将产生的沼气进行捕集并转换成蒸汽发电。厌氧消化可分为两类：一类是中温厌氧消化，发生在 35℃时；另一类是嗜温厌氧消化，发生在温度高于 55℃时。本研究中厌氧消化采用中温厌氧消化技术。机械脱水与厌氧消化产生的成品中，约有 20%是干燥固体。可在厌氧消化结束后，通过脱水程序提高干燥固体的含量。将稳定过的污泥与烘干时间做适当的调整，并一再重复这一动作，即可产生高含量的干燥固体。

3）D_3：厌氧消化+烘干

对污泥进行烘干可消除大部分或全部的水分，且同时可减少病原体的数量。国外一些地区依靠太阳烘干，但这种做法需要很大的空间与很长的时间，所以一般多使用燃料来完成，包括燃煤、天然气或电力。由于厌氧消化结合了烘干工艺，随之产生的沼气再捕集后，就可用来代替烘干时需要的燃料。

4）D_4：脱水+烘干

采用这项污泥处理方法时，要先将污泥进行脱水。之后，再持续进行烘干，直到得到特定比重的干燥固体（与 D_3 类似，但不同的是此处没有厌氧消化，所以烘干所需的能量必须外购）。采用本方法进行烘干时，可使用 3 种能源：煤炭、天然气与余热。

上述 4 种情景中，D_2、D_3 和 D_4 是组合情景，并在 D_3 和 D_4 中实现了能源消耗的全部或部分的替代和余热利用，以期获得节碳的效果。

4.3.2 城市典型污水处理及污泥协同处置环境影响评估方法

目前，已有很多学者试图整合污染物排放与其对环境的影响，用实际的排放值量化实际的自然资本和人力资本的损害值，例如，由于污染造成生态系统的退化或人体健康的损害、土地占用或土地退化、人造资产的损害以及其他相关的经济损失、生物多样性的减少等。

本研究中，初步的损失评估参考 Eco-indicator 99 的评估框架。这种框架与终端生命周期影响评价方法相似，是在其整体环境影响评价过程中固有的，并且存在着很大的不确定性。但是这种方法仍然能够提供一个计算损失的途径。这种框架反映自然资本的损失，引入受影响的生态系统中物种潜在消失的比例（Potentially Disappeared Fraction of Species，PDF）；反映人们对遭受污染损害的关注以及对损害程度的测度，引入世界银行、世界卫生组织提出的 DALY 法——伤残调整健康生命年，这种方法是由美国的 Murray 教授首先提出，并在 1993 年世界银行发布的《世界发展报告》中采用。DALY 法同时考虑了早亡所损失的寿命年和病后失能状态（特定的失能严重程度和失能持续时间）下生存期间的失能寿命损失年。因此，DALY 含义是指从疾病发生到死亡所损失的全部寿命年。

需要说明的是，利用 Eco-indicator 99 的评估框架，采用 PDF 法和 DALY 法量化污染物对生态系统和人群健康的影响具有测量或统计的优势。但是需要注意如下几点：①在 Eco-indicator 99 的评估框架中提供的数据只限于欧洲（大多数情况下仅为荷兰的数据），如果用于评估其他国家的情况，需要进行修正；②Eco-indicator 99 的评估框架认为污染物浓度和造成的影响之间的剂量-反应关系是线性的，而不是逻辑斯蒂曲线，这在一定的假设前提下是正确的，但是也表明该方法只适用于污染物浓度的减缓变化，不适合排放量的较大波动，如突发的环境污染事故。

污染物排放对人体健康的影响可以被看作是一个额外的资源投资的间接需求。人力资源（考虑其复杂性：生活质量、教育、知识、文化、社会价值观和结构、层次的角色等）可以被视为当地的缓慢的可再生能源储存流程，而且还关联社会支持及其各部门的资产。当这种资产和关联的损失以及投资的损失存在，这种损失必须联系到城市变化和创新的过程。人群健康能值损失的计算公式可以表达为：

$$L_{\mathrm{w,l}}^{*} = \sum m_i^{*} \times \mathrm{DALY}_i \times \tau_{\mathrm{H}} \tag{4-4}$$

式中：$L_{\mathrm{w,l}}^{*}$ —— 受影响人群的能值损失；

i —— 第 i 种污染物；

m^{*} —— 释放的污染物中化学物质的重量；

DALY —— 污染物在 Eco-indicator 99 的评估框架中的影响因子；

τ_{H} —— 区域总能值/总人口。

在此的思考是，每类受影响的人群都是用投入的资源发展出了专业知识、工作能力和社会组织，当这类人群损失，就需要重新投入资源进行培养（在此不是在谈人本身的物理量的增减）。

PDF 法在 Eco-indicator 99 的评估框架中表示潜在消失物种比例。这种影响可以量化为当地的生态资源损失的能值，计算方法同上：

$$L_{w,2}^{*} = \sum m_{i}^{*} \times PDF(\%)_{i} \times E_{Bio} \tag{4-5}$$

式中：$L_{w,2}^{*}$ —— 受影响的自然资源的损失；

$PDF/(\%)_{i}$ —— 潜在消失物种比例，在 Eco-indicator 99 的评估框架中的数据表明，潜在消失物种比例如果是 1，意味着 1 年内会有 1 m^2 的所有物种消失，或者说 1 年期间 10 m^2 的范围内会有 10%的物种消失；

E_{Bio} —— 单位生物资源的能值，可以用本地的荒地生物资源、农业资源、林业资源、畜牧业资源和渔业生产的能值计算。

如前所述，还有其他一些能值损失，$L_{w,j}$ 表示污染物排放引起的城市资产损害（如建筑物外墙和纪念碑等的腐蚀），细节参照 Ulgiati 等发表于 1995 年的文章。在本研究中，由于缺乏足够的数据，暂不考虑这一部分。

对污染物处理处置设施的能值投入量的计算是为了将其与因污染物排放而造成的损失相比较。本研究中，投入污染物处理处置设施的能值输入量已经包含在总使用能值中。因此，在考虑废物处理的情况下，对污染物处理处置设施的能值投入总量（E_w）不会被添加到城市总能值消耗中，以避免重复计算。此外，回收和回用的材料（F_b）不计入出口能值中。

本研究中，城市废物包括工业废水、城市生活垃圾、城市污水以及由化石燃料燃烧和垃圾焚烧造成的废气排放。在系统能值投入方面，包括处理过程中的劳力投入、燃料、水、电力和资本（机器）投入。而回用部分，由于数据的原因，只考虑了固体废物堆肥产生沼气和回用物质。

另外，由于当前垃圾的主要处理方式还是填埋，所以对城市资本的损失考虑为垃圾填埋场设置而占据土地造成的损失。这可以通过能值-面积比或者土壤生成能值密度折算成城市资本损失，其中用能值-面积比折算是考虑了损失的最上限（平均能值密度的经济活动），用土壤生成能值密度是按损失的最下限来折算的（平均环境强度）。本研究采用第一种方式进行能值损失折算（$L_{w,3}$），其他情况可以根据不同的系统情况进行选择。

第5章 城市优质饮用水安全保障

由于我国目前原水水质受污染情况严重，水厂采取常规工艺已经难以对水中有机微污染物进行有效的消除，此外管道供水过程中微生物生长和消毒副产物问题日益突出。紫外氧化技术在水处理工艺中得到越来越多的应用，紫外光波长范围为 10～400 nm，被划分为A射线、B射线和C射线（简称UVA、UVB和UVC），波长范围分别为400～315 nm、315～280 nm、280～190 nm。通过小试和中试研究，发现紫外-过氧化物技术对水中的高稳定性有机污染物和嗅味物质的分解有显著的作用，水体中背景成分［如天然有机物（NOM）、氯离子（Cl^-）、碱度（HCO_3^-/CO_3^{2-}）、酸碱度］对紫外-过氧化物技术降解有机物有不同的影响。水体中天然有机物对紫外-过氧化物工艺中产生的 HO•和 SO_4^-•具有较强的捕获作用，从而抑制了有机微污染物的去除；碱度对该工艺降解目标物也有较强的抑制作用；水中的卤素离子与 SO_4^-•和 HO•反应生成的活性卤素氧化剂同样可能对污染物质有去除作用。为保障饮用水的安全和优质，本研究开发了基于紫外的高级氧化技术以及强化过滤技术。

5.1 低压紫外-过氧化物联用技术

5.1.1 技术原理

在水处理中，紫外与过氧化物［过氧化氢（H_2O_2）、过硫酸盐（PDS）］可以产生 HO•或 SO_4^-•。自由基产生机理如下所示：

$$H_2O_2 + h\nu \longrightarrow 2HO\bullet \quad \varepsilon = 18\ \text{L/(mol·cm)},\ \varphi = 0.50\ \text{mol/Einstein} \tag{5-1}$$

$$S_2O_8^{2-} + h\nu \longrightarrow 2SO_4^-\bullet \quad \varepsilon = 21.1\ \text{L/(mol·cm)},\ \varphi = 0.7\ \text{mol/Einstein} \tag{5-2}$$

式中：1 mol 光子的能量称为 1 Einstein。

HO•和 SO_4^-•具有较高的氧化还原电位，其氧化还原电位分别为 2.73 V 和 2.6 V（常用参比电极电势）。由于很多有机物可以与自由基发生快速反应，所以利用紫外与过氧化物联用技术可以有效地去除水中有机微污染物。

5.1.2 实验装置及实验方法

（1）实验装置

过氧化氢（H_2O_2）溶液：将体积分数为35%的H_2O_2溶液用超纯水稀释到100 μg/mL，然后采用DPD（*N*,*N*-二乙基-1,4-苯二胺）分光光度法标定得出H_2O_2的实际浓度，然后根据标定的浓度，用超纯水配制1 mol/L的H_2O_2溶液。

过硫酸盐（PDS）溶液：本实验所用的PDS溶液为过硫酸钾溶液，由于PDS溶液不稳定，所以每次实验均需要实时配制并使用。

本研究所用的光反应装置包含光源、石英套管、反应容器、磁力搅拌系统、温度控制系统。

在该反应装置中所采用的光源是1根功率为6 W的低压汞灯（GPH 135T5 L/4，Heraeus Noblelight），其辐射波长为254 nm；该反应装置的容积为600 mL；磁力搅拌系统由1台磁力搅拌器和转子组成；温度控制系统由1台低温恒温槽和回流管路构成。由于紫外（UV）灯开启后需经过一段时间方可达到稳定输出，因此每次实验之前，需将UV灯至少提前20 min打开，待UV灯的输出功率稳定后方可开展实验。

（2）实验方法

1）氨氮的测定

氨氮是水体中无机氮的主要存在形态之一，实验中采用经典的纳氏试剂比色法测定实际水体中氨氮的浓度。

2）阴离子的测定

除碳酸根离子（CO_3^{2-}）和碳酸氢根离子（HCO_3^-）外，实验中其他无机阴离子的浓度通过1台配有Dionex AS-19（4×250 mm）分离柱及AG-19（4×50 mm）保护柱的离子色谱仪（ICS-3000，Dionex）测定。实验中采用的淋洗液为20 mmol/L的氢氧化钾溶液，等度洗脱，流速为1 mL/min，抑制器电流为50 mA。

3）pH值的测定

本研究中所有pH值均由1台pH计（UB-7，Denver Instrument）直接测定，实验当天需用pH值为4.0、6.86以及9.18的校准液对pH计进行校准。

4）碳酸根及碳酸氢根的测定

碳酸根（CO_3^{2-}）和碳酸氢根（HCO_3^-）的测定由1台有机碳/总氮（TOC/TN）测试仪（Multi N/C 3100，Analytik Jena）完成。

5）有机碳、有机氮的测定

水中的有机碳（TOC）采用有机碳/总氮（TOC/TN）测试仪（Multi N/C 3100，Analytik

Jena）直接测定。总氮（TN）可以采用 TOC/TN 测试仪直接测定，硝酸盐氮（NO_3^--N）和亚硝酸盐氮（NO_2^--N）采用离子色谱（ICS-3000，Dionex）测定，氨氮（NH_3-N）的测定采用纳氏试剂比色法。

6）吸光度及摩尔吸光系数的测定

溶液的吸光度可用 1 台紫外/可见分光光度计（Cary 3000，Varian）直接测定。化学试剂的摩尔吸光系数的测定也在该分光光度计上实现，首先配制准确浓度的溶液，然后测定相应的吸光度，并根据朗伯-比尔定律计算得出相应化学试剂的摩尔吸光系数。

7）2-甲基异莰醇（2-MIB）和土臭素（GSM）的测定

通过正己烷液液萃取后，利用气相色谱/氢离子火焰检测器（GC/FID，6890，Agilent）测定2-甲基异莰醇（2-MIB）和土臭素（GSM）的浓度。具体操作步骤如下：①用移液枪取 10 mL 水样置于 15 mL 螺口瓶中；②依次加入 1 mL 正己烷、2 g 无水硫酸钠；③拧紧瓶盖，用漩涡振荡器振荡 3 min 并静置 20 min；④于上层有机相中取样 0.5 mL 装入气相进样瓶，然后用气相色谱-氢火焰离子化检测器（GC/FID）进行测定分析。GC/FID 的测定条件如表 5-1 所示。

表 5-1 2-甲基异莰醇和土臭素的测定条件

操作条件	2-甲基异莰醇	土臭素
进样体积	2 μL	2 μL
进样模式	分流	分流
分流比例	1∶2	1∶2
进样口温度	200℃	200℃
柱型	HP-5（30 m×0.25 mm，膜厚 0.32 μm）	HP-5（30 m×0.25 mm，膜厚 0.32 μm）
载气	高纯 N_2（99.99%）	高纯 N_2（99.99%）
流速	1.0 mL/min	1.0 mL/min
升温程序	100℃保持 3 min， 15℃/min 升温至 160℃，80℃/min 升温至 200℃	100℃保持 3 min， 25℃/min 升温至 200℃，保持 4 min
FID 温度	300℃	300℃

5.1.3 技术效果分析

（1）UV/H_2O_2 和 UV/PDS 氧化技术降解莠去津的效能研究

莠去津是常用的除草剂，近些年越来越多地在地表水中被检测出，常规的水厂处理工艺难以对其进行有效的降解，基于紫外与氧化剂的联用技术对莠去津有较好的去除效果。实验结果（如图 5-1 所示）表明：莠去津初始浓度的增加会降低莠去津的去除率，氧化剂投加量的增加能够显著地提高莠去津的去除率，实际水体背景成分对基于紫外的氧化技术去除莠去津有着显著的影响。

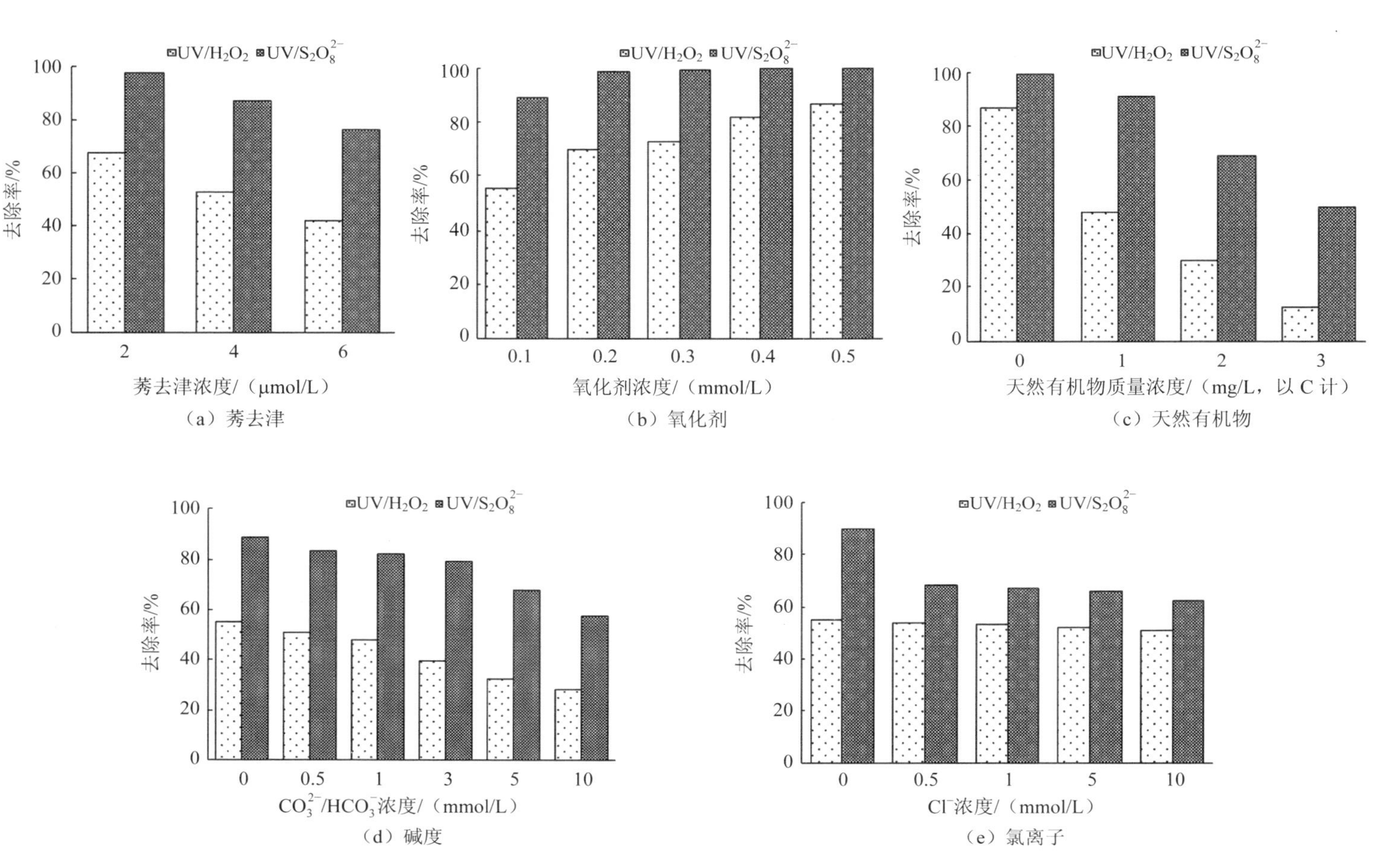

图 5-1 UV/H$_2$O$_2$和UV/PDS 体系对莠去津去除率的对比

水体中天然腐殖酸对 UV/H_2O_2 和 UV/PDS 体系有显著的抑制作用，一方面是由于天然腐殖酸对自由基的捕获作用，另一方面是由于天然腐殖酸的遮光性，其可以与水中的氧化剂竞争光能，这两种原因导致了水中 HO•和 SO_4^-•的稳态浓度降低，从而抑制了水中莠去津的降解。水中 CO_3^{2-}可以与 HO•和 SO_4^-•反应生成 CO_3^-•，由于 CO_3^-•与莠去津的反应速率为 6.1×10^6 L/（mol·s），比 HO•和 SO_4^-•与莠去津的反应速率低了 3 个数量级，因此，CO_3^-•的引入降低了反应体系中的总氧化能力，进而造成了莠去津去除效率的降低。

水体中存在的 Cl^-能够与 HO•和 SO_4^-•反应生成无机的 Cl•，所以 Cl^-对 UV/H_2O_2 和 UV/PDS 氧化体系会产生一定的影响。Cl^-的存在对 UV/H_2O_2 氧化体系去除莠去津的效率影响不大，但是对 UV/PDS 体系而言，莠去津降解速率在 Cl^-存在的情况下会明显降低。

综上，紫外/氯氧化体系中产生的 HO•和 Cl•可有效降解莠去津，而过量的氯会与目标物竞争 HO•和 Cl•，进而降低自由基对目标物的氧化效率。紫外与氯联合使用不仅增强对芽孢类的消毒作用，也会对消毒副产物的生成有一定的抑制作用。

（2）UV/H_2O_2 和 UV/PDS 氧化技术降解 2-甲基异莰醇（2-MIB）和土臭素（GSM）的效能研究

2-MIB 和 GSM 是最常见的两种致嗅微污染物，其来源主要是蓝藻和放线菌，因此普遍存在于高藻、高有机物水体中，进而引发自来水嗅味问题。

实验中考察了紫外-过硫酸盐高级氧化体系降解实际水体中 2-MIB 和 GSM 的效能。实际水体取自市政管网出水，并将水样经过 0.45 μm 滤膜过滤后测定的水质指标如表 5-2 所示。

表 5-2　水质指标

参数	单位	样品 A	样品 B
TOC	mg/L	1.24	1.82
$[HCO_3^-]+[H_2CO_3]$	mmol/L	1.50	1.37
$[Br^-]$	mmol/L	未检出	未检出
$[Cl^-]$	mmol/L	0.57	0.50
pH 值	—	7.2	7.4
UV_{254}		0.054	0.066

A、B 两个水样中的 TOC 含量都比较低，水体 pH 值在中性附近且略偏碱性，则水体中的碳酸根种类主要是碳酸氢根（HCO_3^-），此外还有少量未电离的碳酸（H_2CO_3），而碳酸根（CO_3^{2-}）的浓度几乎可以忽略。

在实际水体中分别加入 238 nmol/L（40 μg/L）的 2-MIB 和 219 nmol/L（40 μg/L）的

GSM，然后开展实验，实验中过氧化物的初始投量为 100 μmol/L。实验结果如图 5-2 所示。实际水体 A 中，经过 20 min 反应后，2-MIB 和 GSM 的去除率分别达到了 84.1%和 98%；对实际水体 B 而言，经过相同时间的氧化后，2-MIB 和 GSM 的去除率分别达到了 77.6%和 96.9%。2-MIB 和 GSM 在实际水体 A 和实际水体 B 中均可以被 UV/PDS 高级氧化体系高效降解去除，且在两个不同水体中的去除率彼此相接近；但是与超纯水中开展的实验结果相比，2-MIB 和 GSM 在实际水体中的降解效能远远低于在超纯水中的降解效能。

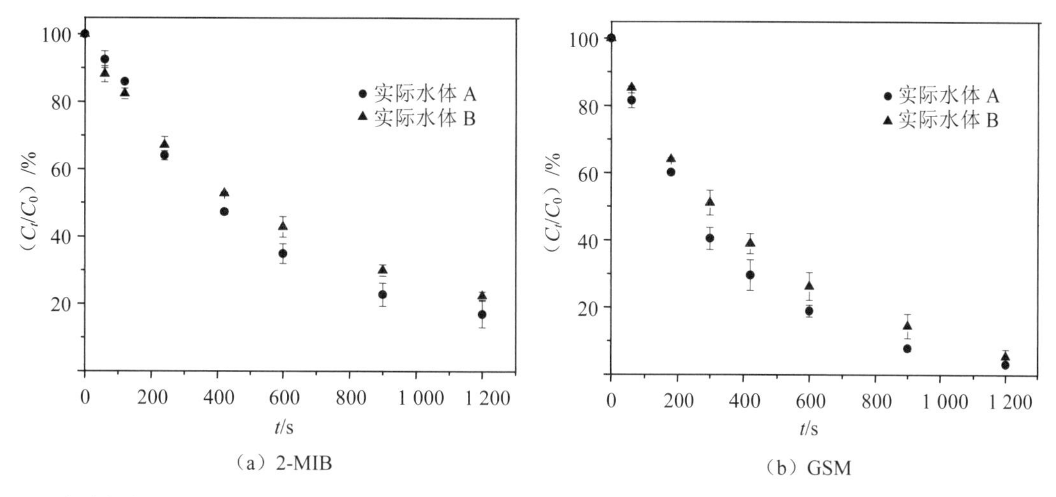

（a）2-MIB　　（b）GSM

实验条件：[2-MIB]$_0$=238 nmol/L，[GSM]$_0$=219 nmol/L，[PDS]$_0$=100 μmol/L，20°C，I_0=1.26 μEinstein/（s·L）

图 5-2　UV/PDS 体系降解实际水体中 2-MIB 和 GSM 的效能

天然有机物（NOM）和碳酸氢根（HCO_3^-）均可以有效竞争 UV/PDS 体系中的 SO_4^-• 和 HO•，进而抑制该技术降解水体中的 2-MIB 和 GSM。相对于水体中其他离子而言，NOM 和 HCO_3^-是 2-MIB 和 GSM 最主要的两种抑制因素。实际水体 A、实际水体 B 样品中均含有一定量的 NOM 和 HCO_3^-，所以 2-MIB 和 GSM 在超纯水体系下的降解效能远远高于在实际水体中的降解效能。且由于 A、B 两个水体中所含 NOM 和 HCO_3^-浓度比较接近，所以 2-MIB 和 GSM 在 A、B 两个水体中的降解效率相接近。两个实际水体实验表明，UV/H_2O_2 和 UV/PDS 高级氧化体系作为深度处理工艺去除水体中的 2-MIB 和 GSM 具有可行性。

（3）UV/H_2O_2 和 UV/PDS 氧化技术消毒效能研究

UV/H_2O_2 和 UV/PDS 对大肠杆菌的消毒效果如图 5-3 所示。由图 5-3 可以看出，单独的 H_2O_2 或 PDS 对大肠杆菌的消毒作用较弱，而与单独紫外消毒相比，UV/H_2O_2 及 UV/PDS 对大肠杆菌的消毒作用未明显增强。这可能因为单独紫外即可对大肠杆菌有效消毒，而 H_2O_2 或 PDS 的加入降低了紫外在溶液中的透过性，虽然氧化剂可以通过吸收紫外光产生

HO•或 SO_4^{-}•，自由基对大肠杆菌有一定的消毒作用，但其在溶液中的淬灭作用（氧化剂的捕获、自由基之间的反应等）使自由基处于低浓度状态，因而对大肠杆菌的消毒效果和单独紫外相比没有明显增强。

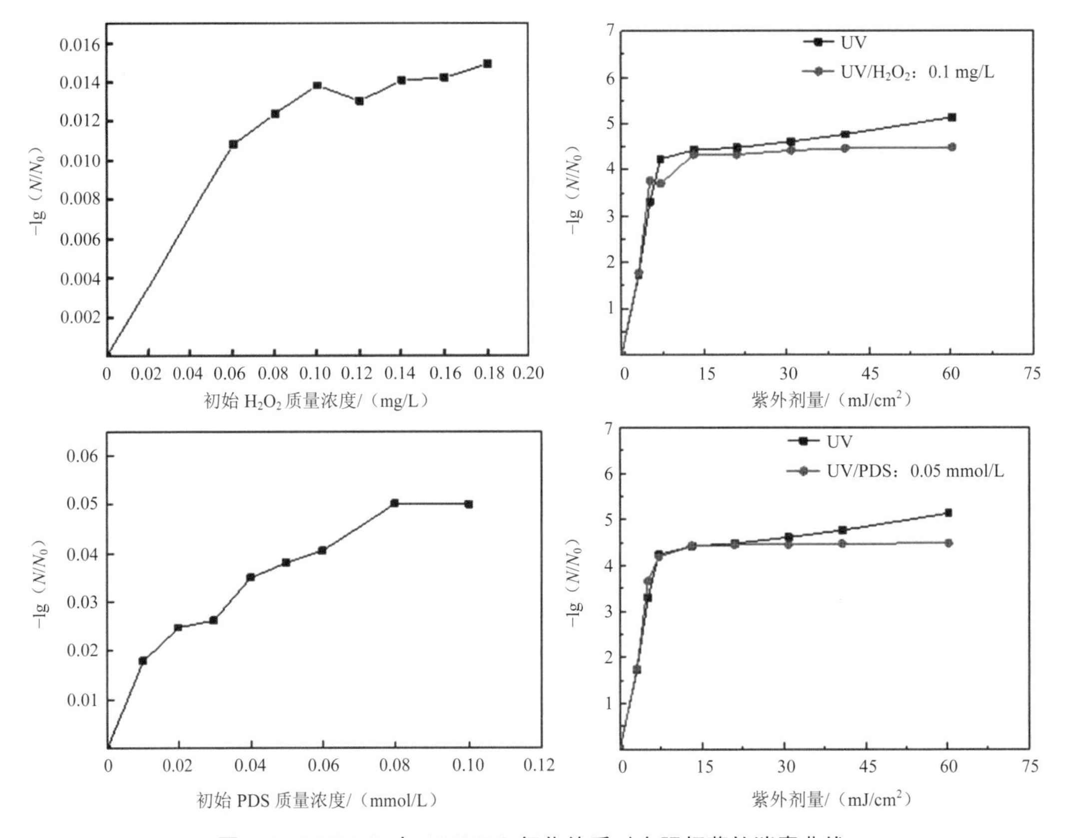

图 5-3 UV/H_2O_2 与 UV/PDS 氧化体系对大肠杆菌的消毒曲线

紫外、UV/H_2O_2 及 UV/PDS 对大肠杆菌消毒后的膜结构完整性的影响检测结果如图 5-4 所示。单独紫外消毒大肠杆菌时，在 60 mJ/cm^2 的剂量下即可达到较好的消毒效果，但对大肠杆菌的膜完整性的影响却有限。可以看出，紫外剂量的增加基本对大肠杆菌的分布无影响，即对其膜结构基本无破坏。同时检测单独 H_2O_2 或 PDS 对大肠杆菌膜完整性的影响，发现其对大肠杆菌的膜结构基本无影响，而 UV/H_2O_2 或 UV/PDS 对大肠杆菌的膜结构有一定的破坏作用，可能由于在此过程中产生的 HO•或 SO_4^{-}•对大肠杆菌膜结构的破坏作用。

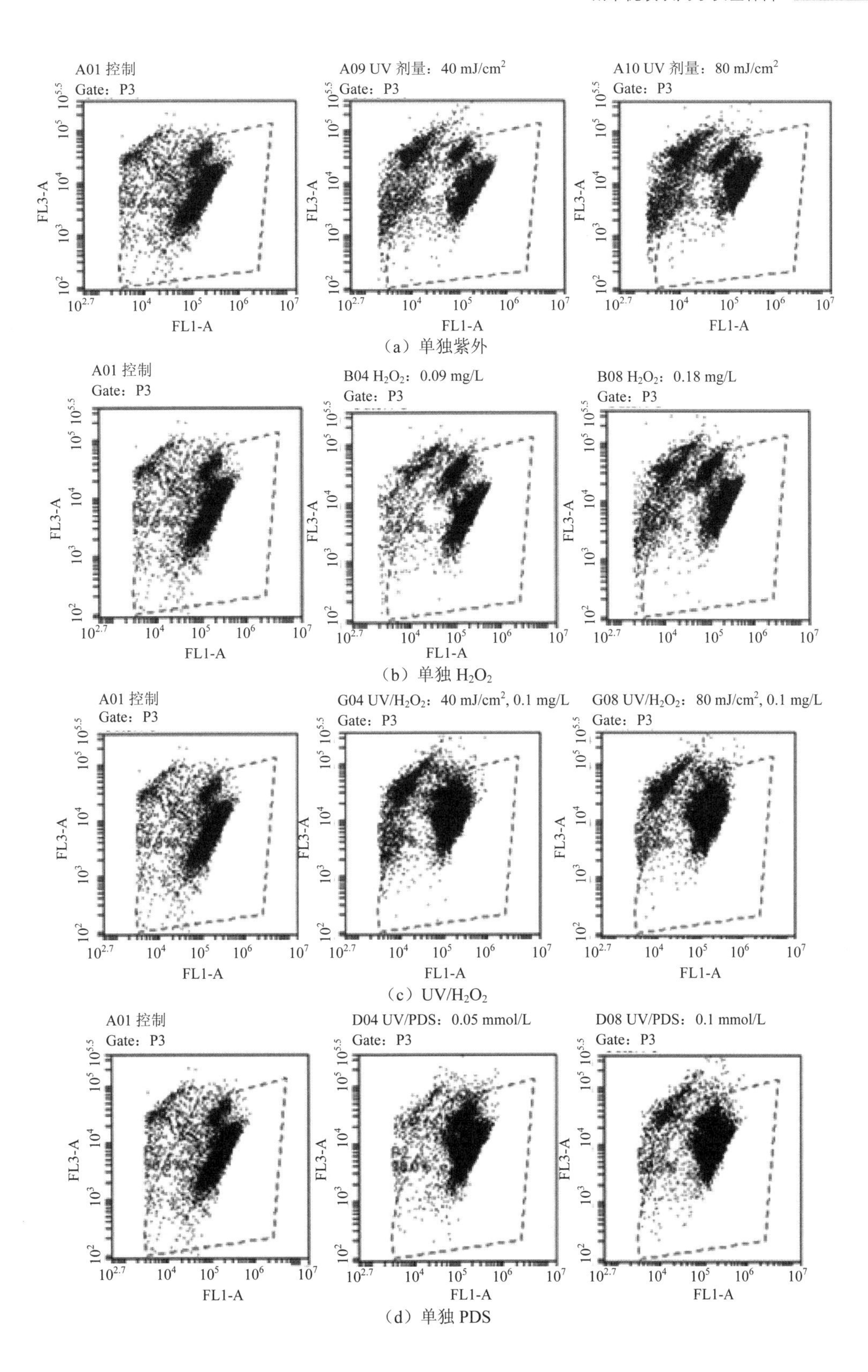

（a）单独紫外

（b）单独 H_2O_2

（c）UV/H_2O_2

（d）单独 PDS

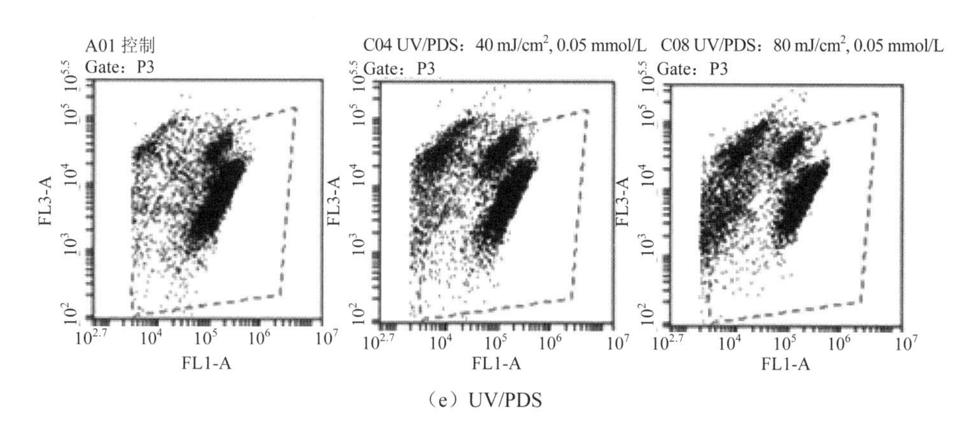

（e）UV/PDS

图 5-4 各氧化方式对大肠杆菌膜完整性的影响

研究单独紫外、UV/H_2O_2 和 UV/PDS 对芽孢的消毒效果，发现和单独紫外消毒相比，氧化剂的加入（H_2O_2 或 PDS）未增强对芽孢的消毒作用（如图 5-5 所示）。尤其 UV/H_2O_2 的消毒效果低于单独紫外消毒效果，而 UV/PDS 的消毒效果与单独紫外效果基本一致。与大肠杆菌的消毒类似，在对芽孢的消毒过程中，UV/H_2O_2 和 UV/PDS 产生的 HO•或 SO_4^-• 对芽孢的消毒作用有限，而氧化剂的加入降低了紫外在溶液中的透过性，抑制了紫外的消毒作用。

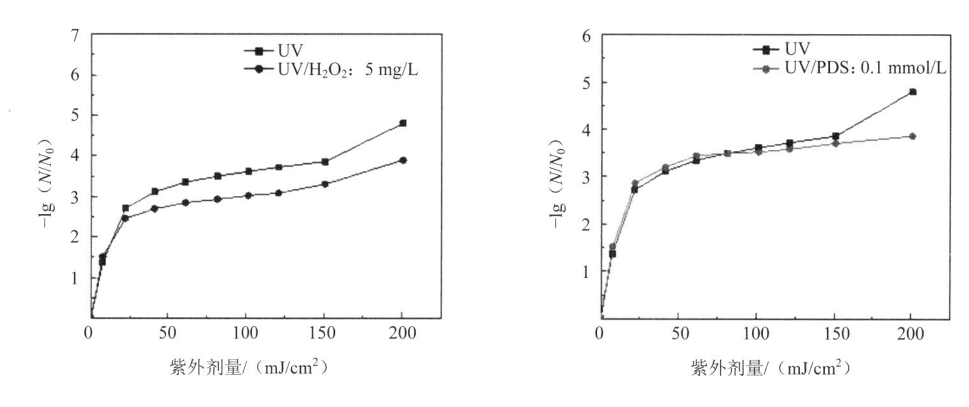

图 5-5 单独紫外、UV/H_2O_2 和 UV/PDS 氧化方式对芽孢的消毒曲线

综上，实验结果表明，水中的本底物质（如天然有机物、碱度等）对 UV/H_2O_2 与 UV/PDS 氧化降解莠去津都有抑制作用，而 Cl^- 对 UV/H_2O_2 氧化体系降解莠去津影响不大，但是对 UV/PDS 氧化莠去津有一定的抑制作用。在相同的实验条件下，UV/PDS 比 UV/H_2O_2 对莠去津的去除效果要优于 UV/H_2O_2 氧化体系。单独紫外辐照、H_2O_2 和 PDS 氧化均难以去除水体中的 2-MIB 和 GSM，而 UV/PDS 和 UV/H_2O_2 高级氧化体系可以有效降解水体中的 2-MIB 和 GSM。此外，这两种氧化体系也都有较好的消毒杀菌作用。利用 UV/PDS

及 UV/H_2O_2 高级氧化体系作为深度处理工艺去除水体中的难降解有机物、嗅味物质及管网水消毒具有可行性。

5.2 低压紫外-氯联用技术

5.2.1 技术原理

氯消毒是常用的消毒手段，因其相对广谱的消毒效果、低廉的价格等，已被饮用水厂广泛采用。随着对消毒副产物及其毒理研究的深入，氯投量被严格限制以降低副产物的生成。对芽孢类的微生物而言，要完全使其灭活则需较高氯投量。紫外消毒的机理主要是通过形成嘧啶二聚体，导致 DNA 复制受阻，使微生物失活、死亡。紫外消毒对各种微生物都有较好的消毒效果，尤其对于对氯有较高抗性的芽孢类微生物也有较好的灭活效果。紫外消毒因无化学试剂的投加，避免了消毒副产物的生成。而微生物有相应机制解除紫外消毒形成的嘧啶二聚体——光复活和暗复活机制，增加微生物存活的可能性，因而对需要储存或运输时间较长的水厂，不推荐单独使用紫外消毒技术。

氯可吸收波长 254 nm 处的紫外光而光解生成 HO•和 Cl^-• [如式（5-3）～式（5-5）所示]。HO•和 Cl^-•均具有较高的氧化活性，可降解大部分的有机物，因而对紫外/氯氧化去除有机物的可行性进行研究分析。本研究选取有代表性的难降解有机物莠去津作为目标物，考察紫外/氯氧化体系对其的降解效率。

$$HOCl \xrightarrow{UV光子} HO\bullet + Cl\bullet \tag{5-3}$$

$$OCl^- \xrightarrow{UV光子} O^- + Cl\bullet \tag{5-4}$$

$$\bullet O^- + H_2O \longrightarrow HO\bullet + HO^- \tag{5-5}$$

5.2.2 实验装置及实验方法

（1）实验装置

紫外实验装置采用紫外线准平行光束仪，即将紫外灯置于 1 个相对封闭的箱体内，其下方开口并连接一柱状圆管，直径 6 cm，高度 30 cm，以保证到达圆管底部时的光线为平行光线，紫外灯发射波长为 254 nm 的光线，使用 UV-B 型紫外辐照计测定紫外辐射强度。到达溶液的光强根据 Bolton 的计算方法计算。

（2）实验方法

紫外线消毒：紫外灯要提前预热至少 30 min，以保证实验过程中的稳定性。将 15 mL 一定浓度的菌液置于 60 mm 平皿中，放于紫外装置圆柱口下方的磁力搅拌器上。按照所需紫外剂量与紫外强度计算出需要光照的时间，并根据遮光板的打开与否严格控制。

氯消毒：使用 NaClO 作为消毒剂，使用前用 DPD（*N*, *N*-二乙基-1,4-苯二胺）分光光度法测定 NaClO 中的有效氯。细菌溶液中加入终浓度为 5 mmol/L 的磷酸盐缓冲液，并调节 pH 值为 7。在 40 mL 棕色瓶中加入 15 mL 一定浓度菌体的溶液，投加一定量 NaClO 以达到所需的氯投量，反应 30 min 后，加入 $Na_2S_2O_3$ 终止反应。

紫外和氯的联合作用：在紫外照射前加入一定量的 NaClO，并立即进行紫外消毒，达到紫外剂量后在室内继续反应至 30 min，后用 $Na_2S_2O_3$ 终止反应。

平板检测：将消毒后的菌溶液直接取 1 mL 或经无菌 0.85%NaCl 稀释至 30～300 CFU/mL 涂平板，37℃恒温培养箱中培养 24 h 计数。消毒效果表示为灭活率$-\lg(N/N_0)$。其中 N_0、N 分别为消毒前后的微生物数量。

5.2.3 技术效果分析

（1）低压紫外-氯联用处理莠去津的研究

主要从降解效率、影响因素、实际水体中的去除效率等方面探讨紫外-氯技术对莠去津的氧化降解效能（如图 5-6 所示）。

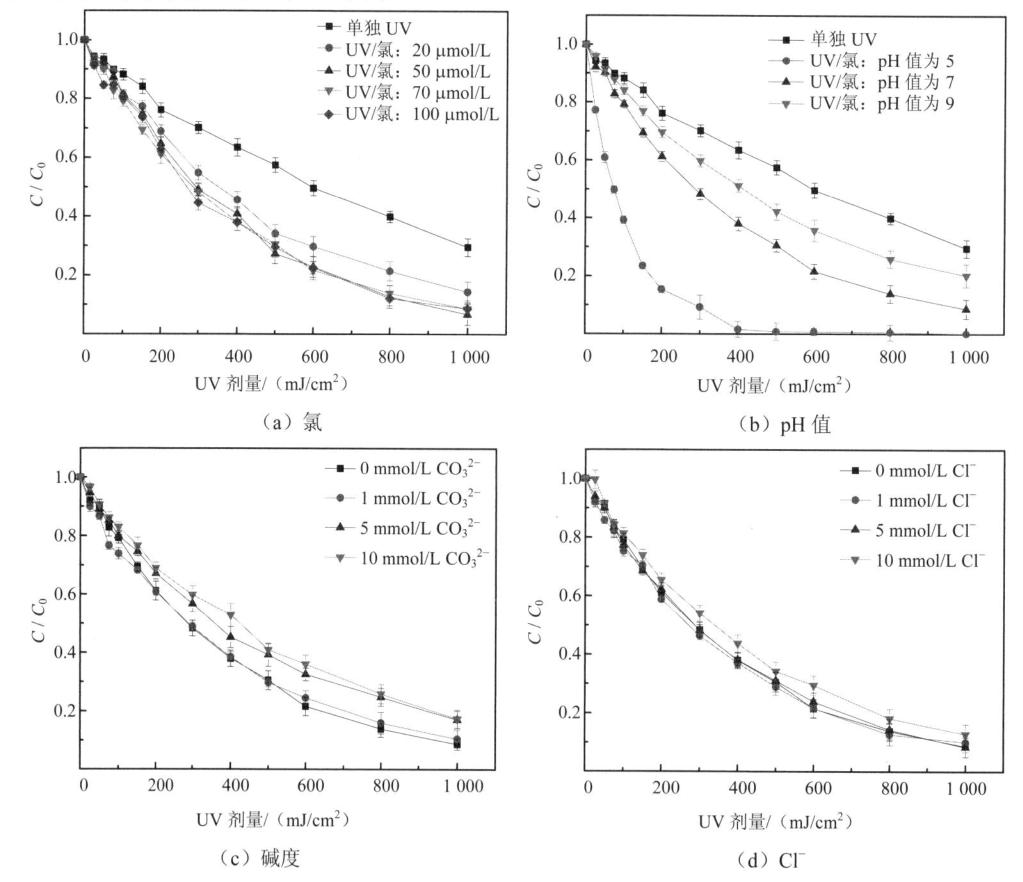

（a）氯　（b）pH 值

（c）碱度　（d）Cl^-

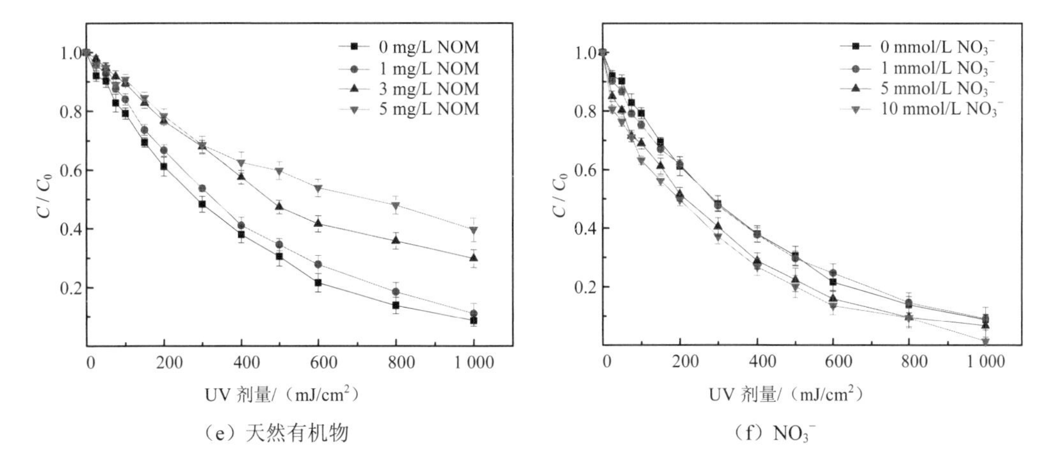

（e）天然有机物　　（f）NO_3^-

图 5-6　紫外-氯氧化体系降解莠去津效能示意

与单独紫外降解莠去津相比，氯投加质量浓度在 20～100 μmol/L 范围内时，紫外-氯对莠去津降解有较强的增强作用，并且对于低浓度氯投加量，紫外-氯对莠去津的降解速率随着氯质量浓度的增加而增加；但当氯投加质量浓度超过 50 μmol/L 时，降解速率随氯投加质量浓度的增加变化不大。紫外-氯对莠去津的去除效率随着 pH 值的增加（5～9）而降低，即在酸性条件下的去除效果较好。高质量浓度的 CO_3^{2-}对紫外-氯的降解效率有轻微抑制作用，Cl^-对紫外-氯的降解速率基本没有影响，而高质量浓度的 NO_3^-则可加快紫外-氯的降解速率。CO_3^{2-}可与 HO•反应生成 CO_3^-•，后者与多种有机物有较高的反应速率，其中与莠去津的反应速率约为 3×10^8 L/（mol·s），因而 CO_3^{2-}对紫外-氯降解莠去津有轻微的抑制作用。随着天然有机物质量浓度的增加，紫外-氯降解莠去津的速率在逐渐降低。这可能因为天然有机物在紫外 254 nm 处有一定的吸光度，降低了氯对波长为 254 nm 紫外光的吸收，进而抑制氯光解产生的自由基的量。

（2）大肠杆菌消毒作用

大肠杆菌是常见的微生物之一，常被作为指示生物以检测水样的微生物指标。因而，本研究考察了单独紫外、液氯以及紫外-氯的联合作用对大肠杆菌的消毒效果，并采用多种检测方式从不同的角度检测微生物的可培养性、膜完整性以及代谢活性。

如图 5-7 所示，平板检测显示大肠杆菌对氯比较敏感，因而在低浓度氯投量下，即可被较好地灭活；在氯投量 0～0.12 mg/L 的范围内，大肠杆菌的灭活速率线性增加；在 0.12～0.20 mg/L 的范围内，灭活率达到约 4.5 lg（N/N_0）。在对大肠杆菌的消毒作用方面，相比于单独紫外消毒，在 0～9 mJ/cm^2 范围内，紫外-氯有约 1 个 lg（N/N_0）的提高；随着紫外剂量的增加，消毒效率的提高并不明显，相比于紫外，紫外-氯对消毒效率有少许提高，但并不明显。

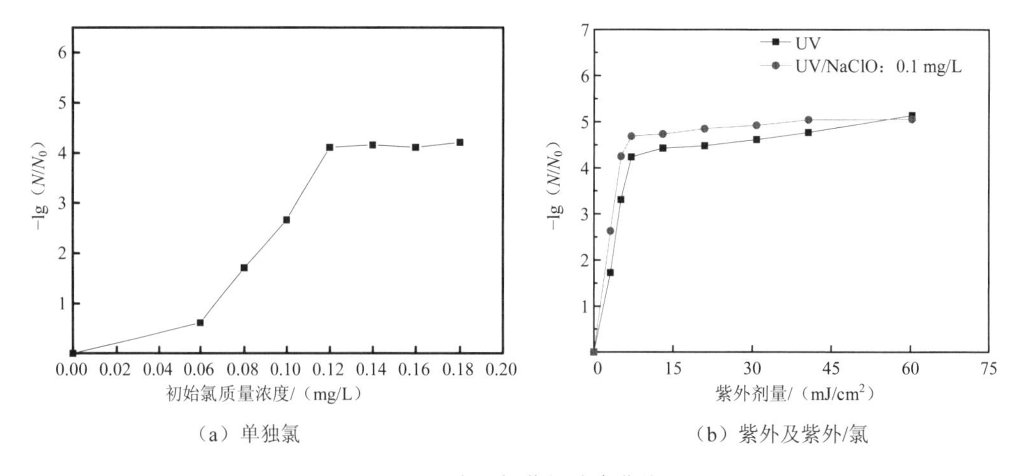

（a）单独氯　　（b）紫外及紫外/氯

图 5-7　大肠杆菌的消毒曲线

氯消毒后的微生物膜结构完整性变化如图 5-8 所示。氯消毒后，大肠杆菌的膜完整性受到一定影响，结合平板检测的结果发现，大部分微生物转化为有活性但不可培养（VBNC）的状态，此类微生物在使用常规的平板检测技术时不能测得，但在一定的条件下又可繁殖再生，因而消毒后一些致病菌可能处于平板检测不到的 VBNC 状态，但经过管网的过程中出现再生长现象。

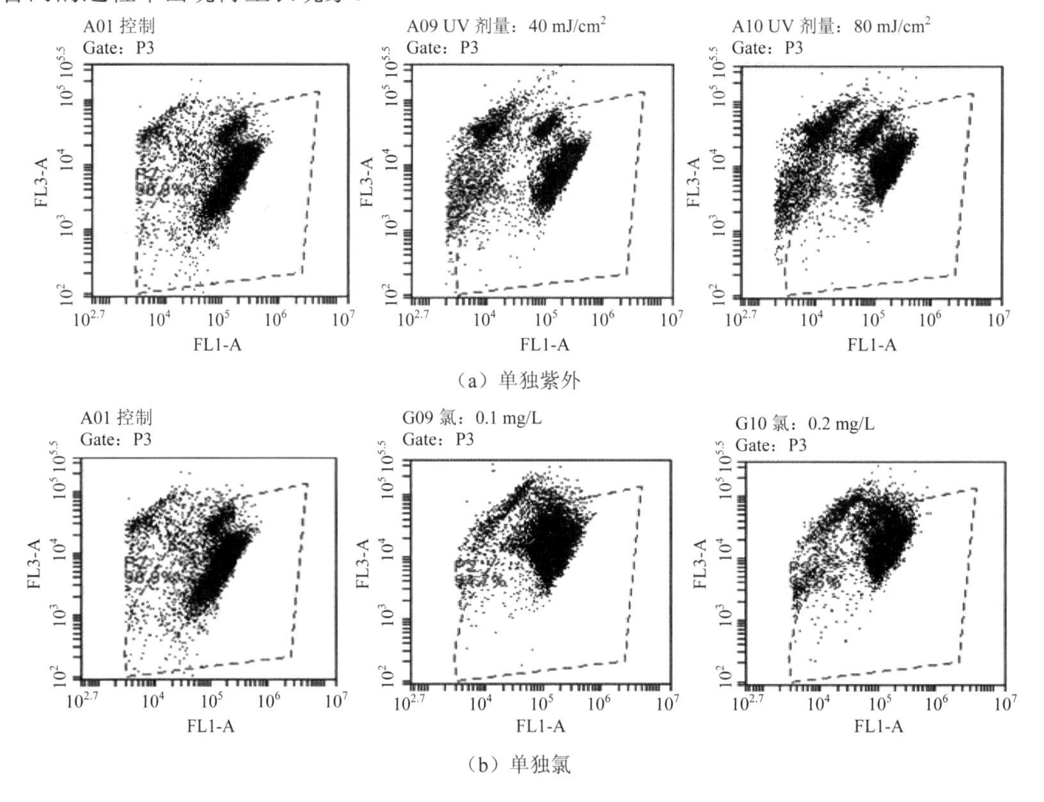

（a）单独紫外

（b）单独氯

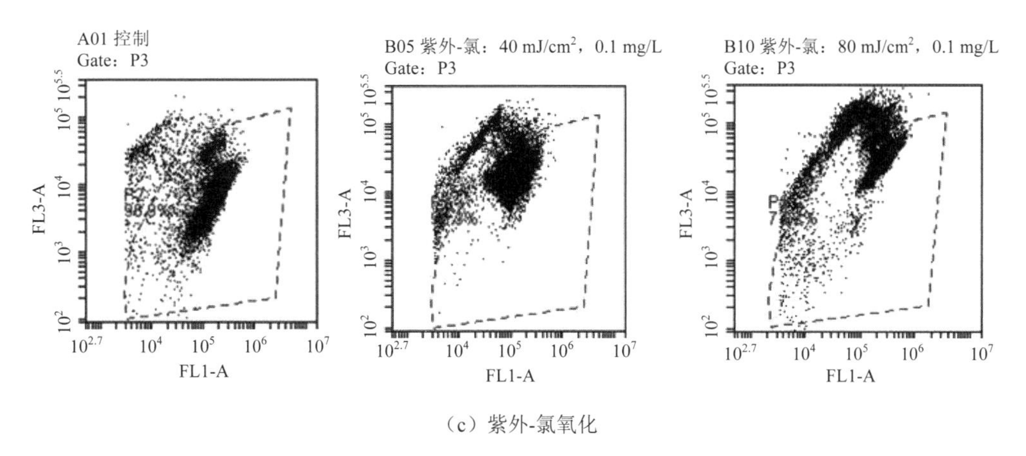

（c）紫外-氯氧化

图 5-8　单独紫外、单独氯、紫外-氯氧化体系对大肠杆菌膜完整性的影响

因而，不同的方式联合检测消毒效果对保证饮用水的生物安全性有重要作用。由图 5-9 可以看出，大部分大肠杆菌的膜结构被破坏，部分大肠杆菌转化为 VBNC 状态，与单独的紫外消毒和氯消毒相比，紫外-氯联合作用对细胞膜的完整性有协同破坏作用。

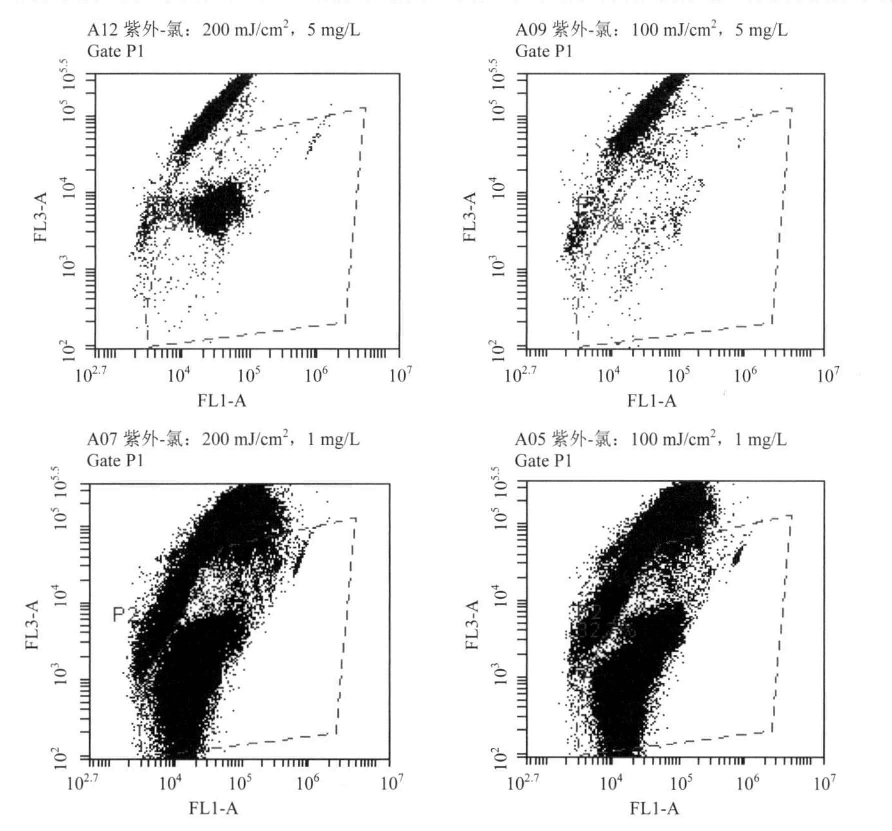

图 5-9　紫外-氯对大肠杆菌消毒后的生物稳定性检测（30℃放置 36 h）

对经不同方式消毒后的大肠杆菌的稳定性进行检测，即处理后的大肠杆菌在 30℃、培养 36 h 后检测，可以看出，单独紫外消毒后的大肠杆菌在适宜的条件下培养一段时间，很大部分微生物的膜结构完整性未被破坏。

紫外消毒后的微生物因为没有残留消毒剂而容易发生复活作用，而氯消毒后的大肠杆菌较紫外消毒后的大肠杆菌有较好的生物稳定性，即大部分大肠杆菌的膜结构处于被破坏的状态，并且其比例随着氯投加量的增加而增加。

紫外-氯消毒对大肠杆菌稳定性的影响研究显示，100 mJ/cm^2，5 mg/L 的紫外-氯组合消毒后，大肠杆菌的膜结构基本都处于被破坏的状态。即使投加低质量浓度的氯（1 mg/L），相较于单独的紫外消毒和氯消毒，紫外-氯的联合作用对大肠杆菌消毒后的生物稳定性也有较强的抑制作用。由上述结果可以看出，紫外-氯的联合作用对大肠杆菌的膜结构及代谢活性有较强的抑制作用，并且其消毒作用有较强的持续性。

5.3 真空紫外氧化消毒技术

5.3.1 技术原理

真空紫外指的是波长在 100～200 nm 之间的一系列紫外光，因为在其他科学技术运用时，空气中的氧气等物质会吸收这一波段的光而必须采用真空条件而得名。水对 185 nm 波长的紫外光有着很强的吸收［ε_{185}=0.032 L/（mol·cm）］，又由于水在溶液中有相当大的浓度（c =55.49 mol/L），所以在稀溶液中，水会在真空紫外下发生均裂和离解反应：

$$H_2O \xrightarrow{h\nu<185\ \text{nm}} \bullet H + HO\bullet, \Phi = 0.33 \qquad (5\text{-}6)$$

$$H_2O \xrightarrow{h\nu<185\ \text{nm}} H^+ + e_{aq}^- + HO\bullet, \Phi = 0.045 \qquad (5\text{-}7)$$

目前使用的真空紫外体系的光源可以同时产生波长为 254 nm 和 185 nm 的紫外光，加上在 185 nm 下，水的自身光解可以产生 HO•，所以在真空紫外体系下，水中微污染物的降解主要是由污染物的自身光解以及和 HO•的反应所共同贡献的。目前研究主要还是集中在 HO•对微污染物的氧化作用。同时，真空紫外体系产生的波长为 254 nm 的紫外光也可以进行消毒。其消毒的主要原理是使 DNA 和 RNA 吸收紫外光而形成二聚体，使生物失活。而在真空紫外体系下，产生的 HO•会氧化细胞膜和细胞壁，从而杀死细菌。而且 HO•还会进入细胞，从而使酶失活，抑制蛋白质合成等。另外，除了 HO•外，真空紫外体系下产生的还原性物质也对一些氯代消毒副产物（如三氯甲烷、氯乙酸等）的降解起着促进作用。

5.3.2 实验装置及实验方法

（1）实验装置

实验中较常用的仪器设备，现列如下。

高效液相色谱仪：型号为2695/2489，产自美国Waters公司；

有机碳测定仪：型号为Multi N/C 3100，配有自动进样器，产自Analytik Jena公司；

超纯水仪：型号为Milli-Q biocel，产自美国Millipore公司；

紫外可见分光光度计：型号为Cary 300，产自澳大利亚Varian公司；

低温恒温槽：型号为THD-0515，产自宁波天恒仪器厂；

离子色谱仪：型号为ICS-3000，产自美国Dionex公司。

（2）实验方法

实验中发生的化学反应均在为此专门设计的光反应器中进行。实验中用到的光反应器是以有机玻璃制成的柱状玻璃反应器，外层套以有机玻璃恒温层，用于调节和控制反应器的温度。另外，考虑到紫外线对人体的伤害，在外层还需包裹数层铝箔，以防止紫外线泄漏。紫外光源和真空紫外光源采用德国贺利氏公司生产的低压汞灯，型号分别为GP212T5L4（紫外灯）和GP212T5VH4（真空紫外灯），其输出功率均为10 W。紫外线灯的主波长分别为253.7 nm（紫外灯）和253.7 nm+184.9 nm（真空紫外灯）。若无特殊说明，本实验中所说的紫外体系以及真空紫外体系均指上述两种光源组成的体系。

本实验采用的是间歇式的光反应器，若无特殊要求，则所叙述的实验均是在此反应器中进行。反应器呈圆柱形，有效容积为1.0 L，真空紫外灯与紫外灯布置于反应器的中轴线上，石英套管外径为25 mm，反应液层的厚度为20 mm。反应器外部装有有机玻璃外层，用于通过循环水控制水温。在反应器底部放一磁子，光反应器放在磁力搅拌器上，以使溶液达到迅速混合。玻璃容器外部包裹着一层锡纸，在提高紫外光利用率的同时，也避免紫外光泄漏对人体造成伤害。

在实验开始前，为保证真空紫外灯输出光强的稳定性，需要提前将其开启至少30 min，而且实验期间不再关闭灯；实验过程中，pH值为5和pH值为7时采用2 mmol/L的磷酸盐缓冲液，pH值为9和pH值为10时采用硼酸盐缓冲液。在进行实验前，先在瓶中配置好实验所需溶液，再将溶液迅速倒入反应器中进行实验。实验过程中在底部放入磁子，在磁力搅拌器上进行搅拌，使溶液迅速混合。

在需要通气体的实验中，在实验前以不低于1.5 L/min的流量通过至少15 min，以保证实验所需的条件。实验过程中保证反应器完全密闭，若无特殊说明，则在实验过程中不再通入任何气体。

5.3.3 技术效果分析

（1）真空紫外降解莠去津效果分析

随着 pH 值升高，真空紫外体系下的莠去津降解效率逐渐降低，但是降解效率变化不大[如图 5-10（a）所示]，随着 pH 值从 5 升到 9，在 150 s 内，莠去津的降解效率由 99%降低至 96%，但仍有很高的降解效率。为分析水中可能存在的阴离子（Cl^-、HCO_3^-）以及天然有机物（FA）对真空紫外体系下莠去津的降解效果的影响，实验选取了水中常见的浓度（Cl^- 30 μmol/L；HCO_3^- 5 mmol/L，腐殖酸 1 mg/L），对真空紫外体系下莠去津的降解进行考察。Cl^-、HCO_3^-以及水中天然有机物的存在均会使莠去津的降解效率降低[如图 5-10（b）所示]，加入 Cl^-、HCO_3^-以及天然有机物后，在 150 s 内，莠去津的降解效率分别由 98%下降至 80%、65%以及 92%。相应的表观速率常数也由 0.023 L/（mol·s）下降至 0.010 3 L/（mol·s）、0.006 8 L/（mol·s）以及 0.015 9 L/（mol·s）。

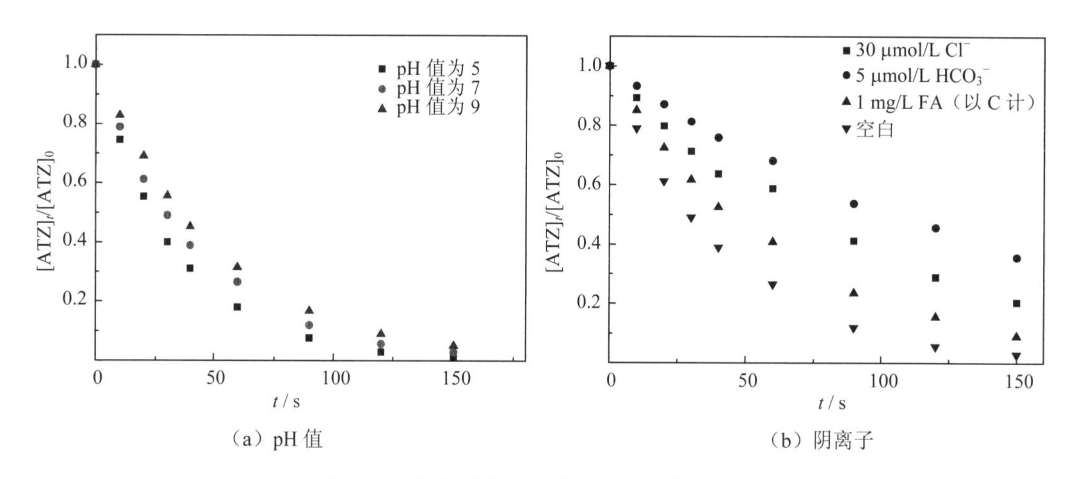

（a）pH 值　　（b）阴离子

图 5-10　真空紫外体系降解莠去津效果分析

（2）真空紫外氧化技术消毒效果研究

平板检测结果显示真空紫外可有效地消毒大肠杆菌。对大肠杆菌膜结构完整性检测的结果表明（如图 5-11 所示），大肠杆菌的膜基本被破坏，可能因为在真空紫外消毒过程中产生大量的 HO•，自由基对大肠杆菌的膜结构产生氧化作用，进而破坏微生物的完整性。

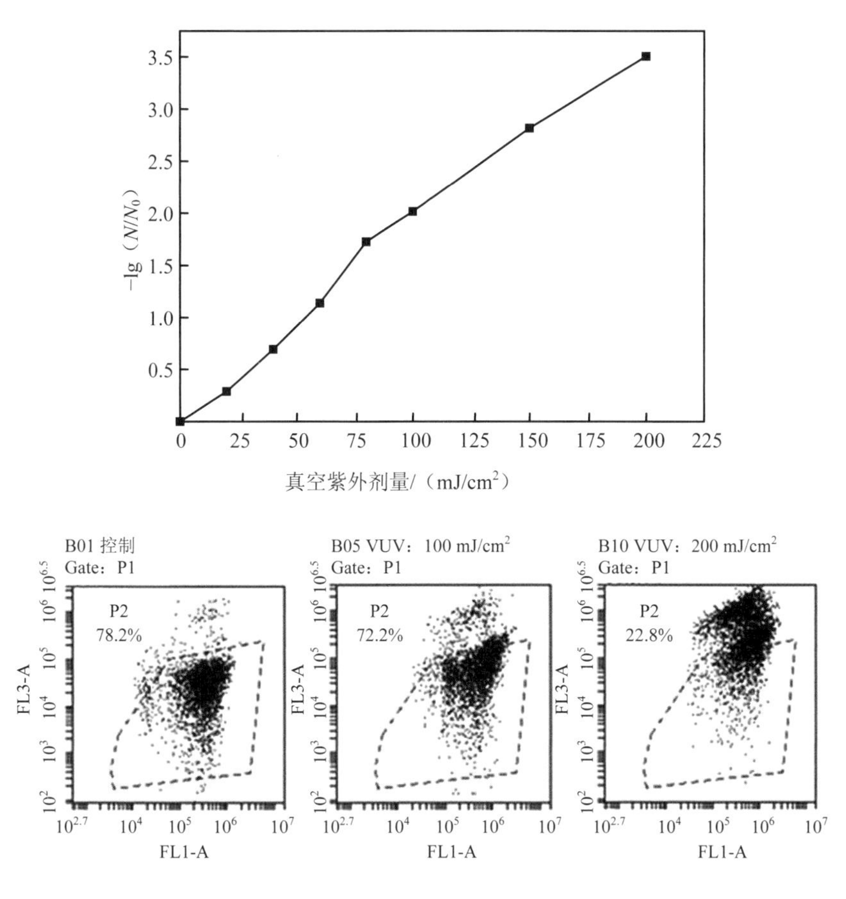

图 5-11　真空紫外对大肠杆菌消毒及膜完整性的影响

（3）真空紫外对管网消毒副产物的降解效能

卤代有机酸是有部分氢原子被卤素取代后形成的有机酸类化合物，它们广泛地分布于环境中，对人体的毒性非常大，是一类常用的化工原料。大多数卤代有机物在氧化降解过程中都会形成卤代有机酸，这类卤代酸一般活性较低，难以通过常规技术降解。另外，在消毒过程中由于大量的氯的投加，会氧化前驱物质形成卤代有机酸，这类卤代有机酸中比较常见的是 HAAs。其中氯乙酸是比较常见的卤乙酸消毒副产物，它较稳定，自身很难在光照条件下降解。最近的研究（Huang et al.，2018）发现，卤代酚也成为了一种新兴的消毒副产物，所以本实验选取 2-氯酚为代表物，考察了这类消毒副产物的降解情况。

改变2-氯酚的初始浓度对真空紫外体系的降解效果影响显著，2-氯酚在真空紫外体系下的降解随着2-氯酚初始浓度的增加而变慢（如图5-12所示）。初始浓度为10 μmol/L的2-氯酚在5 min内的降解效率高达87.9%，而当初始浓度增加到50 μmol/L时，2-氯酚在5 min内的降解效率则只有47.9%，而当初始浓度继续增大到100 μmol/L时，2-氯酚在5 min内的降解效率则只有36.2%。由此可以得出，目标物2-氯酚在真空紫外体系下的降解效果与目标物初始浓度有很大的关系，随着目标物初始浓度的增加，其降解速率迅速降低。在酸性条件与碱性条件下，2-氯酚的降解要快于中性条件下的降解；当溶液的pH值为5时，5 min内2-氯酚降解了98%；当溶液的pH值为10时，5 min内2-氯酚基本全部降解，降解效率达到99.4%；而当溶液的pH值为7时，5 min内仅有86.9%的降解效率。即在真空紫外条件下，酸性条件和碱性条件均有利于2-氯酚的降解，而在中性条件下，2-氯酚的降解反而变慢。碳酸氢盐对真空紫外体系下2-氯酚的降解起到了少许的抑制作用，Cl^-、NH_4^+以及Fe^{2+}对真空紫外体系下2-氯酚的降解影响不大。

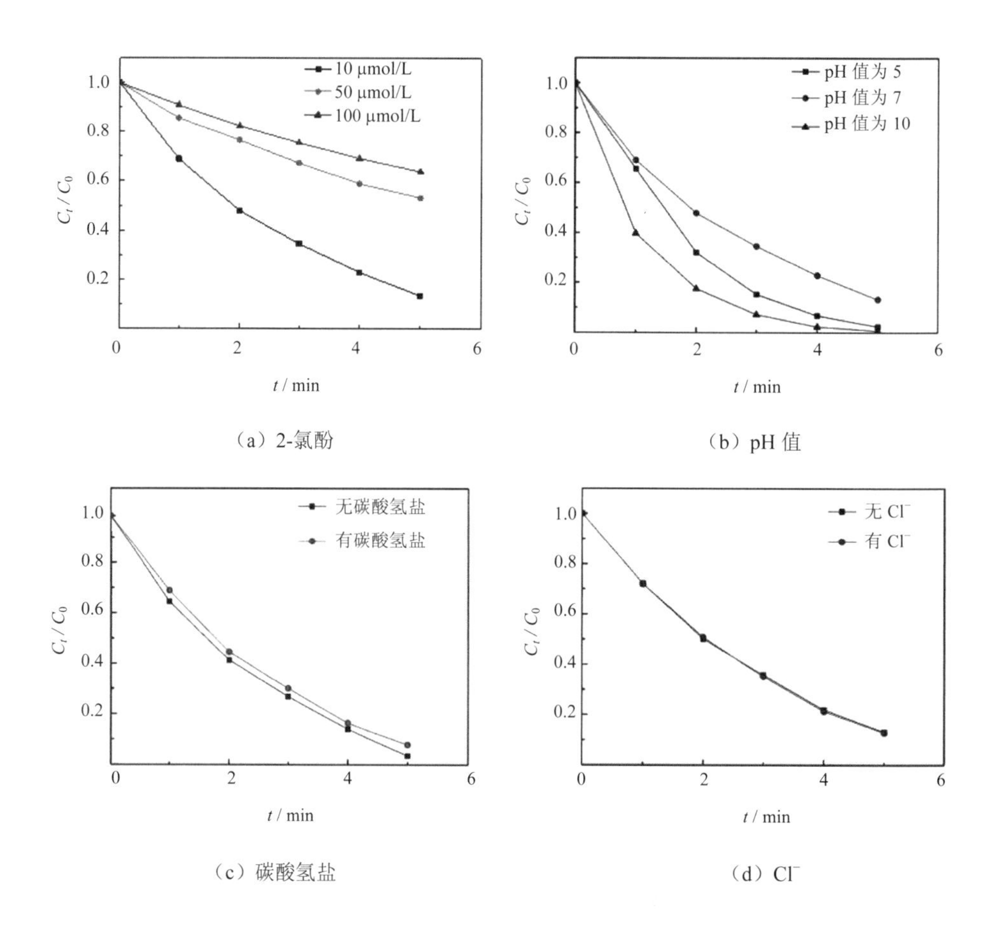

（a）2-氯酚　（b）pH 值

（c）碳酸氢盐　（d）Cl^-

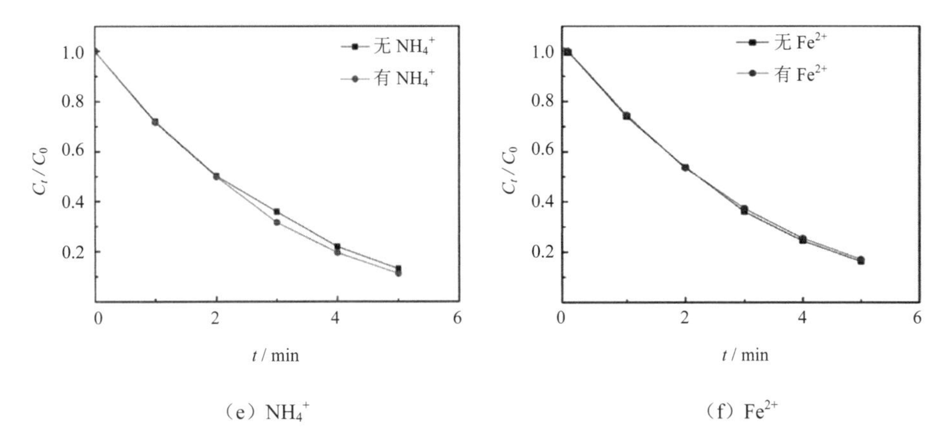

（e）NH_4^+　　（f）Fe^{2+}

图 5-12　真空紫外体系下不同初始浓度的 2-氯酚的降解效果

5.4　各氧化工艺实用性及经济性对比评价

基于紫外的氧化工艺的技术开发有着很好的市场应用前景，低压紫外-过氧化物联用技术、紫外-氯联用技术和真空紫外氧化消毒技术对水中的难降解有机微污染物质、消毒副产物有很好的去除效果；此外，这几种氧化工艺还能够很好地对管网水进行消毒，能够有效地保证饮用水健康安全。但是在实际应用中，氧化工艺的能耗也是值得关注的重要方面，低碳环保的氧化工艺对饮用水水质的保障才具有更广阔的前景和应用可能。作为饮用水中有机物去除的一种有效方法，真空紫外体系有着最大的优势，即在降解过程中完全不需要加入任何化学药剂，然而若将其运用到实际的生产中，作为一种光降解的技术，在有机物降解中所需要消耗的能量是必须考虑到的。本节主要采取 EE/O（electrical energy per order）的标准，对几种常用的紫外高级氧化技术进行成本上的计算与比较，从而和真空紫外技术进行技术经济比较。

5.4.1　单位电能消耗量

EE/O 指的是单位体积水体中污染物浓度降低 1 个数量级所消耗的电能，即单位电能消耗量，它是评价紫外光化学技术能耗的重要指标。本节主要采取 EE/O 的标准对紫外氧化技术的经济合理性进行研究，对真空紫外技术、紫外-氯氧化技术、紫外-过氧化氢氧化技术进行成本上的计算与比较。

EE/O 的计算公式如式（5-8）所示：

$$\mathrm{EE/O_{UV}}=\frac{P\cdot t\cdot 1\,000}{V\cdot \lg\left(\dfrac{C_0}{C_t}\right)}=\frac{16.7P}{V\cdot k} \tag{5-8}$$

式中：P—— 紫外灯功率，kW；

t—— 反应时间，h；

V—— 溶液体积，L；

C_0—— 目标物初始浓度，mol/L；

C_t—— t 时刻目标物浓度，mol/L；

k—— 拟一级反应速率常数，min^{-1}。

当向反应体系内加入氧化剂时，必须考虑氧化剂的消耗，按照式（5-8），氧化剂的消耗也可以近似地定义为 Oxd/O，其定义为单位体积溶液中污染物浓度降低 1 个数量级所需要的 H_2O_2 的量。其计算公式也可以类似地定义如下：

$$\mathrm{Oxd/O}=\frac{C_{\mathrm{Oxd}}}{\lg\left(\dfrac{C_0}{C_t}\right)} \tag{5-9}$$

式中：C_{Oxd}—— 氧化剂投加质量浓度，mg/L；

C_0—— 目标物初始浓度，mol/L；

C_t—— t 时刻目标物浓度，mol/L。

根据上述公式，可以定义紫外-氧化剂降解有机物过程中的能量总消耗：

$$\mathrm{EE/O_{总}}=\mathrm{EE/O_{UV}}+\mathrm{EE/O_{Oxd}}=\frac{16.7P}{V\cdot k}+w\times\frac{C_{\mathrm{Oxd}}}{\lg\left(\dfrac{C_0}{C_t}\right)} \tag{5-10}$$

式中：w—— 氧化剂换算成电费的参数，由药价以及电费决定。

根据以上公式，便可以计算出不同紫外高级氧化体系下处理有机物的成本。以下经济技术分析以莠去津为氧化目标指示物。

5.4.2 氧化工艺去除莠去津成本比较分析

（1）低压紫外-过氧化物联用技术

根据上述公式分析，随着 H_2O_2 投量的增加，由于莠去津在 UV/H_2O_2 体系的降解速率变快，使得紫外能耗降低，但是由于需要继续投入 H_2O_2，所以在氧化剂的能量消耗上变得更大，所以，在二者之间要选取一个最适合的投量，即使总能量消耗最低。根据不同的 H_2O_2 投量，得到的实验结果如图 5-13 所示。

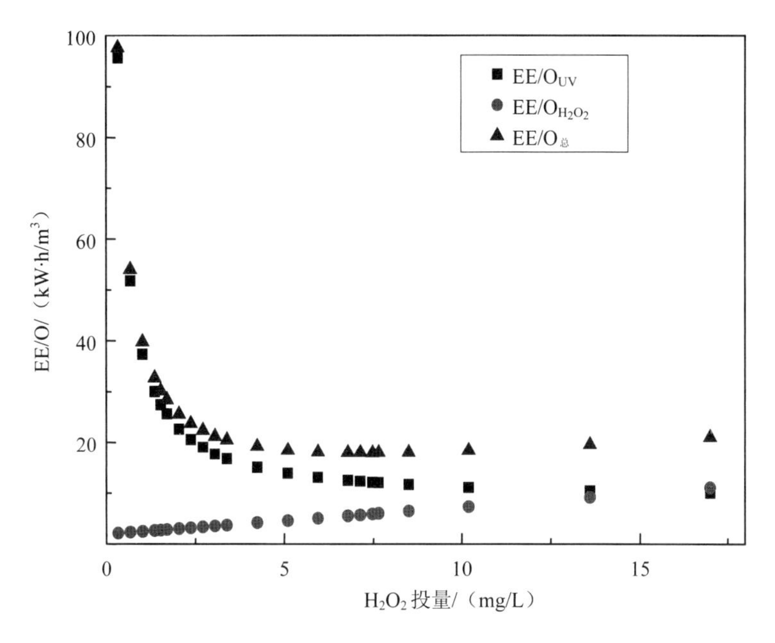

图 5-13 低压紫外-过氧化物联用技术最经济 H_2O_2 投量

随着 H_2O_2 投量的增加，EE/$O_{总}$的值先降低、再升高，这是因为在加入 H_2O_2 后，产生的 HO•可以加速莠去津的降解，但随着 H_2O_2 的投加，其自身的消耗不得不被考虑进去，也就使 EE/$O_{总}$的值增加。可以得到在此条件下的 H_2O_2 最佳投量为 7.48 mg/L，相应的 EE/$O_{总}$值为 17.93 kW·h/m^3。

（2）紫外-氯联用技术

紫外-氯联用技术的最优经济能耗如图 5-14 所示。在氯投加量为 0.2～10 mg/L 的条件下，EE/O_{UV} 逐渐减少，EE/O_{Cl} 逐渐增加，总的能耗先降低，后缓慢增加。这说明当氯的投加量增加到一定水平的情况下，HO•在该体系下的生成量与氯投加量之间出现正相关，但是当氯投加量增加到一定水平时，继续增加氯的投加量对目标物的降解促进作用不强，反而会增加能量的消耗。最终得到在紫外-氯体系下，氯的最佳投加量为 3 mg/L，相对应的 EE/$O_{总}$值为 19.58 kW·h/m^3。

（3）真空紫外氧化消毒技术

由图 5-15 可知，起初随着真空紫外投加量的增大，能够更有效地去除莠去津，莠去津的去除与真空紫外的投加量正相关，但是随着真空紫外投加量的继续增加，对莠去津去除的增加效果不明显，能耗会增加。这主要是由于起初随着紫外投加量的增加，一方面产生的自由基的稳态浓度增加，另一方面真空紫外对莠去津的直接光解能力也加强，从而提高了莠去津的去除速率，再增加紫外的投加量会增加能耗。计算得出的最低处理成本为 16.70 kW·h/m^3。所以，在相同的输入电压下，真空紫外体系较传统的 UV/H_2O_2 体系和紫外-氯体系的运行成本要小。

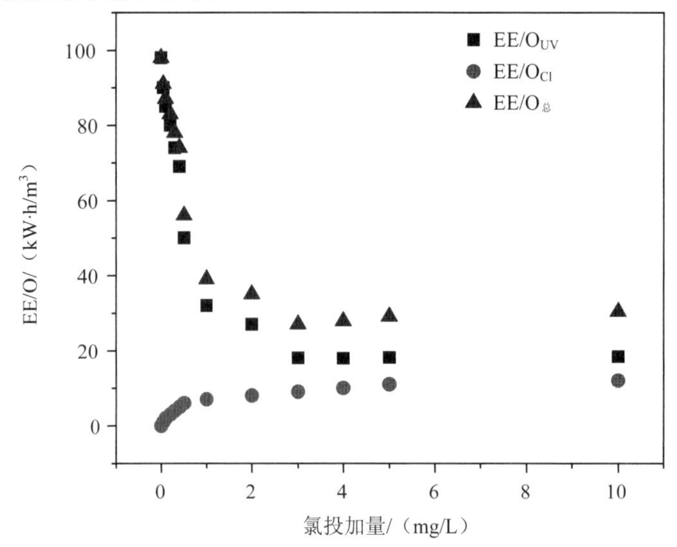

图 5-14　紫外-氯联用技术降解莠去津经济效能分析

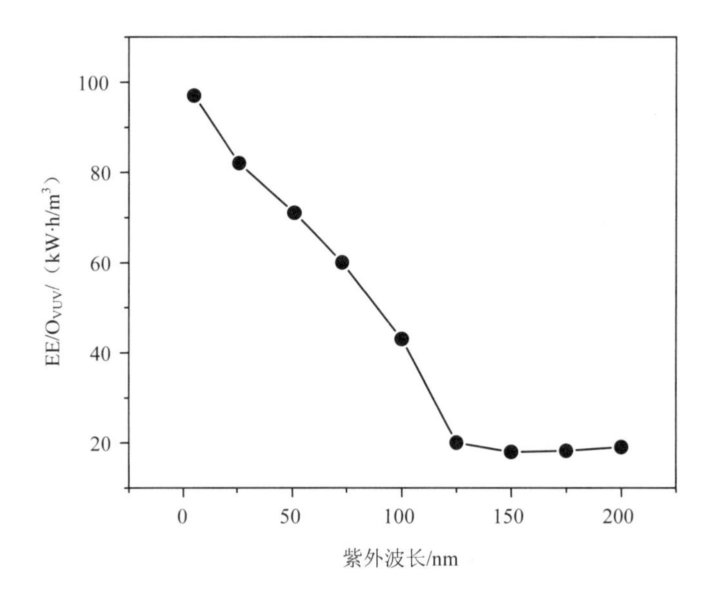

图 5-15　真空紫外氧化消毒技术降解莠去津经济效能分析

经过上述成本分析，可以发现，在几种紫外高级氧化技术中，真空紫外体系在处理成本上具有优势。在真空紫外体系下，由于不需要投加额外的化学药剂，不需要额外设立药剂的储存以及投加的系统，节约了一大笔成本。所以在后续的试验中，选用真空紫外技术进行了研究。

5.5 真空紫外联合多级过滤保障水质技术中试研究

多级过滤技术主要是通过将活性炭与细砂等滤料联用处理水中有毒有害物。活性炭及细砂过滤吸附水中溶质分子是一个复杂的过程，是几种力综合作用的结果，包括离子吸引力、范德华力等。根据吸附的双速率扩散理论，吸附是一个由迅速扩散和缓慢扩散两阶段构成的双速过程，迅速扩散在数小时内即完成，发挥了60%～80%活性炭的吸附容量。迅速扩散是溶质分子在滤料内沿径向均匀分布的阻力小的大孔隙扩散的过程。这些大孔隙产生径向的扩散阻力。当分子从大孔进一步进入与大孔相通的微孔中扩散时，由于受到狭窄孔径所产生的很大阻力，扩散极为缓慢。影响过滤效果的因素涉及溶质分子极性、分子量大小、空间结构，这一点取决于水源水质的特征。活性炭对不同的物质分子具有选择吸附性。多级过滤技术可以使水体中的相当一部分有机物得到去除，水体中胶状物质含量减少，表面黏度下降。这一技术对水中的致癌物与致突变物及含酚化合物均有良好的去除效果。本研究将活性炭、细砂等联用组合成多级过滤技术，对管网末端出水的保障能力在中试系统中进行了验证。

中试系统原水取自管网出水，后续经过粗砂过滤、真空紫外、活性炭过滤加后续细砂过滤；同时根据细砂截留效果，选择性后续增加膜滤保障出水水质。

5.5.1 中试系统各装置功能介绍

中试系统工艺流程如图 5-16 所示。

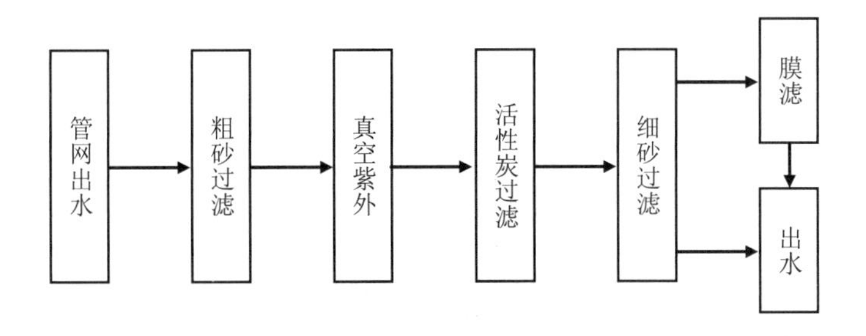

图 5-16 中试系统工艺流程

（1）粗砂过滤

以粗砂为滤料，采用密封罐填装，可以除去一部分悬浮物质，为后续的高级氧化单元减轻有机物的负荷，降低水中天然有机物对真空紫外体系所产生的 HO•的捕获作用，从而减轻水中天然有机物对真空紫外单元降解微污染有机物的影响。

（2）真空紫外

真空紫外单元主要利用真空紫外灯所产生的波长为 185 nm 的紫外线降解水产生的 HO•，对水中的有机物进行进一步降解。同时该单元留有加药口，当应急阶段水质污染严重时，可进一步向其中加入氧化剂，从而提高该单元的氧化效率。另外，真空紫外单元所产生的 HO•可以进行消毒，破坏微生物的细胞结构；同时，产生的波长为 254 nm 的紫外光还可以使微生物体内的 DNA 以及 RNA 进行二聚反应，从而使细胞的蛋白质与酶的合成受到阻碍，使细胞失活。

（3）活性炭过滤

经过高级氧化单元之后，由于真空紫外体系在降解过程中可能会产生微量的 H_2O_2，所以在后面需要加以去除，同时活性炭还可以以吸附的形式去除一些难以被 HO•氧化的有机物。本单元以粒状活性炭为载体，表面微生物富集形成生物膜，通过生物膜的生物降解和活性炭的吸附去除水中污染物，同时生物膜能通过降解活性炭吸附的部分污染物而再生活性炭。再加上前面的真空紫外单元可以去除大量的有机物，这就减轻了活性炭的有机物负荷，从而大大延长活性炭的使用周期。当发生紧急污染，需要在真空紫外单元投加氧化剂时，活性炭还起着去除剩余氧化剂的功能。

（4）细砂过滤和膜滤

生物活性炭单元在运用过程中会存在生物泄漏的问题，一般情况下膜滤单元不用开启，只有当细砂过滤出现生物泄漏时起最后保障作用。这一单元主要采用粒径较细的滤料对泄漏的有机物进行拦截。经过前置处理，可以减轻膜的清洗周期。

中试现场如图 5-17 所示。

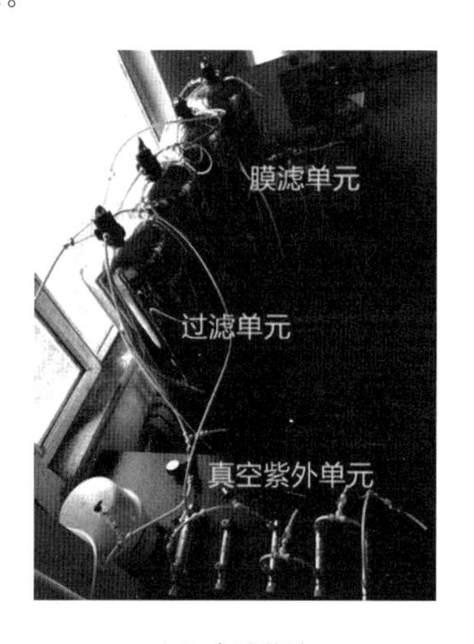

（a）中试基地

（b）真空紫外　　（c）过滤　　（d）膜滤

图 5-17　中试现场

5.5.2　中试系统工艺参数

（1）过滤单元

过滤单元分为粗砂过滤、细砂过滤及活性炭过滤。滤罐尺寸为ϕ 0.4 m×1.6 m，粗砂过滤、细砂过滤单元的滤料采用石英砂，生物活性炭过滤单元采用颗粒活性炭。粗滤滤料的粒径为0.5～1.0 mm，细滤滤料的粒径为0.3～0.5 mm，颗粒活性炭的滤料粒径为0.3～1.0 mm，3个过滤单元的滤层高度均为1.3 m。根据慢滤滤速要求，选择滤速为0.5 m/h，根据滤罐的尺寸计算得该系统的日产水量为 1 m^3/d。反冲洗完全依靠市政管网的水压，反冲洗时间为1 h，经过正洗1 h，可进入正常过滤阶段，冲洗时3个滤罐同时进行冲洗。膜滤采用PES-450型中空纤维超滤膜组件，膜组件有效膜面积为1.3 m^2，产水通量为100 L/（m^2·h），采用内压式过滤模式。

（2）真空紫外单元

真空紫外单元通过控制真空紫外灯的开启与关闭进行光强与接触时间的控制，单元由3支功率为5 W的真空紫外灯以及1支功率为10 W的真空紫外灯构成，输入功率最低为5 W，以5 W为一档，最大可以调高到25 W。真空紫外体系采用紫外杀菌器作为单元的反应装置，接触时间为90 s。紫外投量约为2.5×10^6 J/m^3，真空紫外投量为2×10^5 J/m^3。

5.5.3　中试运行结果

（1）中试系统去除微生物效能分析

由图5-18可以看出，微生物在滤罐单元后均有生长，而在真空紫外单元由于消毒作用而数目下降。经过活性炭过滤及粗砂过滤后，水中的微生物浓度为242个/μL，而在膜滤单元彻底被拦截，出水微生物个数在10个/μL以下。

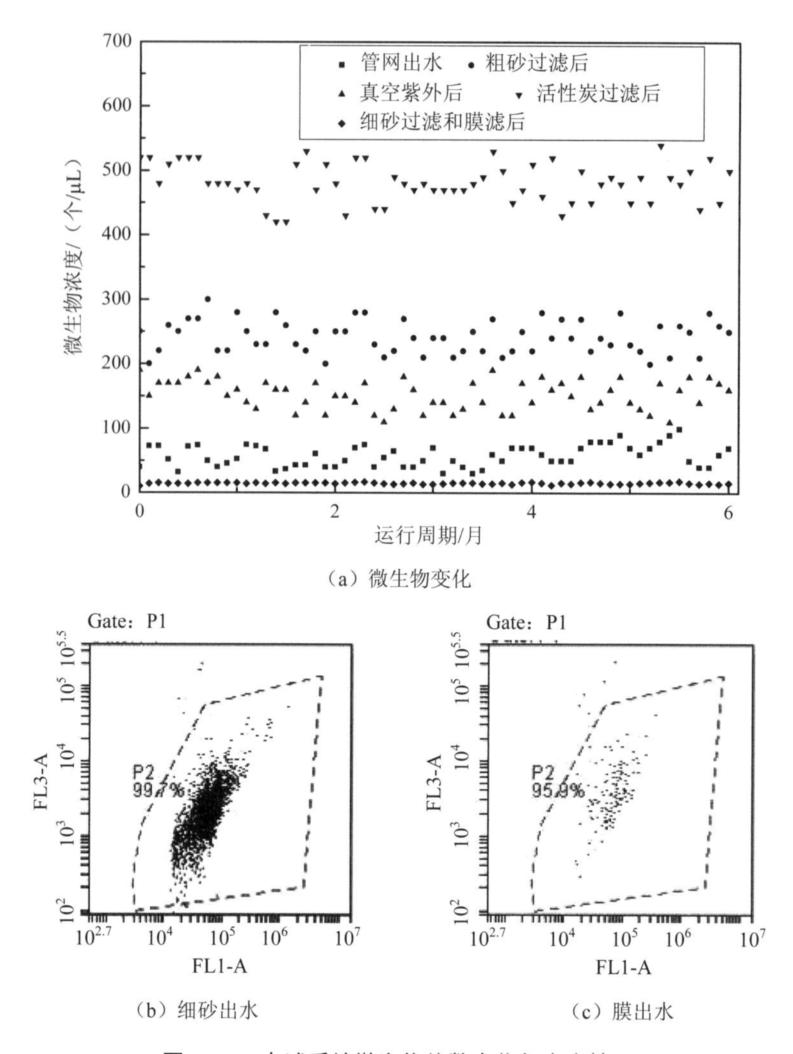

（a）微生物变化

（b）细砂出水

（c）膜出水

图 5-18 中试系统微生物总数变化与出水情况

（2）中试系统去除浊度效能分析

浊度是饮用水指标中视觉最敏感的一项宏观指标，本实验同样考察了各单元对浊度的去除效率，结果如图 5-19 所示。

由图 5-19 可以看出，浊度的去除主要在粗砂过滤单元，而且浊度的去除效果明显，去除效果比较稳定，运行期间的系统出水浊度基本保持在 1 NTU 以下。在滤柱内，对浊度的去除有两种作用，一种是未被生物膜覆盖的滤料表面对悬浮颗粒的传统吸附截留作用；另一种是滤料上附着的贫营养微生物膜借助较大的比表面积和微生物分泌的黏性物质对悬浮颗粒的生物吸附作用，同时，滤料与生物膜表面之间也会有传统的吸附截留作用。

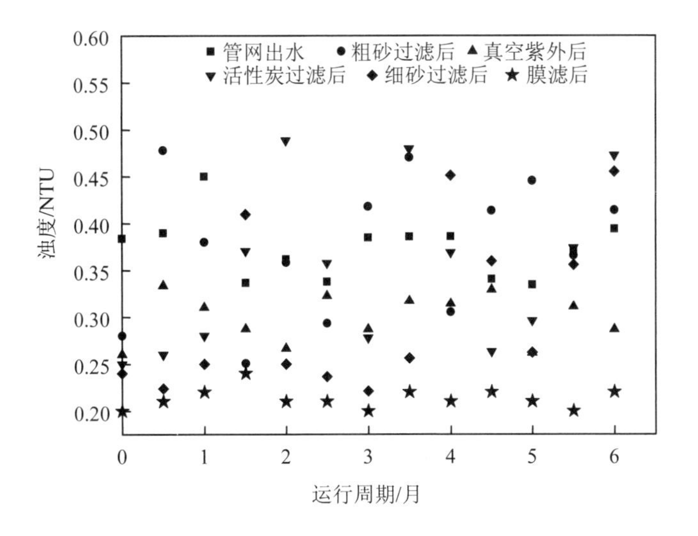

图 5-19 中试系统对浊度的去除效果

（3）中试系统去除莠去津效能分析

在市政管网出水中检测出莠去津，所以针对难降解农药物质莠去津进行了检测，中试系统对莠去津的去除效果如图 5-20 所示。由图 5-20 可知，在中试系统各单元中，粗砂过滤对莠去津的去除效果很小，其去除效率一般低于 10%，而真空紫外单元可以去除近 40%的莠去津，剩余的莠去津在经过活性炭过滤单元后全部被去除，说明此系统对莠去津去除效果良好。

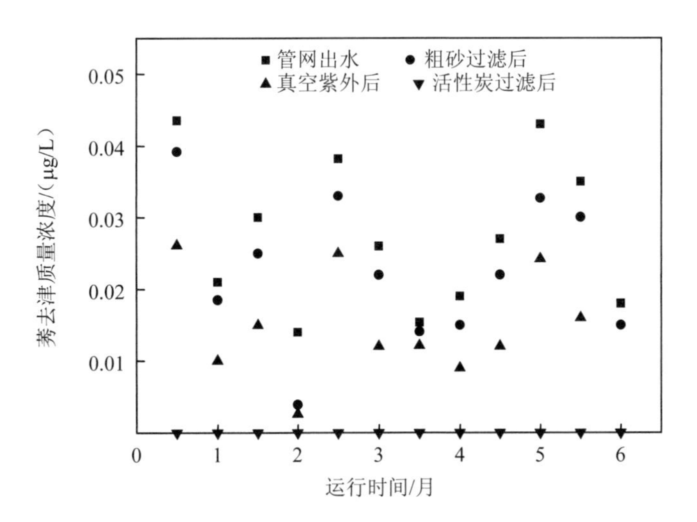

图 5-20 中试系统对莠去津的去除效果

（4）中试系统各单元出水荧光分析

整体而言，三维荧光光谱（Excitation-Emission-Matrix Spectra，EEM）荧光强度低，表明水样中有机物的含量较少。图 5-21 是水样中有机物的三维荧光光谱图，由图可知水样中有 1 个主要的荧光团，位于区域Ⅱ和区域Ⅲ，荧光强度的最高峰在 Ex/Em 为 240 nm/390 nm，代表含芳香结构的蛋白质和类富里酸类物质。另外，水样中还有 1 个稍弱的荧光团，位于区域Ⅳ内，表明管网中有一定强度的微生物新陈代谢活动，导致饮用水中还含有较多的溶解性微生物代谢物。经过粗砂过滤、真空紫外、活性炭过滤、细砂过滤后，2 个荧光团呈现出逐渐减弱的趋势。当水样经过砂滤和活性炭过滤后，区域Ⅳ内的荧光团大幅降低，区域Ⅱ和区域Ⅲ的主荧光团也出现明显下降，表明砂滤和活性炭过滤对蛋白质、类富里酸类物质和溶解性微生物代谢物有较好的去除效果。经过紫外辐照和二级砂滤处理后的饮用水，区域Ⅳ内的荧光团基本消失，主荧光团出现明显降低，说明组合工艺对饮用水中溶解性有机物有良好的去除效果。

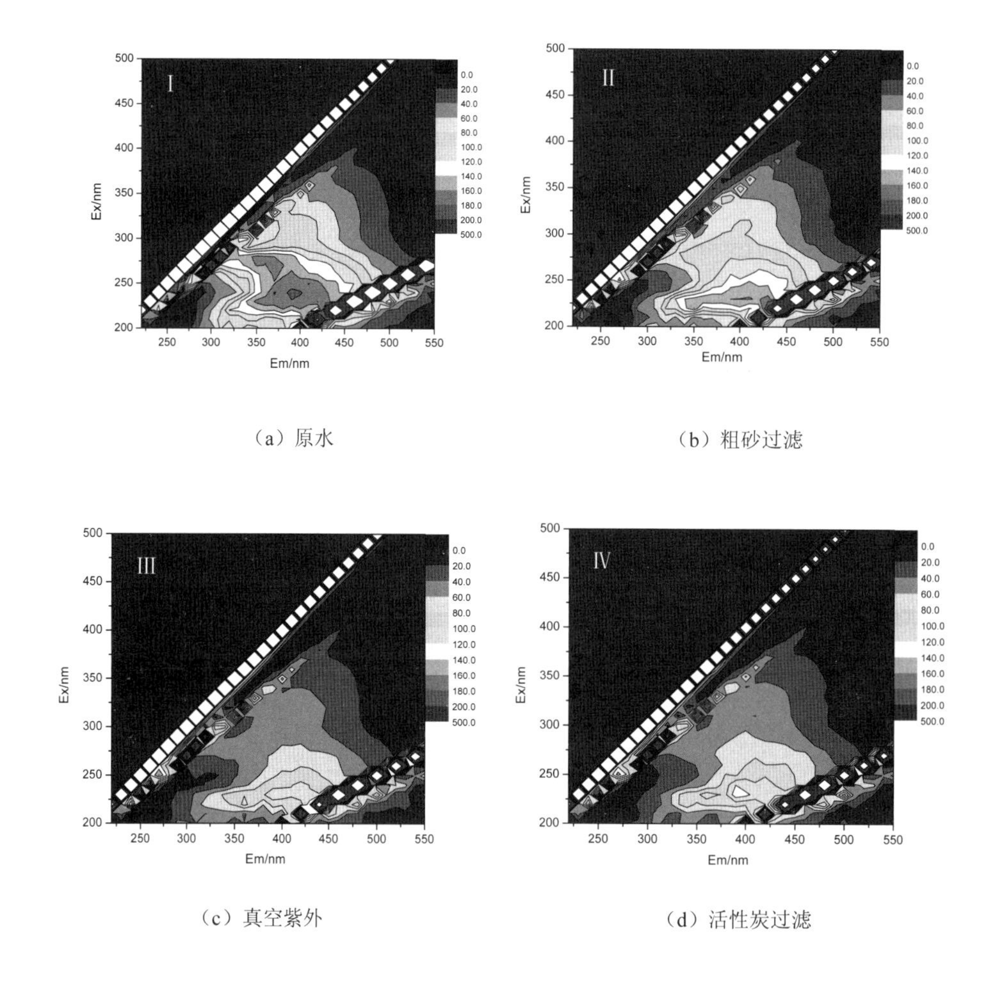

（a）原水　　（b）粗砂过滤

（c）真空紫外　　（d）活性炭过滤

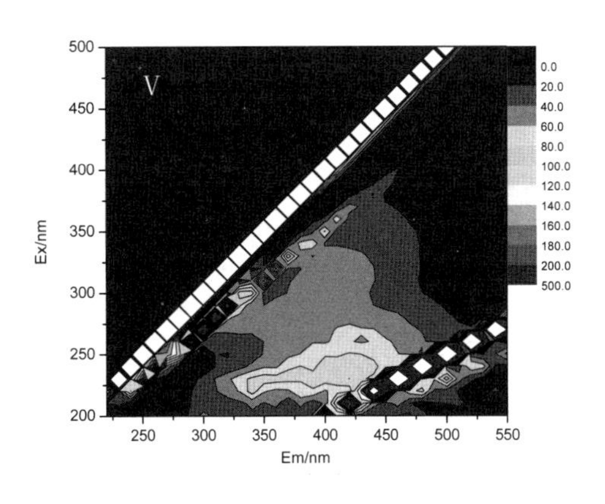

（e）细砂过滤

图 5-21　中试装置的三维荧光分析

该中试系统可以有效地去除管网出水中的 AOC、微生物、UV_{254}、$CHCl_3$、余氯、浊度等，此外，对难降解的有机微污染物莠去津也能有很好的去除效果。结果表明，该中试系统可以有效地保障和提升管网出水水质，为人们的健康用水提供保障。

5.5.4　工艺低碳节能优势分析

（1）采用慢滤技术

不需要额外的机械动力（市政管网压力便可满足），不需要任何化学药剂的加入，同时运行管理简单、稳定可靠、治水成本低。相对于现有的一些直饮水工艺（如纳滤、反渗透技术），不需要额外加压，从而大大降低了能量消耗。多级过滤中采用的滤料与现有直饮水过滤工艺中经常采用的 KDF 滤料相比，易取材、价格低廉、使用寿命长，降低了治水成本和能量消耗。

（2）不需化学药剂引入

由于高级氧化技术采用的是真空紫外体系，该体系最大的优点是可以原位通过水的裂解与离解产生 HO•等活性物质，对水中的有机物进行氧化、还原等一系列的反应，从而实现有机物的降解。此外，将真空紫外和水体中本底存在的余氯相结合，一方面对有机物进行去除，另一方面也对余氯进行有效的去除。同时，中试体系的运行结果显示该体系对微生物等有很好的去除作用。

（3）系统灵活，可自行改变工艺条件

模块化的工艺现在已经成为一种趋势，本系统正是基于此设计思想，将净水工艺分成一个个可细化的单元，包括过滤单元、高级氧化单元、活性炭单元以及二次过滤单元。

可以根据不同的水质特点以及经济条件对各单元进行合理的选择及更换，以及根据不同季节的水质特点，进行顺序重排、工艺重组。

本中试系统各部件连接简单，滤罐以及采用的紫外处理装置均为活动性设备，可以随意更换以及组合，安装方便。另外，在真空紫外单元的各反应器入口处均留有加料口，当水质紧急状况发生时，方便在此处添加氧化剂，从而提高微污染物的氧化效率，简单方便。

（4）充分利用管网余压

中试系统所用的 3 个滤罐的反冲洗过程均利用管网余压进行，完全不需要反冲洗水泵即可顺利进行，达到反冲洗效果，做到反冲洗零额外能耗，在持续保障水质的前提下，大大降低了能量消耗。

第6章　城市低碳保质关键技术

6.1　“多水一体”基本理念

在城镇建设中，水已经成为提高城镇人居环境、生活质量与经济发展环境的关键要素。然而，由于历史的存因，长期以来，我国城镇的饮用水、污水、雨水和景观水等自成体系，尚未作为一个整体水系统进行整体规划、功能耦合、协调构建，更未系统地将优质、低碳、生态水系的理念引入城镇建设，构建一体化城镇水系统，有碍于提高城镇整体水平与推进城镇高质量发展。针对这一城镇发展中存在的涉水共性问题，结合“优质-低碳-生态”的思想，本研究创新性地提出了“多水一体”的理念，形成了一个城镇多水循环、水的低碳生态净化与利用工艺链，该工艺链包括“饮用水低碳深度净化—污水处理厂低碳运行—污水处理厂尾水生态净化—雨水生态收集与利用—水系水生态保质—城市杂用”等单元链节。针对各单元链节，开展系列关键技术研发与工程示范，包括城市生态水系规划与优化调控技术、城市雨水生态收集利用技术、城市污水处理厂低碳运行与过程控制技术和城市优质饮用水安全保障技术。

6.1.1　城市生态水系规划与优化调控技术

首先对城市水系的概念及规划的基本思路与框架进行界定，开展水生态系统健康评价，探讨城市水系生态系统和人类活动之间的关系以及城市水系可持续发展性；在探讨城市水系生态系统健康内涵和评价理论的基础上，提出城市水系优化配置技术及“三生”用水优化配置技术，最后针对规划及调控技术，开展低碳高效的生态水系规划。

开发城市水生态安全评价技术，从供需平衡、饮用水安全等角度客观评价区域水生态安全。过往研究忽略城市水安全评价中人群感知的安全感，因此本研究建立既体现客观的现实状况，又能反映人们的心理感觉的城市水安全评级体系，实现从自然水系—城市人群—城市发展的多角度、多层次逐级评价，精细识别城市水系健康的关键影响因素。

从水量、水质及涉水风险方面选取对城市人群有影响且可以直接反映城市水安全现状的指标，有利于构建一套能保障城市水资源、水环境、水生态安全并满足人群对水安全感知的综合评价指标体系。

而传统的城市用水优化配置方法从供需角度出发，未充分揭示在用水系统中社会、经济、环境等多重影响以及驱动因素。本研究建立基于资源、环境、经济与管理的多角度的城市用水系统综合评估方法，可识别驱动因素，提高用水效率，实现用水优化配置。

6.1.2 城市雨水生态收集利用技术

本研究主要推进城市雨水生态收集利用技术真正地适应于本土化的建设，推进绿色、低影响开发和可持续发展等理念，推广低影响开发、可持续排水系统与水敏感设计等技术，在设计与建设中强化自然控污能力。

传统的雨水污染源解析与生态收集利用研究针对雨水COD、SS、氮、磷等常规污染物监测与设置生态雨水系统，尚未对雨水中危害高的汽车污染与多环芳烃类开展系统监测分析，并作为生态雨水系统设计要素。本研究的主要突破包括对径流雨水多环芳烃与车辆污染监测的综合分析，新型吸附材料的研发，生态水系植物的配伍和雨水生态系统的评估。推进绿色、低影响开发和可持续发展等理念，推广低影响开发、可持续排水系统与水敏感设计等技术，在设计与建设中强化自然控污能力。

6.1.3 城市污水处理厂低碳运行与过程控制技术

通过改进运行控制、好氧段碳源储备、碳源分布式有效利用，解决低碳氮比、低碳磷比污水的脱氮除磷问题，其创新性体现在有效利用污水碳源，实现有效脱氮除磷，污水处理工艺排碳量低。IBR 工艺采取好氧段碳源同步储存，建立低碳氮比、碳磷比城市污水处理的 IBR 工艺反馈控制策略；A^2/O 合理分配碳源，优化操作过程，实现碳源有效利用与同步硝化反硝化。

城市污水处理厂常规厌氧-缺氧-好氧工艺控制方法难以解决低碳氮比、低碳磷比污水脱氮除磷不足的问题：污水碳源未能有效利用、排碳量大、运行能耗高、系统操作复杂。本研究开发的污水处理低碳运行与过程控制技术有效利用污水中的碳源，节约运行能耗，实现污水处理的碳减排，1 万 t 污水处理厂年省电 73 万 kW·h，年减少碳排放量 335 t。

6.1.4 城市优质饮用水安全保障技术

从城市优质饮用水高级氧化处理工艺、高级氧化/高效过滤组合除污、城市饮用水膜关键技术等角度构建城市低碳优质饮用水系统，保障城市饮用水安全。开发基于紫外的高级氧化技术，如低压紫外-过氧化物联用技术、紫外-氯联用技术、真空紫外氧化消毒技术及多级过滤技术。

现有二次供水设施一般只能保证水量而缺乏净化水质的功能，而且在二次供水设施储存的过程中，管网水水质还会进一步恶化。针对二次供水中存在嗅味等问题，在充分剖析管网水水质特点的基础上，提出一套优质管网水净化组合工艺，工艺组合具有灵活性、无需外部投加化学药剂、绿色节能的特点，实用意义较强。

基于真空紫外的高级氧化技术联用多级过滤技术能够对水中有机物等有较好的去除作用。该组合工艺能够很好地保障管网末端出水水质，有广阔的实际应用前景和价值，而且由于工艺组合具有灵活性，无需外部投加化学药剂，开发的多级过滤过程所用的3个滤罐反冲洗过程均利用管网余压进行，完全不需要反冲洗水泵即可顺利进行，达到反冲洗效果，做到反冲洗零额外能耗。具有抗负荷能力强、绿色节能的特点，实用意义较强。

6.1.5 城市“多水一体”低碳处理与生态利用系统构建

构建饮用水、污水、雨水、景观水、杂用水、外排水“多水一体”的低碳处理与生态利用的耦合系统，其创新性体现为系统简约、运行能耗低、排碳量低、水资源充分利用、避免外排水污染环境。传统处理方法系统复杂、运行能耗高、排碳高、水资源未充分利用、外排水污染环境，而城市“多水一体”低碳处理与生态利用系统集成了饮用水深度净化技术、低碳污水运行馈控技术、全覆盖雨水生态收集净化技术、景观水生态净化技术，形成了城市“多水一体”的低碳处理、生态收集、净化、利用的水资源生态链。

在城市生态水系规划设计下，将城镇给水、污水、雨水等子系统耦合成一个整体、良性的生态水系，针对城市外生雨水源和城市内水循环过程的生态安全保障问题，进行城市生态水系节点调控；分别开展城市雨水收集低碳评估和城市污水处理系统低碳评估研究。

6.2 “多水一体”系统构建与结果

6.2.1 “多水一体”系统构建

基于上述理念和一系列关键技术，通过系统集成饮用水低碳深度净化、低碳污水处理厂尾水生态净化、雨水生态收集与利用、水系水生态保质与水系水城市杂用等 5 个关键技术单元，将 5 个单元构建成“饮用水-污水厂尾水-雨水-水系水-杂用水”之间多水循环的、低碳生态的“多水一体”的城市生态水系统（如图 6-1 所示）。

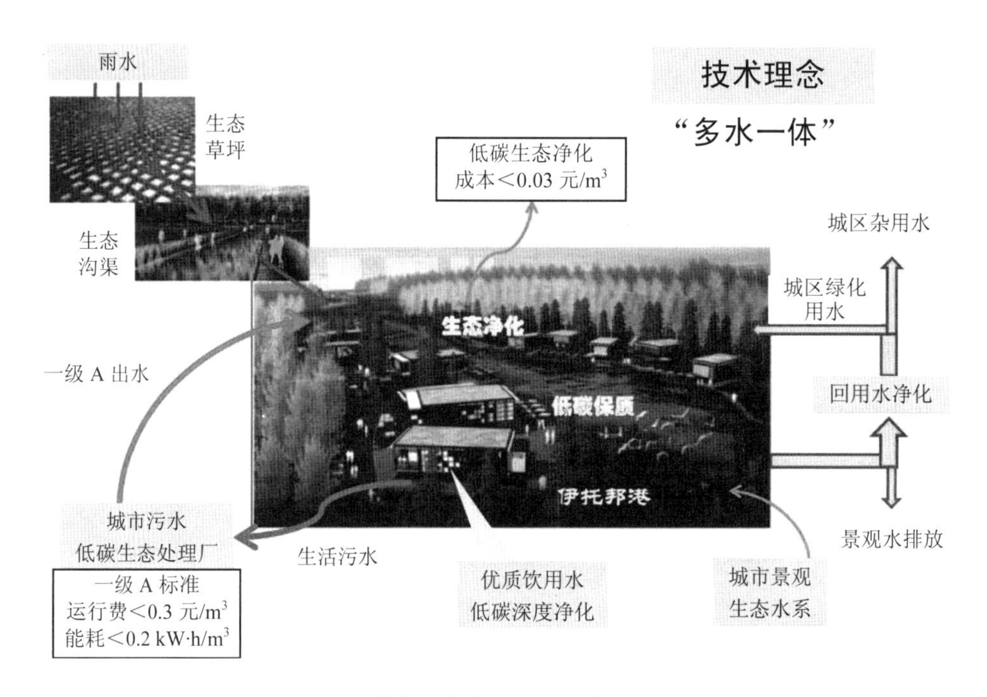

图 6-1 城市“多水一体”低碳生态系统

6.2.2 “多水一体”试验结果

（1）优质饮用水低碳深度净化

优质饮用水试验研究在如图 6-2 所示的系统中进行。

图 6-2 城镇优质饮用水试验系统

（2）城市污水低碳生态处理

城市污水低碳生态处理试验研究采用如图 6-3 所示的系统进行，其工程应用工艺为 IBR 生化——人工湿地。

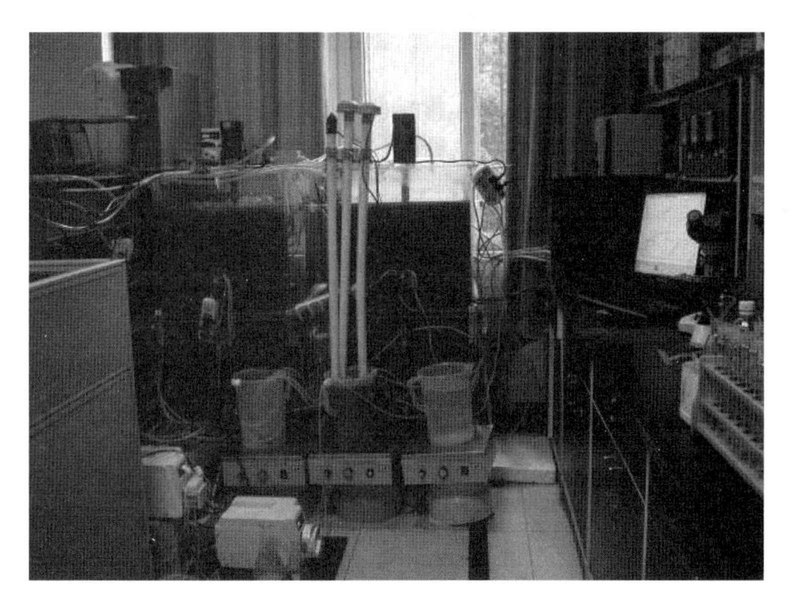

图 6-3 城市污水低碳生态处理试验系统

采用研究的 IBR 脱氮除磷工艺及其控制策略，在武汉市东湖高新技术开发区五里界新城建成 4 000 m^3/d（远期 12 000 m^3/d）的污水处理厂，对所研究的污水处理厂低碳运行与过程控制进行中试研究及反馈。实景图如图 6-4 所示。

图 6-4　中试研究污水处理厂 IBR 生化池（4 000 m^3/d）

试验研究与工程应用的城镇污水处理效果如表 6-1、表 6-2 所示。处理出水达到《城镇污水处理厂污染物排放标准》（GB 18918—2002）一级 A 标准。

表 6-1　4 000 m^3/d IBR 工艺进出水水质（试验研究）　单位：mg/L

样品名称	COD	SS	NH_3-N	TN	TP
污水	82.3～236.1	31.0～212.0	19.5～33.7	23.6～40.2	1.9～4.3
处理出水	32.1	5.0	0.65	11.7	0.13

表 6-2　4 000 m^3/d IBR 工艺进出水水质（工程应用）　单位：mg/L

样品名称	COD	SS	NH_3-N	TN	TP
污水	82.3～236.1	31.0～212.0	19.5～33.7	23.6～40.2	1.9～4.3
处理出水	26.0	6.0	2.07	11.5	0.13

（3）雨水生态收集利用系统

雨水生态收集利用试验系统建设在麓山郡二区别墅园内，面积为 4.5 hm^2，试验区内建有雨水生态渠 I 和雨水生态渠 II 两条雨水生态渠。渠末端入港处建有跌水沟渠与多级跌水设施。生态渠两岸分别建有门厅促渗、下凹绿地、促渗草坪、树周促渗等单元生态设施（如图 6-5 所示）。试验雨水生态渠沿程水质检测结果表明，雨水生态渠沿程的绿地、屋面雨水散水渗滤层和渗水步道均具有良好的净化效果，详见表 6-3～表 6-6。

图 6-5　雨水生态收集利用系统

表 6-3　雨水生态渠Ⅰ沿程水质（试验研究）　单位：mg/L

样品名称	pH 值	总磷	氨氮	高锰酸盐指数	亚硝酸盐氮
雨水生态渠Ⅰ起端	7.54	0.07	0.276	3.27	0.14
雨水生态渠Ⅰ中段	7.58	0.02	0.028	2.43	0.15
雨水生态渠Ⅰ植物生物塘	7.49	0.02	0.152	1.71	0.20
雨水生态渠Ⅰ跌水生物塘	7.56	0.03	0.141	2.20	0.18

表 6-4　雨水生态渠Ⅰ沿程水质（工程应用）　单位：mg/L

样品名称	pH 值	总磷	氨氮	高锰酸盐指数	亚硝酸盐氮
雨水生态渠Ⅰ起端	7.28	0.03	0.219	2.46	0.15
雨水生态渠Ⅰ中段	7.41	0.03	0.122	2.57	0.16
雨水生态渠Ⅰ植物生物塘	7.67	0.03	0.190	1.88	0.18
雨水生态渠Ⅰ跌水生物塘	7.29	0.02	0.251	2.16	0.18

表 6-5　雨水生态渠Ⅱ沿程水质（试验研究）　单位：mg/L

样品名称	pH 值	总磷	氨氮	高锰酸盐指数	亚硝酸盐氮
雨水生态渠Ⅱ起端	7.46	0.04	0.060	3.01	0.16
雨水生态渠Ⅱ中段	7.51	0.03	0.184	3.54	0.16
雨水生态渠Ⅱ出水	7.67	0.04	0.163	4.14	0.14

表 6-6　雨水生态渠Ⅱ沿程水质（工程应用）　单位：mg/L

样品名称	pH 值	总磷	氨氮	高锰酸盐指数	亚硝酸盐氮
雨水生态渠Ⅱ起端	7.50	0.03	0.122	3.33	0.16
雨水生态渠Ⅱ中段	7.53	0.03	0.141	3.30	0.16
雨水生态渠Ⅱ出水	7.55	0.06	0.155	3.92	0.14

（4）城市水系水生态保质

城市水系水生态保质试验系统伊托邦港如图 6-6 所示。伊托邦港长 1 800 m，宽 50～80 m，水深 0.6～2 m，将雨水生态收集、低碳处理、自然净化三者功能耦合而成景观利用的水资源链，形成景观生态型休闲观赏水域。城市水系水生态保质系统伊托邦港中下游水体水质达到《城市污水再生利用　景观环境用水水质》（GB/T 18921—2002）标准。水质检测结果如表 6-7、表 6-8 所示。

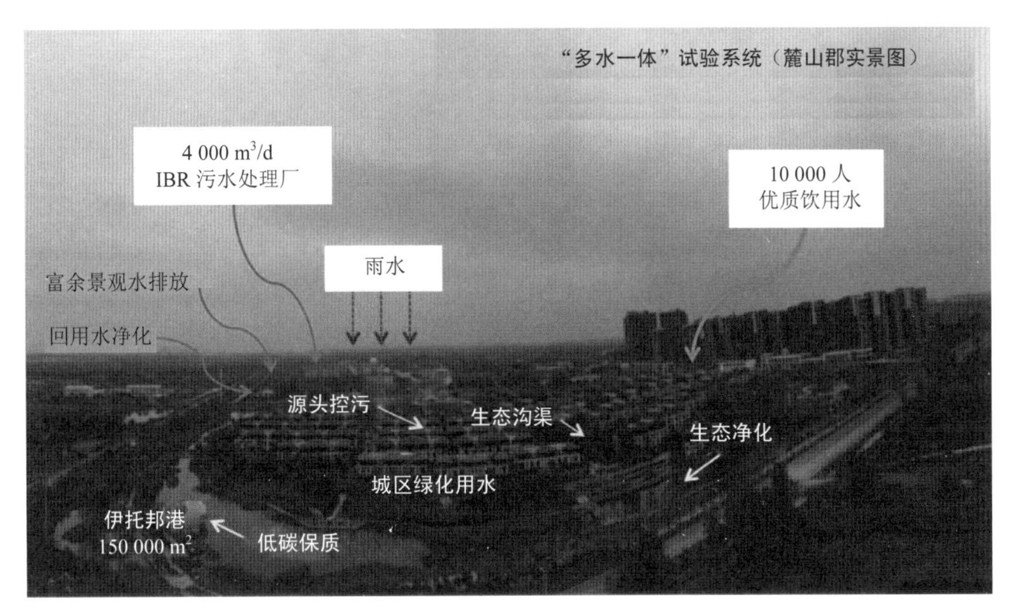

图 6-6　城市水系水生态保质试验系统伊托邦港

表 6-7　城市水系伊托邦港沿程水质（试验研究）　单位：mg/L

样品名称	pH 值	总磷	氨氮	高锰酸盐指数	亚硝酸盐氮
伊托邦港上段水体	7.57	0.03	0.060	8.39	0.14
伊托邦港一级跌水渠	7.36	0.03	0.095	3.05	0.14
伊托邦港二级跌水渠	7.53	0.02	0.133	1.64	0.14
伊托邦港中段水体	7.70	0.04	0.141	3.98	0.14
伊托邦港下段水体	7.62	0.02	0.141	2.98	0.15

表 6-8　城市水系伊托邦港沿程水质（工程应用）　单位：mg/L

样品名称	pH 值	总磷	氨氮	高锰酸盐指数	亚硝酸盐氮
伊托邦港上段水体	7.33	0.04	0.173	2.90	0.14
伊托邦港一级跌水渠	7.67	0.03	0.157	2.59	0.14
伊托邦港二级跌水渠	7.55	0.03	0.219	1.63	0.14
伊托邦港中段水体	7.59	0.04	0.236	4.40	0.15
伊托邦港下段水体	7.47	0.03	0.219	3.25	0.15

（5）城市杂用水

城市水系水经过伊托邦港沿程生态保质净化后，港下游的水质达到《城市污水再生利用　城市杂用水水质》（GB/T 18920—2002）标准，可用于城市绿化、道路洒水等杂用水。

6.2.3 结论

①基于低影响开发技术理念，形成城市雨水生态收集、污水低碳处理、尾水自然净化及景观利用的水资源利用链。该项低碳生态雨污水净化利用技术链对目前我国高速发展的海绵城市建设工程具有示范作用，拥有广阔的未来市场。

②研发的城市污水 IBR 脱氮除磷过程规律与馈控策略具有自主产权与低碳优势，已在武汉市建成 4 000 m^3/d 污水处理厂开展中试研究。此外，与华中科技大学合作的公司将此技术应用到湖北、广西与贵州等地的 30 多座 IBR 城镇污水处理厂。该项技术在目前高速城镇化背景下的城镇污水处理工程中有着巨量的市场空间。

③所开发的基于紫外的各种高级氧化技术，一方面能都运用紫外的氧化能力对有机物质进行降解和对水体进行消毒；另一方面，利用一些过氧化物与紫外联用，利用产生的活性自由基物质对有机物质进行去除。对基于紫外的高级氧化技术保障饮用水安全具有极好的指导意义。

④开发的多级过滤技术，利用多级生物过滤和膜截留作用，高效节能地对管网末端水中有机有害物质进行去除。由于零额外消耗、抗负荷能力强的特点，具有较强的实用推广价值和意义。

“多水一体”城市水系试验系统达到规定水质要求，试验区年减少碳排放量1.36 t，具有良好的低碳生态效应。

下　篇

案例研究

第 7 章　大连市水生态系统规划

7.1　大连市水生态问题分析

7.1.1　大连市概况

大连市地处欧亚大陆东岸、中国辽东半岛最南端，位于东经 120°58′～123°31′、北纬 38°43′～40°10′之间，西北濒临渤海，东南面向黄海，与山东半岛隔海相对。参考大连市水务局 2012 年发布的《大连市水资源可持续利用综合规划》，为了便于研究，将大连的行政区域分为大连城区、金州区、普兰店市（包含普湾新区）、庄河市、瓦房店市、长海县、长兴岛、花园口经济开发区等 8 个区域（如图 7-1 所示）。大连市是东北、华北、华东以及世界各地的海上门户，是重要的港口、贸易、工业、旅游城市。全市总面积为 12 574 km^2，其中老市区面积为 2 415 km^2。大连市山地丘陵多，平原低地少，整个地形为北高南低、北宽南窄；地势由中央轴部向东南侧的黄海和西北侧的渤海倾斜，面向黄海一侧长而缓。大连市位于北半球的暖温带地区，为具有海洋性特点的暖温带大陆性季风气候，冬无严寒，夏无酷暑，四季分明。年平均气温为 10.5℃，年降水量为 550～950 mm。

大连地区主要有黄海流域和渤海流域两大水系。注入黄海的较大河流有碧流河、英那河、庄河、赞子河、大沙河、登沙河、清水河、马栏河等；注入渤海的主要河流有复州河、李官村河、三十里堡河等。其中，最大的河流为碧流河，是市区跨流域引水的水源河流。6 条主要河流为碧流河、英那河、庄河、复州河、登沙河和大沙河。大连市两条市内河流为马栏河和春柳河，前者为季节性河流，后者为完全人工河流、主要为城市纳污河流。大连市主要河流分布如图 7-2 所示。

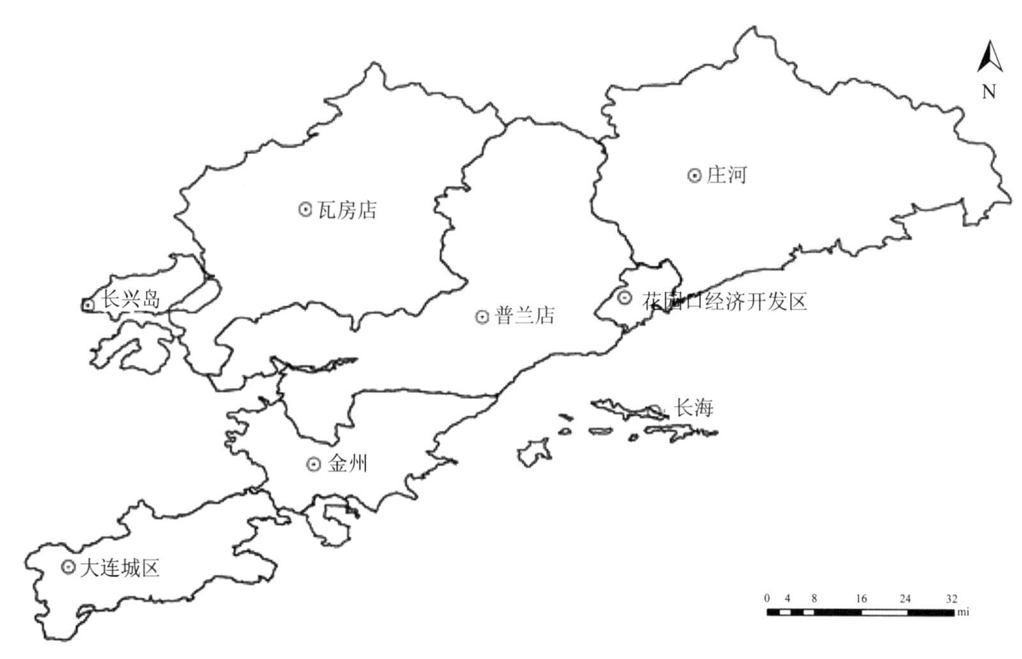

图 7-1 大连市研究区划

注：1 mi = 1.609 344 km。

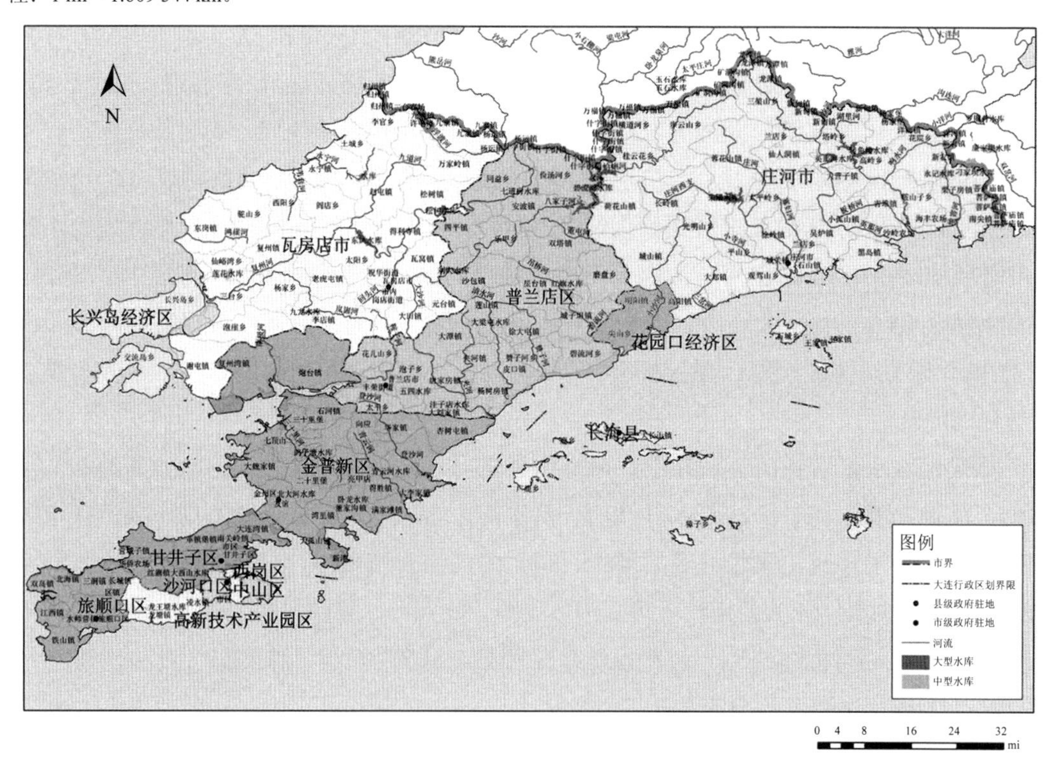

图 7-2 大连市主要河流水系分布示意

7.1.2 大连市水生态环境问题解析

水资源成为制约大连城市发展的一个重要因素。多渠道合理利用水资源能够有效提高水资源利用效率，实现水资源可持续发展，减少环境损害。近年来，大连市优化水资源配置，开发利用多种水资源，包括非常规水资源和雨洪资源。然而，依然存在以下水生态环境问题。

（1）水生态安全方面：水生态环境状况不容乐观，未来保护与修复压力大

由于过度开发水资源，河流生态环境用水被挤占，生态服务功能衰减，入海水量减少，地下水超采严重，全市地下水可开采量为 2.5 亿 m^3，2012 年地下水超采量为 1.2 亿 m^3，水环境压力较大，面临一定的水土资源短缺约束。海水入侵面积达到 638 km^2，海陆域生态环境日渐恶化。另外，由于污水入河量持续增加，水体水质趋于恶化，部分河流水质较差，2010 年全市主要水功能区水质达标率为 49.3%。大沙河、登沙河等南部滨海区的河流 2014 年水功能区的 COD 和氨氮入河量远超过其纳污能力，削减形势严峻。

（2）水资源配置方面：水资源开发利用程度高，供需矛盾突出

大连市地处北方沿海半岛地区，境内多为山区丘陵，人均占有土地资源量少，境内水资源开发潜力已非常有限，水资源供需矛盾突出。全市水资源总量不丰富，且有一半以上来自难以利用的沿黄海、渤海的季节性小河。大连市人均水资源占有量不足全国平均水平的 1/4，属严重资源型缺水地区。境内 6 条主要河流是大连市主要地表供水水源，供水量占地表总供水量的 90%以上。目前 6 条主要河流的开发利用程度较高，其中英那河、庄河和复州河的开发利用程度接近或超过 50%，本地水资源开发潜力不大。考虑到城市发展使用水量增加、水资源开发过度地区需要退还生态用水、气候变化可能导致来水偏少等因素，未来水资源供需形势更为严峻。

（3）“三生”用水配置方面：用水效率在国内处于较先进水平，但与国际先进水平相比仍有一定差距

大连市是国家首批节水型社会建设试点城市，城市节水工作基础较好。2015 年人均用水量为 267 m^3，万元 GDP 用水量为 30 m^3，农田灌溉亩均用水量为 274 m^3，万元工业增加值用水量为 18 m^3，城镇人均生活用水量为 247 L/d，农村人均生活用水量为 98 L/d，用水效率在国内处于较先进水平，但与国际先进水平相比仍有一定差距。城市部分供水管网老化失修，管网漏损率达 14.8%。2012 年，全市农业用水占总用水的 41%，节水灌溉面积占 32%，高效节水灌溉面积占 19%，农业用水节水空间较大。全社会水危机的意识不强，影响科学用水。在经济社会发展的过程中，人们往往忽视自然规律和水资源条件，在规划经济结构、产业布局时未妥善考虑防洪要求和水资源的承载能力。

（4）生态水系格局方面：水资源配置格局初步形成，但环境变化和突发事件应对能力有待提高

为缓解金州以南地区经济社会发展的用水紧张局面，大连先后建成了引碧入连、引英入连供水工程，将北部山区的水资源调到南部滨海地区，初步形成“北水南济”的水资源配置格局，基本保障了全市正常年份的供水。但2012年大连市的水源以境内河流为主，来水年际变化较大，现有的供水体系在特枯和连枯年份及突发事件时，应对能力不足，生活、生产供水将会受到威胁。一些地区盲目开发建设，侵占河道泄洪和调蓄空间；一些地区缺水与用水浪费、污染水资源现象并存；一些主要河流的水资源开发利用程度过高，致使下游河道断流和区域性地下水位下降，带来一系列生态环境与社会问题。因此，亟需优化水资源配置格局，调整水源组成，加强供水保障体系的建设。

7.2 大连市水生态安全评价

7.2.1 大连市水系健康评价

结合大连滨海城市水系特征，进一步构建集城市供水、水质保障、防洪减灾、景观服务、生态保护“五位一体”的城市水系生态健康评价指标体系（如表7-1所示）。在建立的城市水系生态健康评价指标体系的基础上，进行数据收集和实地调研，确定评价标准、建立评价等级，对大连市2010—2014年水系生态健康状况进行评价，得出评价诊断结果（如表7-2所示）。

表7-1 大连市水系生态健康评价指标体系

评价要素	类别	详细指标
城市供水	供水	年平均流量偏差率
		水资源开发利用率
	用水	万元GDP用水量
水质保障	河流	河流水质达标率
水质保障	海水	海水入侵面积比例
	雨水	酸雨率
	污水	污水处理率
防洪减灾	水土流失控制	林木绿化率
	排水系统	市政排水管道密度
景观服务	景观建设	湿地面积比例
生态保护	生物保护	生物丰度指数

表 7-2　2010—2014 年大连市水系生态健康评价结果

评价要素	2010 年	2011 年	2012 年	2013 年	2014 年
城市供水	3.3	3.0	4.3	4.0	2.3
水质保障	3.0	3.8	3.8	4.0	3.8
防洪减灾	3.5	3.5	3.5	3.5	3.5
景观服务	3.0	3.0	3.0	3.0	3.0
生态保护	3.0	3.0	3.0	3.0	3.0
综合评价结果	3.2	3.3	3.6	3.6	3.1

从图 7-3 可以看出，2010—2014 年大连市城市水系生态健康值在 3～4 之间（五分制），呈现 2010—2012 年上升、之后下降的趋势，健康状态方面主要呈现亚健康状态。分别从城市供水、水质保障、防洪减灾、景观服务和生态保护 5 个方面考虑，城市供水和水质保障指标变化较大，其他三项变化不显著。大连市水系生态健康状态较为不乐观，一方面，水资源短缺且开发利用难度大，大连市人均水资源量不足全国平均水平的 1/4，且水资源时空分布不均、年际变化较大，水供需矛盾突出；另一方面，水生态环境恶化，不断增加的入河排污量，使河流、水库水质较差，部分水库水质存在不同程度的超标现象。

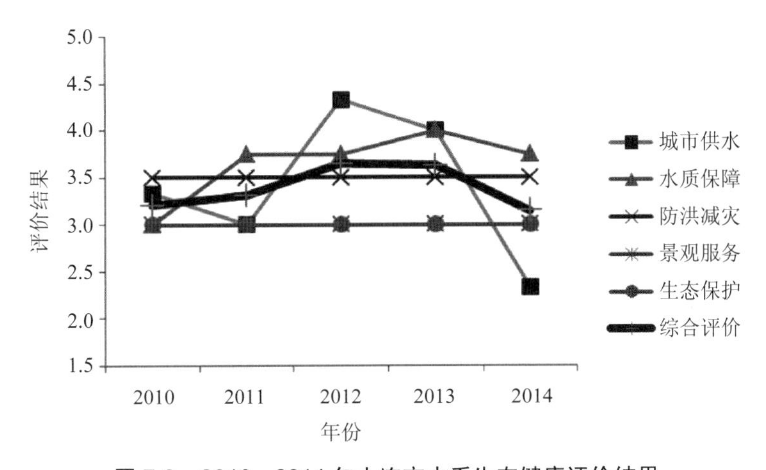

图 7-3　2010—2014 年大连市水系生态健康评价结果

对此，应分别从提高城市水量、改善水质两方面着重改善大连市水系生态健康状态。在提高水量部分，除工程调水外，可分别从外生雨水源和内生水循环两部分增加水量，提高水资源利用效率，加快非常规水资源利用技术研发及推广，包括雨水收集利用、中水回用和海水淡化技术等。在改善水质部分，需重点改善饮用水、雨水、污水水质，保障城市人居安全，提高污水处理效率，保障大连市水系生态健康。

7.2.2 大连市自然水系健康评价

大连属海洋性气候，淡水资源不足。大连市年降水量为 550～950 mm。大连市城区位于丘陵地带，土层薄，降雨时雨水下渗量少。地表径流增加快，携带大量污染物进入雨污混合排水管道，造成管道堵塞淤积，城市低洼处的雨水不能及时排除，局部受淹灾害时常发生，并且每年汛期大约有 8 500 万 m^3 的可利用雨水进入大海，造成雨水资源的浪费。随着城市化进程的加快，城市不透水面积增加，阻滞了地表水补充地下水，同时由于人们大量取用地下水，造成地下水位下降，海水入侵地下水，引起地下水污染。

监测断面布设原则：首先满足与地方常规监测断面相邻，以保证本研究测定数据能够进行历史比较研究。其次，尽可能依据上游、中游、下游在每条河流选取具有代表性的 3 个断面；尽可能依据入库、库中和库尾在水库选取具有代表性的 3 个断面。通过对大连市主要河流的水质、水量及排污口因素等进行考察，总共选取河流监测断面 23 个、水库监测断面 13 个，共计 36 个（如图 7-4 所示）。

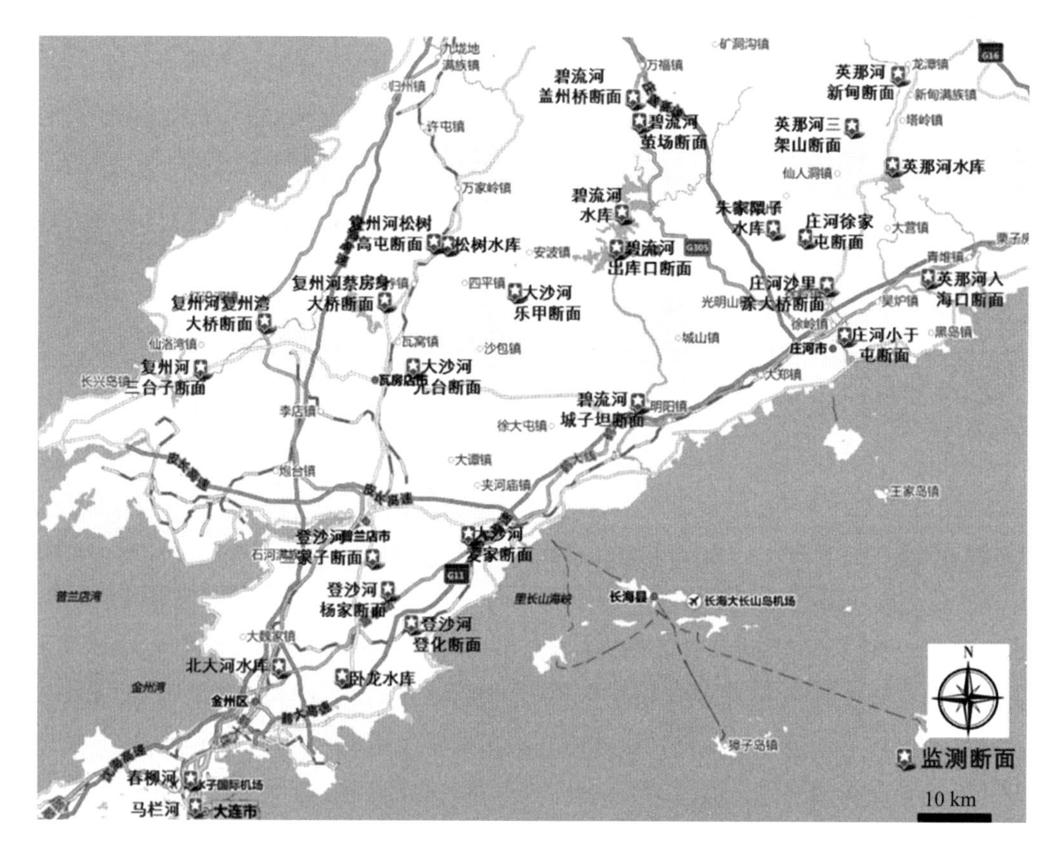

图 7-4 大连市内河流、水库调查断面示意

（1）大连市河流生态健康评价

大连市河流监测断面情况如表7-3所示，水质监测数据如表7-4所示，单因子评价结果如表7-5所示。

表7-3 大连市内河流监测断面基本情况

序号	监测断面	经纬度		样点描述
1	碧流河出库口断面	E122°29′51″	N39°48′53″	水库出库口，石板底质，岸边有沉水植物
2	碧流河盖州桥断面	E122°32′00″	N40°03′33″	中度污染，挖沙，粪臭味
3	春柳河A	E121°34′26″	N38°56′44″	城市景观排污河道，严重污染
4	春柳河B	E121°34′43″	N38°57′17″	城市景观排污河道，严重污染
5	春柳河入海口	E121°35′35″	N38°56′50″	严重污染，船厂，入海口
6	大沙河乐甲断面	E122°16′49″	N39°44′40″	水质清洁，含沙量高
7	大沙河麦家断面	E122°10′51″	N39°20′58″	轻度污染，闸坝控制水量，村落较少
8	大沙河元台断面	E122°03′37″	N39°37′21″	城市郊区河流，中度至重度污染
9	登沙河登化断面	E122°03′33″	N39°12′14″	严重污染，钢厂排污口
10	登沙河三家子断面	E121°56′09″	N39°17′42″	中度污染，村落农田，上游有排污口
11	登沙河杨家断面	E122°00′30″	N39°15′27″	中度污染，少量村落
12	复州河蔡房身大桥断面	E121°59′52″	N39°43′43″	中度污染，有放牧痕迹
13	复州河复州湾大桥断面	E121°44′18″	N39°41′39″	中度污染
14	复州河三台子断面	E121°35′57″	N39°37′06″	中度污染，城市垃圾，污水汇入
15	复州河松树高屯断面	E122°06′15″	N39°49′29″	中度至重度污染，城市河流，生物污水
16	马栏河A	E121°35′24″	N38°53′13″	严重污染
17	马栏河B	E121°34′56″	N38°53′55″	严重污染
18	英那河入海口断面	E123°10′15″	N39°46′17″	轻度污染，少量农田和村落
19	英那河三架山断面	E122°58′21″	N40°03′28″	清洁点位，少量村落外无其他污染
20	英那河新甸断面	E123°06′09″	N40°05′55″	轻度污染，少量村落
21	庄河沙里涂大桥断面	E122°57′11″	N39°45′28″	轻度污染，仅有少数人居住
22	庄河小于屯断面	E122°59′23″	N39°40′27″	严重污染，淤泥
23	庄河徐家屯断面	E122°54′29″	N39°50′04″	填埋沙石铺成的路面，水较清澈，轻度污染

表7-4 各监测断面水质评价指标实测值

监测断面	溶解氧/（mg/L）	氨氮/（mg/L）	总磷/（mg/L）	COD_{Mn}/（mg/L）	BOD_5/（mg/L）	大肠杆菌/（个/L）
碧流河出库口	9.63	0.236 6	0.022 7	3.05	1.49	32 000
碧流河盖州桥	8.98	0.461 0	0.045 7	1.31	2.02	43 800
春柳河A	5.42	5.979 7	0.391 5	5.93	4.05	189 000
春柳河B	4.42	5.711 4	0.502 5	5.59	4.86	180 000
春柳河入海口	1.26	6.212 2	0.364 9	6.45	5.15	224 000

监测断面	溶解氧/（mg/L）	氨氮/（mg/L）	总磷/（mg/L）	COD_{Mn}/（mg/L）	BOD_5/（mg/L）	大肠杆菌/（个/L）
大沙河乐甲	6.41	1.104 9	0.016 2	3.45	2.75	48 000
大沙河麦家	2.75	3.205 7	0.155 4	3.63	5.03	3 800
大沙河元台	11.93	0.194 3	0.077 2	2.11	3.51	31 200
登沙河登化	4.48	1.069 1	0.167 2	5.28	2.61	43 000
登沙河三家子	7.11	6.220 3	0.195 0	5.49	2.58	113 000
登沙河杨家	7.99	1.937 4	0.149 4	7.22	4.10	75 600
复州河蔡房身大桥	9.25	3.168 3	0.048 5	3.43	4.82	33 000
复州河复州湾大桥	16.09	1.378 0	0.097 3	5.26	3.72	21 200
复州河三台子	6.95	0.545 5	0.037 2	2.66	1.33	25 600
复州河松树高屯	10.98	0.277 2	0.028 7	3.07	3.41	2 300
马栏河 A	5.61	6.734 1	0.554 2	4.22	5.33	2 300
马栏河 B	5.65	5.527 6	0.619 1	2.18	4.63	23 800
英那河入海口	5.60	0.215 4	0.074 7	2.48	3.55	3 800
英那河三架山	8.79	0.300 0	0.018 2	1.31	0.60	28 000
英那河新甸	8.30	0.291 9	0.017 8	0.99	3.06	23 800
庄河沙里涂大桥	8.15	0.293 5	0.017 8	1.58	3.06	24 800
庄河小于屯	4.70	1.267 5	0.254 3	4.90	2.62	75 600
庄河徐家屯	7.94	0.361 8	0.018 6	1.28	0.90	23 200

表 7-5 河流水质单因子及综合评价结果

监测断面	COD_{Mn}	BOD_5	氨氮	总磷	大肠杆菌	单因子综合评价
碧流河出库口	II	I	II	II	V	V
碧流河盖州桥	I	I	II	II	劣V	劣V
春柳河 A	III	IV	劣V	V	V	劣V
春柳河 B	III	IV	劣V	劣V	IV	劣V
春柳河入海口	IV	IV	劣V	V	V	劣V
大沙河乐甲	II	I	IV	I	劣V	劣V
大沙河麦家	II	IV	劣V	III	III	劣V
大沙河元台	II	III	II	II	V	V
登沙河登化	III	I	IV	III	劣V	劣V
登沙河三家子	III	I	劣V	III	劣V	劣V
登沙河杨家	IV	IV	V	III	劣V	劣V
复州河蔡房身大桥	II	IV	劣V	II	V	劣V
复州河复州湾大桥	III	III	IV	II	V	V
复州河三台子	II	I	III	II	V	V
复州河松树高屯	II	III	II	II	III	III
马栏河 A	III	IV	劣V	劣V	III	劣V
马栏河 B	II	IV	劣V	劣V	V	劣V
英那河入海口	II	III	II	II	III	III

监测断面	COD_{Mn}	BOD_5	氨氮	总磷	大肠杆菌	单因子综合评价
英那河三架山	I	I	II	I	V	V
英那河新甸	I	III	II	I	V	V
庄河沙里涂大桥	I	III	II	I	V	V
庄河小于屯	III	I	IV	IV	劣V	劣V
庄河徐家屯	I	I	II	I	V	V

利用河流生态健康的评价方法进行评价。首先，结合各监测断面评价指标实测值及河流生态健康分级标准，初步计算出各评价样本水质状况的集对分析联系度，其结果如表7-6所示。

表7-6 各监测断面的联系度

监测断面	联系度
碧流河出库口	$\mu_1=\frac{2}{6}+\frac{3}{6}i_1+0i_2+0i_3+\frac{1}{6}j$
碧流河盖州桥	$\mu_2=\frac{3}{6}+\frac{2}{6}i_1+0i_2+0i_3+\frac{1}{6}j$
春柳河A	$\mu_3=0+0i_1+\frac{2}{6}i_2+\frac{2}{6}i_3+\frac{2}{6}j$
春柳河B	$\mu_4=0+0i_1+\frac{1}{6}i_2+\frac{2}{6}i_3+\frac{3}{6}j$
春柳河入海口	$\mu_5=0+0i_1+0i_2+\frac{3}{6}i_3+\frac{3}{6}j$
大沙河乐甲	$\mu_6=\frac{2}{6}+\frac{2}{6}i_1+0i_2+\frac{1}{6}i_3+\frac{1}{6}j$
大沙河麦家	$\mu_7=0+\frac{1}{6}i_1+\frac{2}{6}i_2+\frac{1}{6}i_3+\frac{2}{6}j$
大沙河元台	$\mu_8=\frac{1}{6}+\frac{3}{6}i_1+\frac{1}{6}i_2+0i_3+\frac{1}{6}j$
登沙河登化	$\mu_9=\frac{1}{6}+0i_1+\frac{2}{6}i_2+\frac{2}{6}i_3+\frac{1}{6}j$
登沙河三家子	$\mu_{10}=\frac{1}{6}+\frac{1}{6}i_1+\frac{2}{6}i_2+0i_3+\frac{2}{6}j$
登沙河杨家	$\mu_{11}=\frac{1}{6}+0i_1+\frac{1}{6}i_2+\frac{2}{6}i_3+\frac{2}{6}j$
复州河蔡房身大桥	$\mu_{12}=\frac{1}{6}+\frac{2}{6}i_1+0i_2+\frac{1}{6}i_3+\frac{2}{6}j$
复州河复州湾大桥	$\mu_{13}=\frac{1}{6}+\frac{1}{6}i_1+\frac{2}{6}i_2+\frac{1}{6}i_3+\frac{1}{6}j$
复州河三台子	$\mu_{14}=\frac{1}{6}+\frac{3}{6}i_1+\frac{1}{6}i_2+0i_3+\frac{1}{6}j$

监测断面	联系度
复州河松树高屯	$\mu_{15}=\frac{1}{6}+\frac{3}{6}i_1+\frac{2}{6}i_2+0i_3+0j$
马栏河 A	$\mu_{16}=0+0i_1+\frac{3}{6}i_2+\frac{1}{6}i_3+\frac{2}{6}j$
马栏河 B	$\mu_{17}=0+\frac{1}{6}i_1+\frac{1}{6}i_2+\frac{1}{6}i_3+\frac{3}{6}j$
英那河入海口	$\mu_{18}=0+\frac{3}{6}i_1+\frac{3}{6}i_2+0i_3+0j$
英那河三架山	$\mu_{19}=\frac{4}{6}+\frac{1}{6}i_1+0i_2+0i_3+\frac{1}{6}j$
英那河新甸	$\mu_{20}=\frac{3}{6}+\frac{1}{6}i_1+\frac{1}{6}i_2+0i_3+\frac{1}{6}j$
庄河沙里涂大桥	$\mu_{21}=\frac{3}{6}+\frac{1}{6}i_1+\frac{1}{6}i_2+0i_3+\frac{1}{6}j$
庄河小于屯	$\mu_{22}=\frac{1}{6}+0i_1+\frac{2}{6}i_2+\frac{2}{6}i_3+\frac{1}{6}j$
庄河徐家屯	$\mu_{23}=\frac{4}{6}+\frac{1}{6}i_1+0i_2+0i_3+\frac{1}{6}j$

根据以上评价对象的联系度表达式，可初步得知评价样本的基本生态健康状态，如样本 20 和样本 21 处于同一个等级、样本 2 优于样本 1 等。

为进一步分析评价指标的实测值与生态健康等级之间的关系，需要对各评价样本做进一步的集对分析。计算出各评价指标的实测值对生态健康等级的联系度，以样本 1（碧流河出库口监测断面）为例：

$\mu_{1,\mathrm{DO}}=1+0i_1+0i_2+0i_3+0j$， $\mu_{1,\mathrm{NH_3\text{-}N}}=0.5947+0.4053i_1+0i_2+0i_3+0j$，

$\mu_{1,\mathrm{TP}}=1+0i_1+0i_2+0i_3+0j$， $\mu_{1,\mathrm{BOD}}=0+0.9383i_1+0.0617i_2+0i_3+0j$，

$\mu_{1,\text{大肠杆菌}}=0+0i_1+0i_2+0.81i_3+0.19j$， $\mu_{1,\mathrm{COD}}=1+0i_1+0i_2+0i_3+0j$

根据熵权法计算出各评价因子的权重（如表 7-7 所示）。

表 7-7　水质指标各评价因子权重

评价指标	权重	评价指标	权重
溶解氧	0.05	COD_{Mn}	0.11
氨氮	0.28	BOD_5	0.06
总磷	0.28	大肠杆菌	0.22

最后计算出样本的综合联系度，归一化处理得到样本最终的综合联系度 $\mu_1=0.688+0.289i_1+0i_2+0i_3+0.023j$（如表 7-8 所示）。

表 7-8 各监测断面综合联系度

监测断面	综合联系度
碧流河出库口	$\mu_1 = 0.688 + 0.289i_1 + 0i_2 + 0i_3 + 0.023j$
碧流河盖州桥	$\mu_2 = 0.590 + 0.410i_1 + 0i_2 + 0i_3 + 0j$
春柳河 A	$\mu_3 = 0 + 0i_1 + 0.473i_2 + 0.111i_3 + 0.416j$
春柳河 B	$\mu_4 = 0 + 0i_1 + 0.079i_2 + 0.031i_3 + 0.890j$
春柳河入海口	$\mu_5 = 0 + 0i_1 + 0i_2 + 0.326i_3 + 0.674j$
大沙河乐甲	$\mu_6 = 0.183 + 0.195i_1 + 0i_2 + 0i_3 + 0.622j$
大沙河麦家	$\mu_7 = 0 + 0.391i_1 + 0i_2 + 0.014i_3 + 0.595j$
大沙河元台	$\mu_8 = 0.134 + 0.222i_1 + 0.375i_2 + 0i_3 + 0.269j$
登沙河登化	$\mu_9 = 0 + 0i_1 + 0.270i_2 + 0.066i_3 + 0.664j$
登沙河三家子	$\mu_{10} = 0.183 + 0.141i_1 + 0.052i_2 + 0i_3 + 0.623j$
登沙河杨家	$\mu_{11} = 0.464 + 0i_1 + 0.029i_2 + 0.364i_3 + 0.142j$
复州河蔡房身大桥	$\mu_{12} = 0.546 + 0.199i_1 + 0i_2 + 0.109i_3 + 0.146j$
复州河复州湾大桥	$\mu_{13} = 0.611 + 0.169i_1 + 0i_2 + 0.185i_3 + 0.185j$
复州河三台子	$\mu_{14} = 0.025 + 0.385i_1 + 0.218i_2 + 0i_3 + 0.372j$
复州河松树高屯	$\mu_{15} = 0.538 + 0.455i_1 + 0.007i_2 + 0i_3 + 0j$
马栏河 A	$\mu_{16} = 0 + 0i_1 + 0.306i_2 + 0.196i_3 + 0.498j$
马栏河 B	$\mu_{17} = 0 + 0.119i_1 + 0.375i_2 + 0.028i_3 + 0.478j$
英那河入海口	$\mu_{18} = 0 + 0.620i_1 + 0.380i_2 + 0i_3 + 0j$
英那河三架山	$\mu_{19} = 0.495 + 0.008i_1 + 0i_2 + 0i_3 + 0.497j$
英那河新甸	$\mu_{20} = 0.142 + 0.292i_1 + 0.038i_2 + 0i_3 + 0.528j$
庄河沙里涂大桥	$\mu_{21} = 0.771 + 0.213i_1 + 0.016i_2 + 0i_3 + 0j$
庄河小于屯	$\mu_{22} = 0 + 0i_1 + 0.251i_2 + 0.232i_3 + 0.517j$
庄河徐家屯	$\mu_{23} = 0.410 + 0.567i_1 + 0i_2 + 0i_3 + 0.023j$

置信度λ取 0.6，可得到各评价样本的水质生态健康等级（如表 7-9 所示）。

表 7-9 水质评价结果

监测断面	等级	评价
碧流河出库口	I	水质清洁
碧流河盖州桥	I	水质清洁
春柳河 A	V	严重污染
春柳河 B	V	严重污染
春柳河入海口	V	严重污染
大沙河乐甲	V	严重污染
大沙河麦家	V	严重污染
大沙河元台	III	轻微污染
登沙河登化	V	严重污染
登沙河三家子	V	严重污染
登沙河杨家	Ⅳ	中度污染
复州河蔡房身大桥	II	水质尚可
复州河复州湾大桥	I	水质清洁
复州河三台子	III	轻微污染
复州河松树高屯	II	水质尚可
马栏河 A	V	严重污染
马栏河 B	V	严重污染
英那河入海口	II	水质尚可
英那河三架山	V	严重污染
英那河新甸	V	严重污染
庄河沙里涂大桥	I	水质清洁
庄河小于屯	V	严重污染
庄河徐家屯	II	水质尚可

河流生物多样性指数赋值结果如表 7-10 所示。

表 7-10　河流生物多样性指数赋值结果

监测断面	浮游植物多样性指数	浮游动物多样性指数	底栖动物群落多样性指数	综合值
碧流河出库口	78.87	71.20	81.73	79.45
碧流河盖州桥	85.73	78.40	70.20	74.77
春柳河 A	81.47	62.60	81.47	73.35
春柳河 B	69.91	78.20	69.91	73.48
春柳河入海口	82.47	61.10	82.47	73.28
大沙河乐甲	75.56	77.60	94.53	87.84
大沙河麦家	64.44	79.10	48.80	56.93
大沙河元台	72.40	67.30	83.73	78.72
登沙河登化	82.40	64.30	100.00	90.59
登沙河三家子	88.47	80.20	78.40	80.80
登沙河杨家	83.49	70.90	85.33	82.64
复州河蔡房身大桥	93.87	77.30	74.80	79.20
复州河复州湾大桥	78.42	83.00	71.73	74.94
复州河三台子	74.60	78.90	31.60	48.20
复州河松树高屯	85.42	78.60	41.30	56.53
马栏河 A	86.07	74.40	—	81.05
马栏河 B	63.87	73.50	—	68.01
英那河入海口	83.20	69.00	53.20	62.03
英那河三架山	67.89	81.20	100.00	90.25
英那河新甸	85.29	71.80	73.33	75.60
庄河沙里涂大桥	81.80	73.00	67.73	71.53
庄河小于屯	74.20	75.10	80.00	78.00
庄河徐家屯	72.87	76.80	90.40	84.54

注：“—”为未采集到底栖动物群落。

大连市主要河流的生态健康状况评价结果如表 7-11 所示。

表 7-11 大连市主要河流生态健康状况评价结果

监测断面	总评价等级	分指标					
		生物指标		水量指标		水质指标	
		指标值	评价	指标值	评价	等级	评价
碧流河出库口	健康	79.45	生物多样性较丰富	84.27	水量充沛	Ⅰ	水质清洁
碧流河盖州桥	健康	74.77	生物多样性较丰富	84.27	水量充沛	Ⅰ	水质清洁
春柳河 A	病态	73.35	生物多样性较丰富	—	—	Ⅴ	严重污染
春柳河 B	病态	73.48	生物多样性较丰富	—	—	Ⅴ	严重污染
春柳河入海口	病态	73.28	生物多样性较丰富	—	—	Ⅴ	严重污染
大沙河乐甲	亚健康	87.84	生物多样性丰富	98.79	水量充沛	Ⅴ	严重污染
大沙河麦家	亚健康	56.93	生物多样性一般	98.79	水量充沛	Ⅴ	严重污染
大沙河元台	基本健康	78.72	生物多样性较丰富	98.79	水量充沛	Ⅲ	轻微污染
登沙河登化	亚健康	90.59	生物多样性丰富	72.96	水量尚可	Ⅴ	严重污染
登沙河三家子	亚健康	80.80	生物多样性丰富	72.96	水量尚可	Ⅴ	严重污染
登沙河杨家	亚健康	82.64	生物多样性丰富	72.96	水量尚可	Ⅳ	中度污染
复州河蔡房身大桥	健康	79.20	生物多样性较丰富	99.96	水量充沛	Ⅱ	水质尚可
复州河复州湾大桥	健康	74.94	生物多样性较丰富	99.96	水量充沛	Ⅰ	水质清洁
复州河三台子	亚健康	48.20	生物多样性一般	99.96	水量充沛	Ⅲ	轻微污染
复州河松树高屯	亚健康	56.53	生物多样性一般	99.96	水量充沛	Ⅱ	水质尚可
马栏河 A	病态	81.05	生物多样性丰富	—	—	Ⅴ	严重污染
马栏河 B	病态	68.01	生物多样性较丰富	—	—	Ⅴ	严重污染
英那河入海口	亚健康	62.03	生物多样性较丰富	51.00	水量一般	Ⅱ	水质尚可
英那河三架山	病态	90.25	生物多样性丰富	51.00	水量一般	Ⅴ	严重污染
英那河新甸	病态	75.60	生物多样性较丰富	51.00	水量一般	Ⅴ	严重污染
庄河沙里涂大桥	基本健康	71.53	生物多样性较丰富	64.00	水量尚可	Ⅰ	水质清洁
庄河小于屯	病态	78.00	生物多样性较丰富	64.00	水量尚可	Ⅴ	严重污染
庄河徐家屯	基本健康	84.54	生物多样性丰富	64.00	水量尚可	Ⅱ	水质尚可

注：“—”为无监测断面水量指标值。

（2）大连市主要水库生态健康评价

对大连市主要水库布点监测调查（如表 7-12 所示）。

表 7-12 水库监测点位

水库名称	监测点位	经度	纬度
碧流河水库	碧流河水库 A（入库）	E122°30′40″	N39°54′18″
	碧流河水库 B（库中）	E122°30′52″	N39°52′56″
	碧流河水库 C（坝前）	E122°29′30″	N39°49′21″
英那河水库	英那河水库 A（坝前）	E123°05′14″	N39°56′16″
	英那河水库 B（库中）	E123°05′53″	N39°57′01″
	英那河水库 C（入库）	E123°03′29″	N39°57′17″

水库名称	监测点位	经度	纬度
朱家隈子水库	朱家隈子水库 A（坝前）	E122°52′18″	N39°50′33″
	朱家隈子水库 B（库中）	E122°50′14″	N39°50′53″
	朱家隈子水库 C（入库）	E122°48′18″	N39°51′04″
松树水库	松树水库库边	E122°06′48″	N39°48′23″
	松树水库库中	E122°07′39″	N39°49′04″
卧龙水库	卧龙水库库边	E121°54′57″	N39°07′25″
北大河水库	北大河水库库边	E121°45′18″	N39°07′34″

1）富营养化评价

从表 7-13 水质单因子评价结果分析，大连市内主要水库监测点中，有 7 个监测点为地表水III类，3 个监测点为地表水IV类，2 个监测点为地表水V类，只有碧流河水库 A 为地表水劣V类，主要污染因子为总氮。

表 7-13　水库水质单因子及综合评价结果

监测点位	溶解氧	氨氮	总氮	总磷	COD_{Mn}	单因子综合评价
碧流河水库 A（入库）	I	II	劣V	IV	I	劣V
碧流河水库 B（库中）	II	II	V	III	I	V
碧流河水库 C（坝前）	III	II	V	III	I	V
英那河水库 A（坝前）	III	II	III	III	I	III
英那河水库 B（库中）	II	II	IV	III	I	IV
英那河水库 C（入库）	II	II	III	III	I	III
朱家隈子水库 A（坝前）	I	II	II	III	I	III
朱家隈子水库 B（库中）	II	II	II	III	I	III
朱家隈子水库 C（入库）	II	II	II	III	I	III
松树水库库边	II	II	II	IV	I	IV
松树水库库中	II	II	II	III	I	III
卧龙水库库边	III	II	II	III	I	III
北大河水库库边	I	II	III	IV	I	IV

根据中国环境监测总站《湖泊（水库）富营养化评价方法及分级技术规定》的计算公式，对大连市内主要水库富营养化水平进行计算和评价。表 7-14 反映了各水库水体富营养化水平，各水体基本上处于贫营养化，水体贫营养状态指数为 21.71～29.13，个别水体［如碧流河水库 A（入库）和朱家隈子水库 C（入库）］处于中营养化状态，水体富营养化状态指数分别为 34.34 和 30.46。总之，各水库监测点富营养化水平较低，水环境条件较好。

表 7-14　各水库富营养化状况评价

监测点位	单因子营养状态指数 TLI（j）										TLI（Σ）	营养状态
	chla	总磷	总氮	透明度	COD_{Mn}	TLI（chla）	TLI（TP）	TLI（TN）	TLI（SD）	TLI（COD）		
碧流河水库 A（入库）	0.011 5	0.058 2	2.110 7	0.75	6.192 0	−23.461 4	48.173 35	67.184 16	56.761 03	49.606 90	34.34	中营养
碧流河水库 B（库中）	0.006 8	0.041 6	1.741 8	1.20	3.027 2	−29.169 1	42.740 54	63.930 36	47.642 96	30.564 25	26.05	贫营养
碧流河水库 C（坝前）	0.007 2	0.026 7	1.910 9	1.25	2.559 4	−28.630 3	35.530 17	65.499 56	46.851 02	26.096 94	24.16	贫营养
英那河水库 A（坝前）	0.006 0	0.031 6	0.922 1	1.50	2.793 3	−30.615 1	38.235 58	53.156 71	43.313 98	28.424 23	21.71	贫营养
英那河水库 B（库中）	0.006 9	0.034 4	1.460 0	1.20	2.105 3	−29.116 1	39.627 86	60.941 19	47.642 96	20.899 77	23.18	贫营养
英那河水库 C（入库）	0.009 7	0.036 4	0.635 2	1.30	2.614 4	−25.373 4	40.554 00	46.843 59	46.090 13	26.663 13	22.59	贫营养
朱家隈子水库 A（坝前）	0.005 4	0.035 2	0.240 8	0.40	3.784 0	−31.736 6	40.004 68	30.409 52	68.956 04	36.502 10	23.85	贫营养
朱家隈子水库 B（库中）	0.031 3	0.042 1	0.266 4	0.55	4.169 3	−12.628 9	42.897 15	32.122 09	62.778 04	39.082 25	29.13	贫营养
朱家隈子水库 C（入库）	0.037 8	0.035 6	0.286 9	0.25	2.917 1	−10.578 0	40.189 85	33.377 48	78.074 11	29.578 58	30.46	中营养
松树水库库边	0.049 0	0.057 4	0.338 1	0.75	2.724 5	−7.746 8	47.946 53	36.160 77	56.761 03	27.760 61	28.92	贫营养
松树水库库中	0.039 1	0.044 5	0.338 1	0.70	1.823 2	−10.204 9	43.806 34	36.160 77	58.099 49	17.071 79	25.77	贫营养
卧龙水库库边	0.015 9	0.047 3	0.374 0	—	3.839	−19.998 6	44.806 48	37.868 40	—	36.886 37	—	—
北大河水库库边	0.061 7	0.052 9	0.696 7	—	3.536 3	−5.253 4	46.639 02	48.408 40	—	34.700 74	—	—

2）浮游植物评价

浮游植物物种数在北大河水库库边、朱家隈子水库B（库中）最高，为25种。大连市内水库浮游植物的多样性指数评价结果显示，全部监测点位状况呈现中度污染（8个，61.5%），清洁点位仅有2个（15.4%），轻度污染点位有3个（23.1%）。以浮游植物作为评价工具，并未有重污染和严重污染的点位出现（如表7-15所示）。

表7-15 各水库浮游植物物种数、多样性指数及评价结果

监测点位	物种数/种	*H'*		*E*		*M*		综合评价结果
		指数值	评价结果	指数值	评价结果	指数值	评价结果	
碧流河水库A（入库）	21	2.23	β-中污型	0.73	轻污型	3.14	寡污型	轻污型
碧流河水库B（库中）	23	2.25	β-中污型	0.73	轻污型	2.91	β-中污型	中污型
碧流河水库C（坝前）	20	2.48	β-中污型	0.84	清洁	2.69	β-中污型	轻污型
英那河水库A坝前	17	1.92	α-中污型	0.68	轻污型	2.54	α-中污型	中污型
英那河水库B（库中）	15	2.15	β-中污型	0.79	轻污型	2.32	β-中污型	中污型
英那河水库C（入库）	19	2.08	β-中污型	0.71	轻污型	2.51	β-中污型	中污型
朱家隈子水库A（坝前）	19	2.20	β-中污型	0.75	轻污型	2.56	β-中污型	中污型
朱家隈子水库B（库中）	25	2.41	β-中污型	0.76	轻污型	3.29	寡污型	轻污型
朱家隈子水库C（入库）	15	2.09	β-中污型	0.77	轻污型	2.34	β-中污型	中污型
松树水库库边	20	1.69	α-中污型	0.57	轻污型	2.21	β-中污型	中污型
松树水库库中	21	1.82	α-中污型	0.60	轻污型	2.58	β-中污型	中污型
卧龙水库库边	23	2.51	β-中污型	0.80	清洁	3.24	寡污型	清洁
北大河水库库边	25	2.75	β-中污型	0.85	清洁	3.46	寡污型	清洁

3）浮游动物评价

浮游动物物种数在北大河水库库边最高，为12种；在英那河水库B（库中）和松树水库库边最低，都为5种；多样性指数同物种丰富度有一定的相似性，表现为在清洁点位的物种丰富度较高（如表7-16所示）。例如，北大河水库库边的*H'*指数值最高（2.31），*M*指数值也很高（10.11），而物种数为12种，表明若以浮游动物评价，北大河水库的水质状况是全区域最好的。

表7-16 各水库浮游动物物种数、多样性指数及评价结果

监测点位	物种数/种	*H'*		*M*		综合评价结果
		指数值	评价结果	指数值	评价结果	
碧流河水库A（入库）	9	2.09	β-中污型	8.71	清洁	轻污型
碧流河水库B（库中）	9	1.78	α-中污型	10.41	清洁	轻污型

监测点位	物种数/种	H′		M		综合评价结果
		指数值	评价结果	指数值	评价结果	
碧流河水库 C（坝前）	6	0.95	严重污染	10.19	清洁	中污型
英那河水库 A（坝前）	8	1.73	α-中污型	9.26	清洁	轻污型
英那河水库 B（库中）	5	1.02	α-中污型	9.76	清洁	轻污型
英那河水库 C（入库）	8	1.72	α-中污型	8.19	清洁	轻污型
朱家隈子水库 A（坝前）	10	1.83	α-中污型	9.24	清洁	轻污型
朱家隈子水库 B（库中）	9	1.85	α-中污型	9.08	清洁	轻污型
朱家隈子水库 C（入库）	6	1.09	α-中污型	9.76	清洁	轻污型
松树水库库边	5	0.99	严重污染	9.88	清洁	中污型
松树水库库中	10	1.89	α-中污型	7.84	清洁	轻污型
卧龙水库库边	8	1.71	α-中污型	9.05	清洁	轻污型
北大河水库库边	12	2.31	β-中污型	10.11	清洁	轻污型

4）大型底栖动物评价

大连市内主要水库的大型底栖动物物种数普遍较低（如表 7-17 所示），物种数低于 2 的点位有碧流河水库 C（坝前）和英那河水库 C（入库），而在卧龙水库和北大河水库均未采集到大型底栖动物。

表 7-17　各水库大型底栖动物物种数、多样性指数及评价结果

监测点位	物种数/种	H′		E		M		综合评价结果
		指数值	评价结果	指数值	评价结果	指数值	评价结果	
碧流河水库 A（入库）	2	0.97	严重污染	0.97	清洁	0.22	严重污染	严重污染
碧流河水库 B（库中）	6	1.03	重污型	0.40	中污型	1.23	重污型	重污型
碧流河水库 C（坝前）	1	0	严重污染		—		—	严重污染
英那河水库 A（坝前）	2	0.31	严重污染	0.31	中污型	0.35	严重污染	严重污染
英那河水库 B（库中）	2	0.31	严重污染	0.31	中污型	0.35	严重污染	严重污染
英那河水库 C（入库）	1	0	严重污染		—		—	严重污染
朱家隈子水库 A（坝前）	2	0.35	严重污染	0.35	中污型	0.26	严重污染	严重污染
朱家隈子水库 B（库中）	2	0.64	严重污染	0.64	轻污型	0.29	严重污染	严重污染
朱家隈子水库 C（入库）	3	1.50	重污型	0.95	清洁	1.44	重污型	严重污染
松树水库库边	6	2.40	中污型	0.93	清洁	2.01	中污型	中污型
松树水库库中	2	1.00	严重污染	1.00	清洁	0.72	重污型	重污型
卧龙水库库边								
北大河水库库边								

注：“—”表示无评价结果。

大连市内水库大型底栖动物的多样性综合评价结果显示，全部监测断面无清洁点位。通过优势度指数筛选出来的优势物种在以上点位也均是出现频率和数量相对较多的。其中，优势物种主要以中等耐污的物种［例如细蜉属一种（*Caetis* sp.）、纹石蛾、斑点小划蝽］和重度耐污种霍甫水丝蚓为代表。重污染和严重污染的断面占了一半以上，优势物种则以耐污能力强的摇蚊幼虫（黄色羽摇蚊）、寡毛类水丝蚓（霍甫水丝蚓和苏氏尾鳃蚓）为主，以及中度耐污的卵萝卜螺（*Radix ovata*）。库区由于水质持续恶化，水深引起底栖动物关键清洁指示物种（蜉蝣目、毛翅目水生昆虫）的栖息地丧失而导致库区的大型底栖动物群落组成单一化，主要表现为对环境干扰耐受性最强的摇蚊幼虫和水栖寡毛类物种以及某些软体动物成为库区大型底栖动物的绝对优势类群。此类物种由于对水质不敏感，且耐低氧能力强，因此是存在于有机污染严重的河段和库区断面的重要指示物种。

5）生态健康综合评价

综合以上单因子评价结果，分别对水质、浮游植物、浮游动物进行赋值（分别分五级），通过平均计算，得到水库生态健康评价结果（如表7-18所示）。

表7-18 各水库生态健康综合评价结果

监测点位	水质	浮游植物	浮游动物	底栖动物	生态健康评价结果
碧流河水库A（入库）	劣V	轻污型	轻污型	严重污染	病态
碧流河水库B（库中）	V	中污型	轻污型	重污型	亚健康
碧流河水库C（坝前）	V	轻污型	中污型	严重污染	病态
英那河水库A（坝前）	III	中污型	中污型	严重污染	亚健康
英那河水库B（库中）	IV	中污型	轻污型	严重污染	亚健康
英那河水库C（入库）	III	清洁	轻污型	严重污染	亚健康
朱家隈子水库A（坝前）	III	中污型	轻污型	严重污染	基本健康
朱家隈子水库B（库中）	III	中污型	轻污型	严重污染	亚健康
朱家隈子水库C（入库）	III	中污型	轻污型	严重污染	亚健康
松树水库库边	IV	中污型	轻污型	中污型	亚健康
松树水库库中	III	轻污型	轻污型	重污型	基本建康
卧龙水库库边	III	中污型	轻污型		基本健康
北大河水库库边	IV	清洁	轻污型		基本健康

7.2.3 基于人群安全感知的大连市水安全评价

基于人群安全感知对大连市进行城市水安全综合评价。该部分包括案例区概况与数据收集、评价指标筛选与指标体系建立、数据处理与精神安全系数量化方法和水安全评价模型的应用。

在经济发展方面，大连市目前面临着东北老工业基地振兴及辽宁沿海经济开放的双重机遇与挑战，经济发展迅速。2013 年，大连市被水利部确定为全国水生态文明建设试点城市，成为全国唯一的水务现代化试点、节水型社会建设试点和水生态文明建设试点“三试点”城市。然而，在水资源利用方面，大连市属于典型的资源型缺水城市，其水资源严重短缺，多年人均水资源量不足全国平均水平的 1/4。为实现大连市经济社会发展总体规划，加快建设生态文明城市，迫切要求对城市水安全问题进行深入研究，全面保障供水安全、防洪安全、生态安全，构筑人水和谐的生态环境，为经济社会现代化提供有力支撑和保障。通过实地调研、部门访谈、文献查阅及进行生态实验等方式，获得大连市近几年水资源量、水质污染状况及洪涝灾害情况现状及基本数据。通过实地调查问卷获得大连市水资源量、水质及洪涝灾害具体现状数值，人群涉水安全评价指标体系权重，以及人群对城市水量、水质及涉水风险的心理安全感标准。

该部分基于大连市数据开展城市水安全评价的实证研究，具体如下。

（1）指标体系构建

参考基于人群安全感知的城市水安全评价指标体系，结合大连当地地域特色、水资源现状及数据可得性、可量化性，构建一套大连市水安全评价指标体系（如表 7-19 所示），选取 2010—2012 年指标值进行基于人群安全感知的大连市水安全评价。

表 7-19　基于人群安全感知的大连市水安全评价指标体系

目标层	准则层	指标层
基于人群安全感知的城市水安全	水量	人均水资源量
		水资源利用率
		其他水源供应占供水总量的比例
		再生水利用率
		用水普及率
	水质	饮用水水源地水质达标率
		III类及以上河流长度所占比例
		Ⅳ类及以上地下水井所占比例
		海水入侵面积比例
		污水处理率
	涉水风险	洪涝受灾人口比例
		年末水库蓄水量占水资源供应比例

（2）权重确定及数据标准化

通过调查问卷获得大连市人群心中的水量、水质及涉水风险三个层面的重要性比例，结合层次分析法确定具体指标权重，并对指标值进行离差标准化处理。在调查问卷中，设置问题“以下关于水安全的三个层面，您认为哪项对城市的水安全状态更具重要性，水量、水质还是涉水风险？”对此问题，发现被调查者中60%选择水质指标，各有20%的人分别选择水量指标和涉水风险指标，统计后将该选择比例作为城市水安全评价中水量、水质和涉水风险三个层面的权重（分别为0.20、0.60、0.20）。

（3）精神安全系数量化

本研究加入城市人群安全感知的评价，主要是通过实地问卷调查获得大连城市人群对目前水安全状态的满意度及自身可以接受的城市水安全数值，将两者的比值作为精神安全系数纳入大连市水安全评价结果中。将调查问卷分为三部分：第一部分为基本信息调查，明确接受问卷调查者所在市区及个人年龄、教育状况等；第二部分为水安全现状调查，该部分旨在获得城市居民心中水量、水质及涉水风险三方面的重要性，及目前人群所处环境中水量、水质及涉水风险三方面的具体现状数值，如居民生活用水量、水质异常程度、洪涝灾害程度等；第三部分即为精神安全标准调查，该部分针对第二部分现状调查，分别从水量、水质及涉水风险三方面选取具体指标将发生程度划分等级，请接受问卷调查者从中筛选出能满足自身精神安全感知的具体数值。

设计调查问卷时，按照问卷设计基本要求，参考相关研究并遵循数据可得性原则，对分别在城市水量、水质及涉水风险方面占重要作用，且可以直接体现城市人群安全感知的指标进行重点筛选，该指标要使接受问卷调查者对其有直观感受、易于量化。本研究选取的指标如下：水量方面用“人均生活用水量”；水质方面用“生活用水水质异常发生频率及程度”；涉水风险方面用“城市内涝频率及危害程度”等。在水量、水质及涉水风险三方面，对分别选取的3个重点指标适当划分发生状况的不同等级，便于接受问卷调查者筛选符合自身心理安全感知标准的级别，进而获得城市人群认为可以接受、符合其精神上的安全感知的具体水量、水质达标情况及涉水风险发生情况标准。

精神安全系数旨在更好地反映人群的水安全现状感知与水安全状态认可度之间的差异，用两者的比值量化核算，用 F 表示。鉴于水安全指标包括水量、水质和涉水风险多个层面，且不同层面上人群对水安全感知状态存在差异，因此本研究将精神安全系数细化为人群对水量、水质及涉水风险三个方面的精神安全系数，分别用 F_{qt}、F_{ql}、F_{r} 来表示。核算方面，水量精神安全系数为实际月均家庭生活用水量与居民满意的月均家庭生活用水量最低值之间的比值，水质精神安全系数为生活用水水质满意度与居民满意的生活用水水质最低值之间的比值，涉水风险精神安全系数为居民可以接受的月均内涝次数最大值与实际月均内涝次数之间的比值。精神安全系数为正数，始终大于0，但因比值的大小，数值可能大于1、小于1或等于1。

当 F=1 时，意味着选取指标的实际水安全现状正好可以满足人群的精神安全需求，此刻为平衡状态。

当 $F>1$ 时，意味着选取指标的实际水安全现状可以满足并且超过了人群的精神安全需求，基于人群安全感知的水安全评价结果超过客观的现状评价。

当 $F<1$ 时，意味着选取指标的实际水安全现状尚不能满足人群的精神安全需求，基于人群安全感知的水安全评价结果低于客观的现状评价。

（4）基于人群安全感知的城市水安全综合评价

运用统计学方法将调查问卷所得结果进行统计分析，量化精神安全系数，并结合计算公式及具体评价等级划分，对大连市水安全进行综合评价，获得时间尺度上基于人群安全感知的大连市水安全变化趋势。

基于人群安全感知的大连市水安全评价计算公式如下。

$$W_{\mathrm{qt}} = F_{\mathrm{qt}}\sum_{j=1}^{5} V_j R_j \tag{7-1}$$

$$W_{\mathrm{ql}} = F_{\mathrm{ql}}\sum_{j=6}^{10} V_j R_j \tag{7-2}$$

$$W_{\mathrm{r}} = F_{\mathrm{r}}\sum_{j=11}^{12} V_j R_j \tag{7-3}$$

$$\mathrm{UWS}' = \alpha\sum_{j=1}^{5} V_j R_j + \beta\sum_{j=6}^{10} V_j R_j + \gamma\sum_{j=11}^{12} V_j R_j \tag{7-4}$$

$$\mathrm{UWS} = \alpha W_{\mathrm{qt}} + \beta W_{\mathrm{ql}} + \gamma W_{\mathrm{r}} \tag{7-5}$$

式中：W_{qt}、W_{ql} 和 W_{r} —— 水量评价值、水质评价值和涉水风险评价值；

V_j —— 第 j 个水安全评价指标的标准化数值；

R_j —— 第 j 个水安全评价指标的权重；

F_{qt}、F_{ql} 和 F_{r} —— 水量、水质和涉水风险方面的精神安全系数；

α、β、γ —— 水量、水质和涉水风险方面的权重；

UWS′ —— 未考虑城市人群安全感知的城市水安全评价结果值；

UWS —— 基于人群安全感知的城市水安全评价结果值。

大连市水安全评价等级划分如表 7-20 所示。

表 7-20 大连市水安全评价等级划分

评价等级	评价值	评价等级	评价值
非常不安全	[0，0.2)	较安全	[0.6，0.8)
较不安全	[0.2，0.4)	非常安全	[0.8，1.0]
基本安全	[0.4，0.6)		

根据以上研究方法、公式及调查问卷统计量化结果，得到精神安全系数值及 2010—

2012 年大连市水安全评价结果（如表 7-21、图 7-5 所示）。

表 7-21　大连市精神安全系数

项目	数值	项目	数值
F_{qt}	0.49	F_{r}	0.42
F_{ql}	0.95		

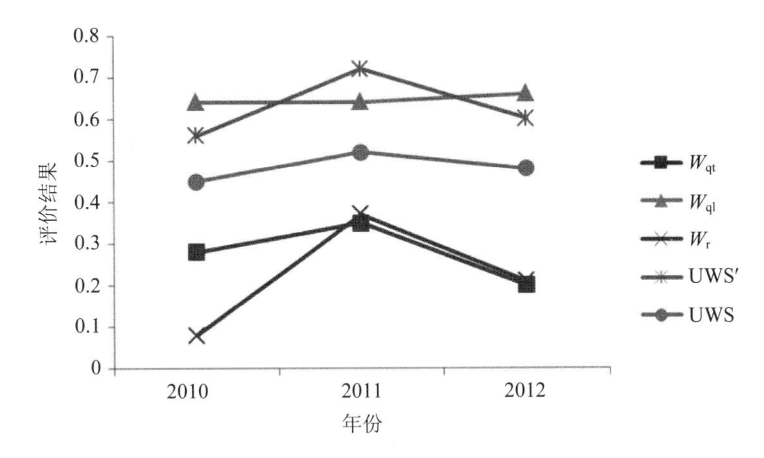

图 7-5　2010—2012 年大连市水安全评价结果

表 7-21 显示，无论是从水量、水质还是涉水风险层面，大连市居民的水安全精神系数 $F<1$，即大连市居民普遍认为目前城市中的水安全状态尚未达到其心理预期，均在一定程度上未能满足其精神需求。相比之下，水质层面的精神安全系数 $F_{ql}=0.95$，即城市的客观水质安全状态与城市人群的心理需求之间的差异不是很大。而水量层面和涉水风险层面的精神安全系数均小于 0.5，表明就大连市人群的水安全感知而言，大连市在水量短缺和旱涝灾害方面存在较大问题，这应该与大连市年降水量分布不均、供需平衡状态不够稳定、旱涝灾害频繁发生且 2012 年大连市局部地区遭遇强降雨导致严重的洪涝灾害有一定的关系。

图 7-5 为 2010—2012 年大连市水安全评价结果，显示了未考虑城市人群安全感知和综合考虑人群安全感知的对比评价结果，及水量、水质和涉水风险三个层面的评价结果。结果表明，未考虑城市人群安全感知进行的水安全评价中，2010 年大连市水安全状态为基本安全，2011 年和 2012 年为较安全状态，而将精神安全系数纳入的综合评价结果显示，2010—2012 年大连市水安全评价值均有所减小，仅为基本安全状态。波动趋势方面，除水质层面外，其他分指标及综合评价结果均显示了 2010—2012 年数值先增高再降低的变化。

从大连市水安全状态的评价结果可以看出，大连市人群对城市水安全状态有着更高的心理预期，目前的客观状态尚不能满足其对此的精神需求，且无论是客观的指标评价还是纳入城市人群安全感知的综合评价结果均有很大的改善空间。水量、水质和涉水风险三个层面相比较而言，水量短缺、供需矛盾问题及洪涝灾害问题较大，城市水环境水质也仍需改善。在提高水量部分，除工程调水外，可分别从外生雨水源和内生水循环两部分增加水量，提高水资源利用效率，加快非常规水资源利用技术研发及推广，包括雨水收集利用、中水回用和海水淡化技术等。在改善水质部分，需重点改善饮用水、雨水、污水水质，保障城市人居安全，提高污水处理效率，保障大连市水生态系统健康。针对城市洪涝灾害问题，除改善城市管网系统、加强相关灾害预测预警外，需重点推进城市低影响开发建设，改善当地生态环境，缓解城市内涝问题，保障城市居民水环境安全。

7.2.4 大连市水生态可持续发展评价

（1）水生态足迹和水生态承载力计算

对大连市 2001—2011 年水生态足迹和水生态承载力进行计算分析。大连市水生态足迹和生态承载力计算结果如表 7-22 所示。从水生态足迹角度来看，2001—2011 年，大连市的人均城市水生态足迹表现为先上升后下降，其中 2006 年是主要分隔点。从城市水生态足迹的各组成部分来看，城市水资源生态足迹呈逐年递增趋势，表明随着城市人口增加和产业发展，城市水资源需求量也不断增加；城市水污染生态足迹整体上为波动递减的趋势，一方面源于城市污水排放总量的控制，2007—2010 年大连市城市污水年排放量控制在 3 亿 t 以内；另一方面原因是城市污水处理能力提升，大连市污水年处理量从 2001 年的 1.93 亿 t 提升到 2010 年的 2.55 亿 t。从水生态承载力角度来看，大连市的人均水生态承载力很低，且波动性很大，主要是由于城市水资源量不足且不稳定，尤其是 2002 年发生了特大干旱，全市平均年降水量仅 405.3 mm，致使其水资源量仅为 6.35 亿 m^3，是 1992—2002 年大连年均水资源量的 1/4。

表 7-22 大连市水生态足迹和水生态承载力（2001—2011 年） 单位：hm^2

年份	EF_{wr}	EF_{wc}	EF	EC_w
2001	0.224	0.289	0.513	0.246
2002	0.240	0.296	0.536	0.068
2003	0.241	0.155	0.397	0.130
2004	0.272	0.130	0.402	0.284
2005	0.290	0.326	0.616	0.410
2006	0.280	0.331	0.611	0.217
2007	0.281	0.121	0.402	0.292
2008	0.305	0.118	0.423	0.185
2009	0.336	0.239	0.575	0.128
2010	0.359	0.102	0.461	0.348
2011	0.391	0.059	0.450	0.333

（2）大连市水生态可持续发展评价与预测

计算大连市2001—2011年水生态可持续指数，结果如图7-6所示。2001—2011年，大连市水生态整体处于不可持续发展状态，在2002年、2003年、2006年和2009年等年份，其不可持续状态尤为明显。

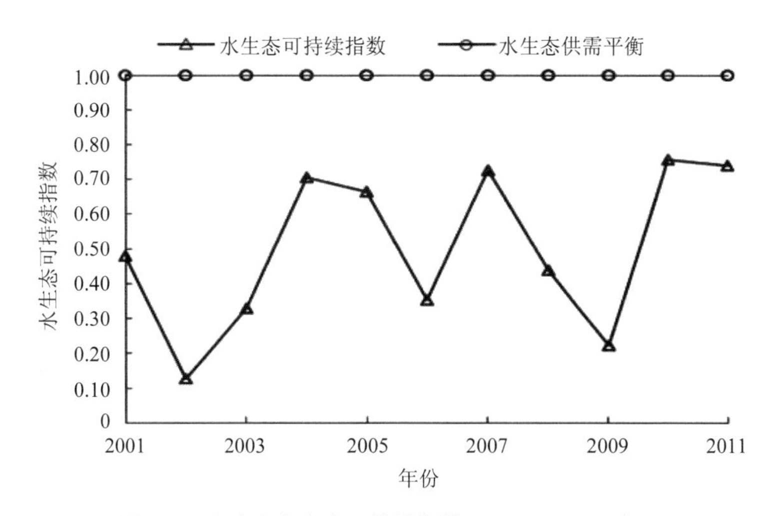

图7-6　大连市水生态可持续指数（2001—2011年）

本研究采用自回归移动平均（ARIMA）模型对2015—2019年大连市水生态可持续性进行预测分析。分别建立城镇用水总量的ARIMA（1，1，1）模型、城市污水排放量的ARIMA（5, 1, 5）模型，并以2.4%的年人口增长率推算大连市2015—2019年的城镇人口数量，预测2015—2019年的大连水生态足迹和水生态承载力（如图7-7所示）。

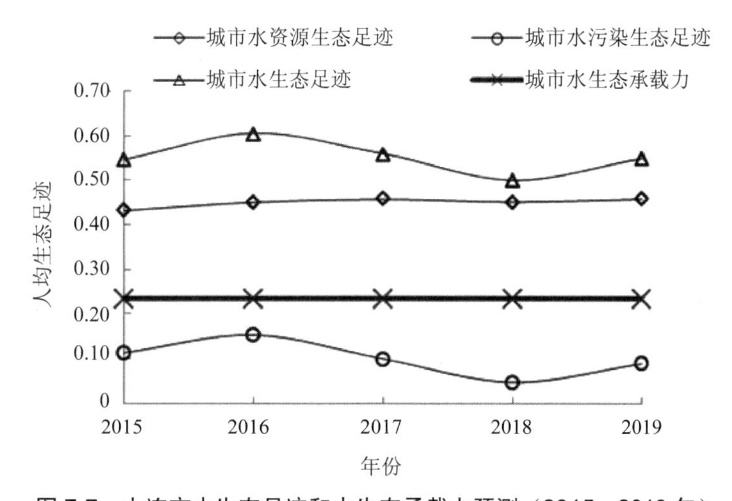

图7-7　大连市水生态足迹和水生态承载力预测（2015—2019年）

从以上预测结果来看，2015—2019 年，大连市水资源生态足迹仍有所增加，但上升趋势平缓，城市水污染生态足迹在一定程度上呈下降趋势。大连市各年份降雨不均，因此库区城市水源地水供给量波动性较大。但若以大连市的年均水资源量进行估算，城市人均水生态承载力仅为 0.235 hm^2，远低于其城市发展的水资源需求，城市水生态将仍处于不可持续发展态势。以年均城市水生态承载力与水生态足迹差值估算，若使城市水生态可持续指数为 1，即实现城市水生态可持续的供需平衡，大连市仍需 13.09 亿 t 水，这与《大连市水资源可持续利用综合规划》中的分析也较为一致。

7.3 大连市水资源优化配置

大连市的水资源供应主要来自地表水。根据大连市的统计资料，地表水占据了超过 70%的水资源供应。其次为地下水。大连市的地表水资源主要来自碧流河、英那河、庄河和复州河。另外，大连市地表水资源供应系统中，水库发挥了重要的运输中转功能。大连市的碧流河水库、英那河水库、朱家偎子水库、转角楼水库、刘大水库、松树水库、东风水库以及承担大连市外调水的大伙房水库共同组成了大连市水资源供应系统（如图 7-8 所示）。

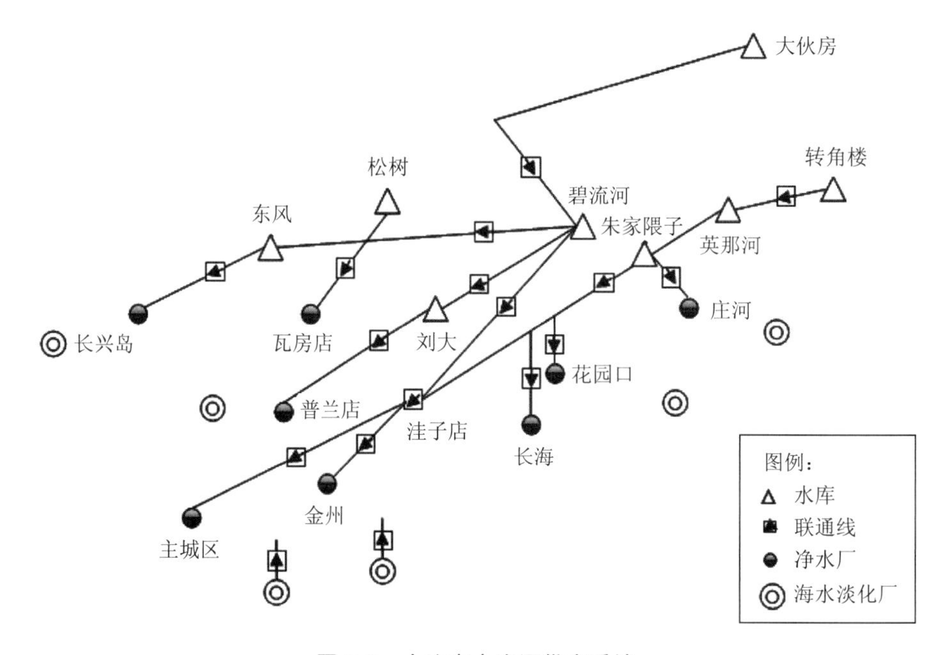

图 7-8　大连市水资源供应系统

为了缓解大连市水资源短缺问题，主要有两种解决途径：一是开源节流，建立节水型社会；二是对有限的水资源进行优化配置，加强水资源的统一规划与管理，使有限的水资源得到充分的利用。第一种方法有一定的条件限制，需要大量资金的投入，以及该方法发挥的效果较为滞后。如果运用优化管理技术，采用第二种途径，改变传统的管理模式和方法，使水资源在工程设施不变的条件下，得到最有效的分配，促进社会经济的协调发展，比较适合像大连这样水资源短缺的城市。基于此，本研究将优化管理模型应用于城市水资源供应系统之中，该优化配置立足于城市可持续发展，以城市产业规划、城市水资源规划为指导思想，通过运用系统分析理论与不确定的优化管理技术，将生命周期分析技术引入城市的水资源供应系统之中，提出以地表水水资源优化管理为主、淡化水和回用水优化管理为辅的综合管理模式，将有限的水资源在大连市的各辖区进行最优分配。

7.3.1 大连市水资源供应系统生命周期评估

大连市水资源供应系统的系统边界如图 7-9 所示。系统边界主要包括以下内容：①水资源运输过程；②净水厂处理过程；③污水处理厂处理污水过程；④污水回收利用过程；⑤海水淡化过程。

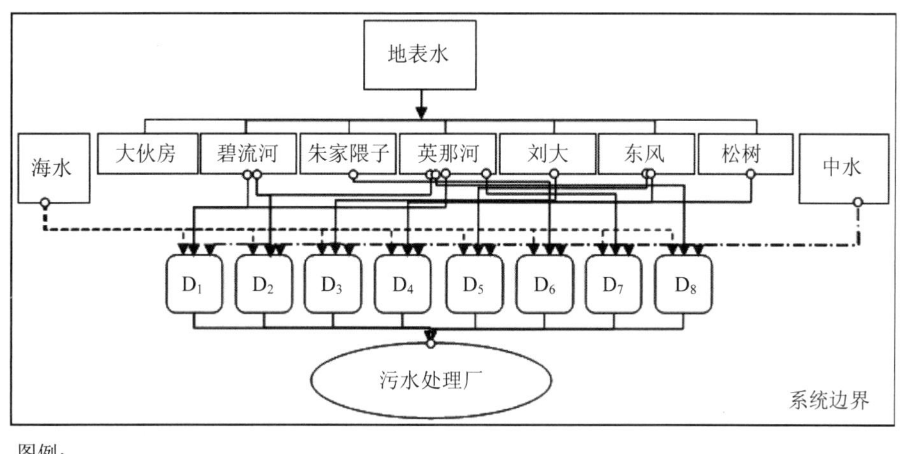

图例：
→ - - → - · → 水资源供应 □ 水源 ▢ 用水方 ○ 能源供应

D_1——城区；D_2——金州；D_3——普兰店；D_4——瓦房店；D_5——长兴岛；D_6——庄河；
D_7——花园口经济开发区；D_8——长海

图 7-9 大连市水资源供应系统的系统边界

大连市水资源供应系统主要受到未来的人口、经济和环境等多要素不确定的影响，为使研究结果更能体现水资源供应系统的不确定性，本研究结合生命周期不确定分析和模糊数学的方法，综合评估大连市水资源供应系统的不确定性。

7.3.2 大连市水资源供应优化管理研究

本研究提出了一种模糊区间二阶段优化模型（fuzzy inexact two-stage programming），并将此模型与不确定分析和生命周期分析方法相结合，用以识别大连市水资源低碳分配策略。

大连市水资源管理系统低碳设计方法有助于提升城市应对水资源供给和需求的不确定变化，并针对水资源管理系统的环境影响提出适宜的水资源分配方案，体现在以下三个方面。

①可提升生命周期分析研究中对不确定参数的反映能力。传统的生命周期评价研究的结果仅仅反映水资源消费过程中环境影响的大小。生命周期清单数据的不确定性以及来水量的波动变化会导致生命周期评价结果不能延续到水资源实际管理规划之中。本研究所提出的方法能够系统和有效地处理水资源管理决策过程中的不确定参数。

②本研究能够将水资源消费过程中的环境影响纳入水资源分配优化管理模型之中，使分配水资源时能够充分考虑对环境造成的影响。以往的研究主要将系统的经济效益最大化作为优化管理的目标，而很少强调环境影响最小化目标。通过引入生命周期分析和优化方法模型，本研究的方法能够在环境影响最小化的目标下寻求最优的水资源方案。

③本研究考虑了大连市未来水资源规划，并将大连市本地供水和外地调水目标纳入优化管理模型之中，在满足大连市本地水资源规划的前提下寻求最优的水资源低碳分配策略。

经过求解模型可以得到第二阶段水资源分配方案（如表 7-23 所示）。q 代表不同的降水概率。大连市 2015 年、2020 年和 2030 年水资源供应系统的环境影响如图 7-10 所示。研究发现，随着时间的推移，大连市水资源供应系统的环境影响逐渐增大。庄河市和大连城区将成为水资源供应系统环境影响较大的区域。主要原因是上述区域为人口相对集中、产业活动相对频繁的区域。所以，在水资源管理和优化的基础上，应合理引导、疏导经济和人口的发展，引导居民和企业节约用水，进而可不断减少水资源供应系统对环境的影响。

表 7-23 第二阶段水资源分配方案 单位：10^6 m^3

区域	年份	$q=20\%$	$q=55\%$	q 为 20%～55%
D1.1	2015	0	0	0
	2020	0	0	0
	2030	0	0	0

区域	年份	$q = 20\%$	$q = 55\%$	q 为 20%～55%
D1.2	2015	0	[0，46.2]	27.4
	2020	0	[0，66]	123
	2030	0	[0，413]	413
D2.1	2015	0	0	0
	2020	0	0	0
	2030	0	0	0
D2.2	2015	0	0	0
	2020	0	[0，67.5]	0
	2030	0	[0，67.5]	36
D3	2015	[0，104]	[99，146]	141
	2020	[0，108]	[102，150]	144
	2030	[0，125]	[119，167]	161
D4.1	2015	0	[0，5]	0
	2020	[0，2]	[0，65]	61
	2030	[0，5]	[0，68]	63
D4.2	2015	0	[0，85]	85
	2020	[0，4]	[0，59]	59
	2030	[0，76]	[71，89]	89
D5	2015	0	[0，41]	38
	2020	0	[0，73]	69
	2030	0	[0，115]	110
D6	2015	[0，127]	[119，204]	196
	2020	[0，168]	[159，245]	236
	2030	[0，248]	[237，325]	314
D7	2015	0	0	0
	2020	0	0	0
	2030	0	0	0
D8	2015	0	0	0
	2020	0	[0，9.61]	0
	2030	0	[0，13.4]	0
总计	2015	[0，231]	[218，527]	487
	2020	[0，282]	[261，735]	692
	2030	[0，454]	[427，1 240]	1 190

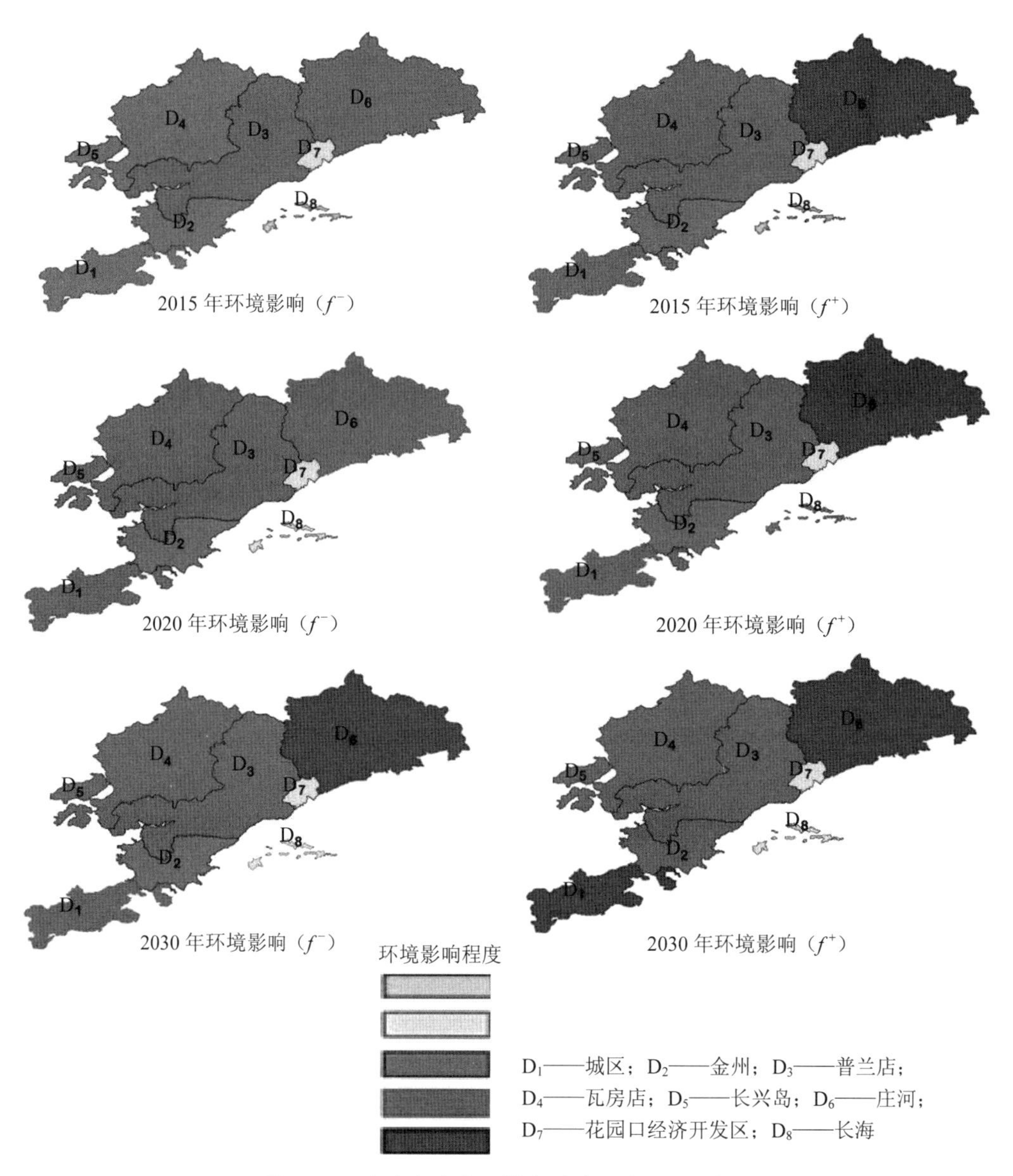

图 7-10　大连市水资源供应系统环境影响分布

通过将优化模型方法和不确定分析方法引入生命周期评价框架之中，本研究弥补了传统生命周期评价方法在不确定分析和决策支持方面的不足，具体体现在以下三个方面：①可评估产品和服务多层面的环境影响；②可提供更为强健的决策支持；③可评价产品和服务的环境影响及决策判断过程中的不确定性。具体来说，通过模糊集、概率密度函数以及区间数等数学方法，本研究可分析城市水资源系统生命周期评价过程中的不确定特征，进而评估系统的环境影响。具体来说，生命周期分析和二阶段随机优化管理模型可用于解决不确定条件下城市水资源管理系统的最优分配问题。通过区间数、模糊集以及蒙特卡洛模拟等方法，基于生命周期分析和二阶段优化管理模型可优化不确定条件下的水资源分配。通过将本研究方法应用于我国典型水资源短缺城市大连市，本研究所提出的方法能够有效地处理不确定条件下的水资源分配问题，并充分考虑城市水资源管理系统的环境影响。这无疑提升了传统生命周期分析的判断支持能力和优化管理模型的环境决策支持能力。研究结果显示，大连市水资源管理系统环境影响最为显著的区域是庄河市和主城区。

7.4 大连市“三生”用水优化配置

7.4.1 大连市城市产业用水优化配置与结构优化

（1）工业行业构成

在开展本研究时，根据《国民经济行业分类》(GB/T 4754—2002)，大连工业系统共有36种工业行业。考虑到水的生产与供应业（代码WPS）是改善水质、提供用水的行业，不属于用水行业，因此本研究共考虑35种工业行业（如表7-24所示）。

表7-24 工业行业的名称及其代码

代码	行业名称	代码	行业名称
PGX	石油和天然气开采业	RUM	橡胶制品业
FMM	黑色金属矿采选业	PLM	塑料制品业
NFM	有色金属矿采选业	NMM	非金属矿物制品业
NOM	非金属矿采选业	FMS	黑色金属冶炼及压延加工业
AFP	农副食品加工业	NFS	有色金属冶炼及压延加工业
FOM	食品制造业	MPM	金属制品业
BEM	饮料制造业	GMM	通用设备制造业
TXM	纺织业	SMM	专用设备制造业
TWM	纺织服装、鞋、帽制造业	TRM	交通运输设备制造业
LFM	皮革、毛皮、羽毛（绒）及其制品业	EEM	电气机械及器材制造业
WBP	木材加工及木、竹、藤、棕、草制品业	CEM	通信设备、计算机及其他电子设备制造业
FNM	家具制造业	ICM	仪器仪表及文化、办公用机械制造业
PAM	造纸及纸制品业	AOM	工艺品及其他制造业
RMP	印刷业和记录媒介的复制	WRD	废弃资源和废旧材料回收加工业
ARM	文教体育用品制造业	EHP	电力、热力的生产和供应业
MEM	医药制造业	GPS	燃气生产和供应业
CFM	化学纤维制造业	CMM	化学原料及化学制品制造业
FUP	石油加工、炼焦及核燃料加工业		

（2）重点工业行业

根据大连市水资源和能源使用统计数据、工业经济发展指标，设定水资源、能源消耗和经济产值三项的权重分别为 1/3，定量加权后得到排名前 20 的各工业行业的综合贡献率（如图 7-11 所示），从而甄别并确定重点资源消费工业行业（如表 7-25 所示）。

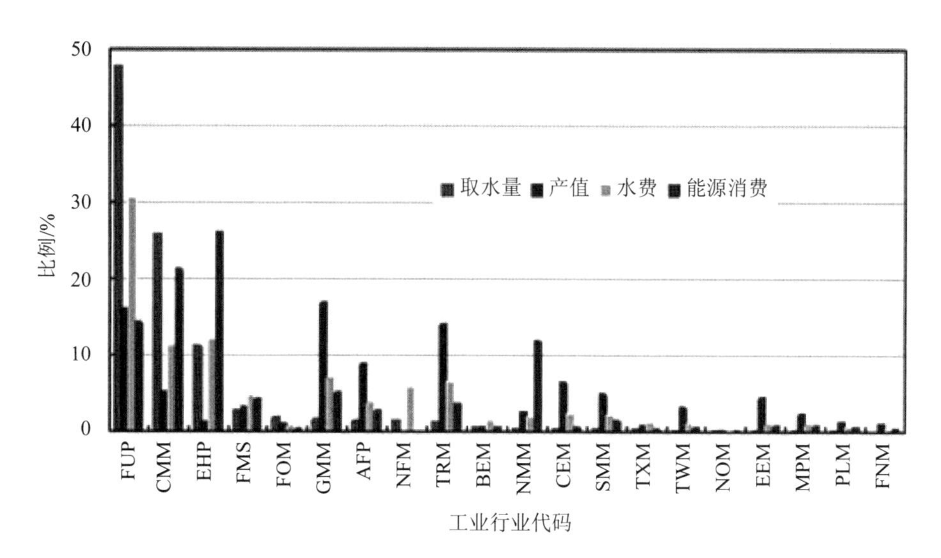

图 7-11　2010 年大连市工业分行业产值与资源消费占工业总量的比例

表 7-25　从资源消费和经济产出角度甄别出的大连市重点资源消费工业行业

排序	行业代码	行业名称	综合贡献率/%
1	FUP	石油加工、炼焦及核燃料	26.0
2	CMM	化学原料及化学制品制造业	17.5
3	EHP	电力、热力的生产和供应业	12.9
4	GMM	通用设备制造业	7.9
5	TRM	交通运输设备制造业	6.3
6	NMM	非金属矿物制品业	5.0
7	AFP	农副食品加工业	4.4
8	FMS	黑色金属冶炼及压延加工业	3.4
合计			83.5

注：①综合贡献率指水资源、能源消耗和经济产值三项加权贡献率，权重各取 1/3。②包含水资源、能源消耗和经济产值三项贡献率合计大于 10%的行业。

（3）工业行业水资源利用水平

根据大连市工业行业用水统计数据和工业经济产出数据，定量估算各工业行业的水资源利用水平，包括各工业行业的水资源效率和用水经济效率（结果如图7-12和图7-13所示）。

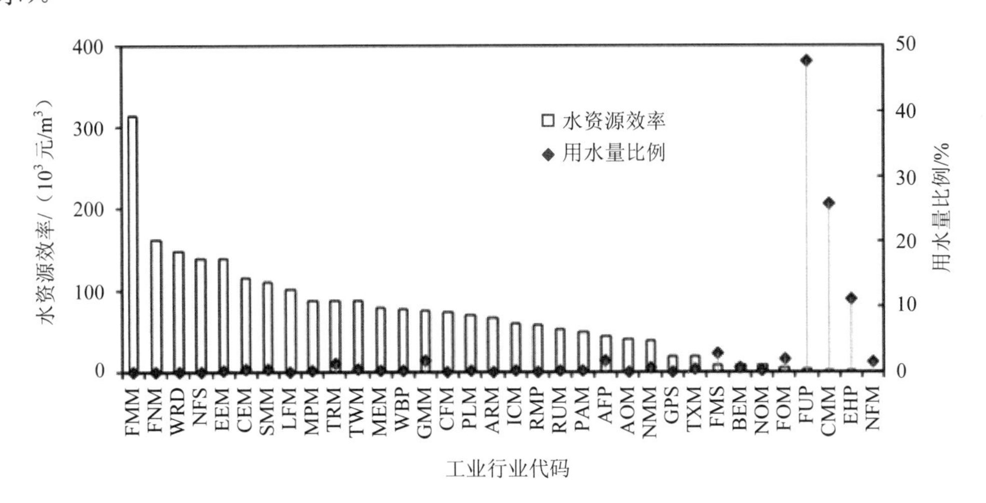

图7-12　2010年大连市工业分行业的水资源效率和用水量比例

图7-12表明，水资源效率高的工业行业并非取水大户，而用水量较大的几个行业的水资源效率却处于较低的水平。因此，大连市工业系统既需要结构调整，也需要提升用水大户的水资源利用水平。

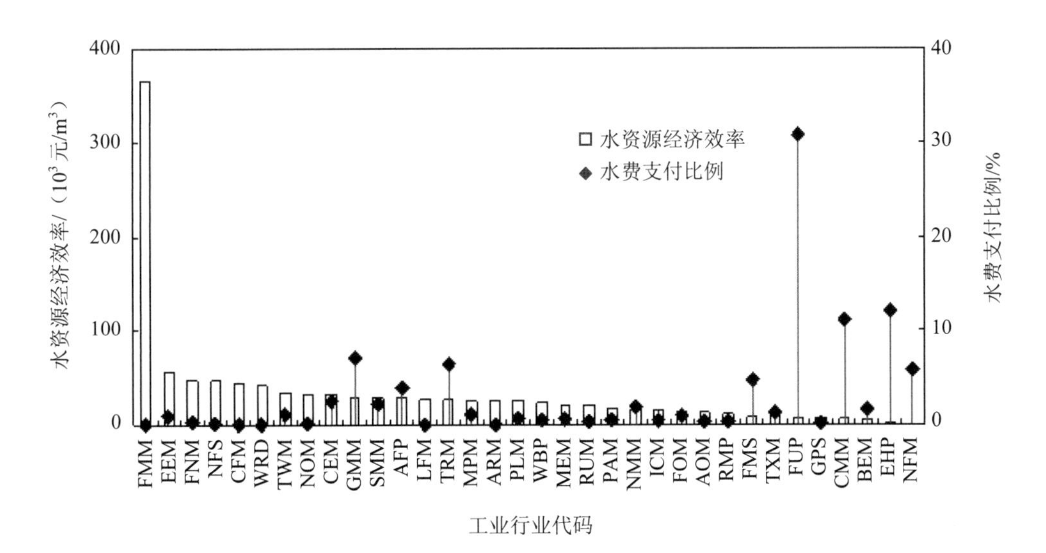

图7-13　2010年大连市工业分行业水资源经济效率和水费支付比例

图 7-13 表明，石油加工、炼焦及核燃料（FUP），化学原料及化学制品制造业（CMM），以及电力、热力的生产和供应业（EHP）等用水付费较高的几个行业，其水资源经济效率处于较低的水平，亟需升级改善。

（4）工业行业水资源付费状况

本研究定量估算了大连市各工业行业的水资源利用付费状况，包括付费水与免费水构成水平。结果表明，2010 年工业总取水量达 9.7 亿 m^3（水的供应与加工业除外），其中取水量最大的行业是石油加工、炼焦及核燃料（FUP），其取水量约占工业总取水量的一半；其次是化学原料及化学制品制造业（CMM），其取水量约占工业总取水量的 1/4；最后是电力、热力的生产和供应业（EHP），其取水量约占工业总取水量的 11%；三者取水量合计占工业总取水量的 84.54%，取水量排名前 9 的工业行业如图 7-14 所示。

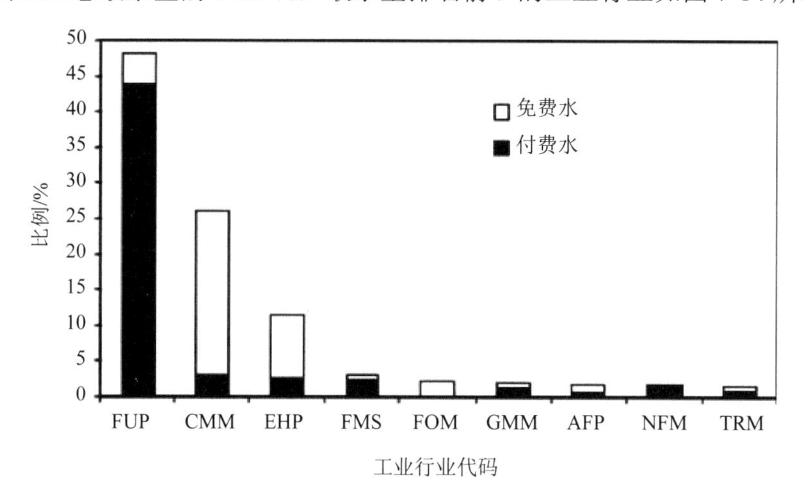

图 7-14　2010 年大连市工业分行业取水量占工业总取水量比例

（5）工业付费水的行业构成

从用水费用支付方面看，工业取水中有 5.99 亿 m^3 是付费水，占总用水量的 61.75%。工业取水前三位的行业共取水 8.2 亿 m^3，共占工业总取水量的 84.54%，分别共占付费水的 80.5%（低于其占工业总取水量的比例，即 84.54%）和免费水的 91.7%（高于其占工业总取水量的比例）。此外，这 3 个用水大户行业所支付费用仅占工业水费的 54.1%，远低于其占工业总取水量的比例，表明这 3 个行业获得了较其他行业更多的水价优惠。特别是化学原料及化学制品制造业（CMM），其用水中约 85%是免费水，而且该行业是污染严重的行业。因此，应提高这些行业的水价。

从不同行业所支付的水费看，石油加工、炼焦及核燃料所付的水费占工业水费的比例最高，达到 31%，其次是电力、热力的生产和供应业（EHP）和化学原料及化学制品制造业（CMM），分别约占工业水费的 13%（如图 7-15 所示）。

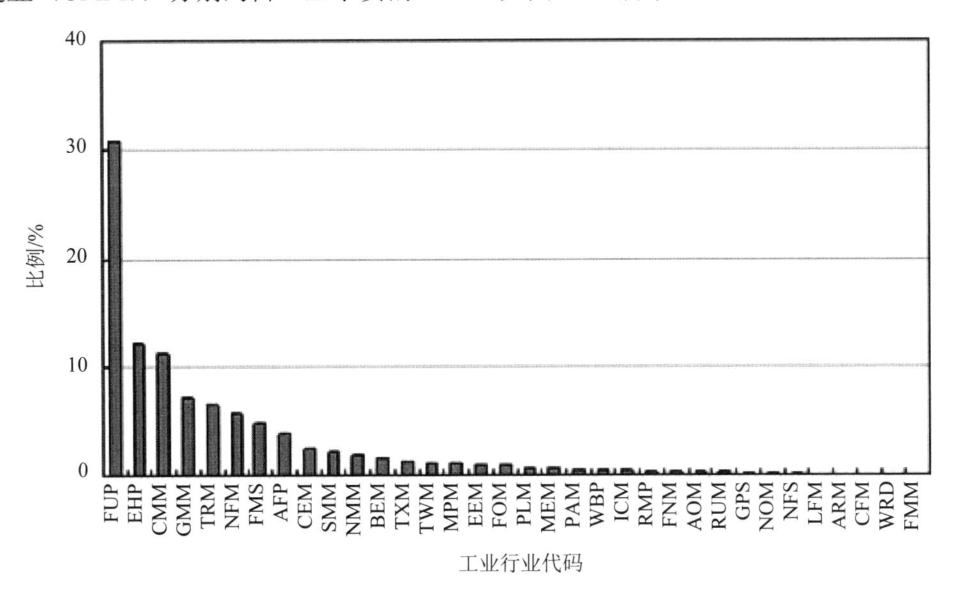

图 7-15　2010 年大连市工业分行业水费占工业总水费比例

（6）工业行业水费及水价

从行业付费水占工业付费水的比例看，石油加工、炼焦及核燃料（FUP），电力、热力的生产和供应业（EHP）和化学原料及化学制品制造业（CMM）3 个行业仍十分值得关注，石油加工、炼焦及核燃料付费水占工业付费水总量的 71%，而其所支付的水价仅是行业平均水价的不到一半（如图 7-16 所示）。而其他诸多行业的水价通常均高于工业行业的平均水价（1.05 元/m^3）。这表明，大连市用水大户行业石油加工、炼焦及核燃料尽管在各行业中支付了最多的水费，但仍在水价方面获得了很大的优惠。

针对制造业用水特征，本研究选取大连市制造业全部 35 个工业行业为样本，选取统计年鉴中规模以上工业企业当年工业产值以及取水量，分析时段为 2006—2010 年，以 2004 年的为不变价格。密集型产业分为劳动密集型（G1）、资本密集型（G2）、技术密集型（G3）产业等，此类划分有助于从技术进步的角度反映工业生产的技术结构和技术发展水平，对工业发展评价及规划制定有重要的参考价值。

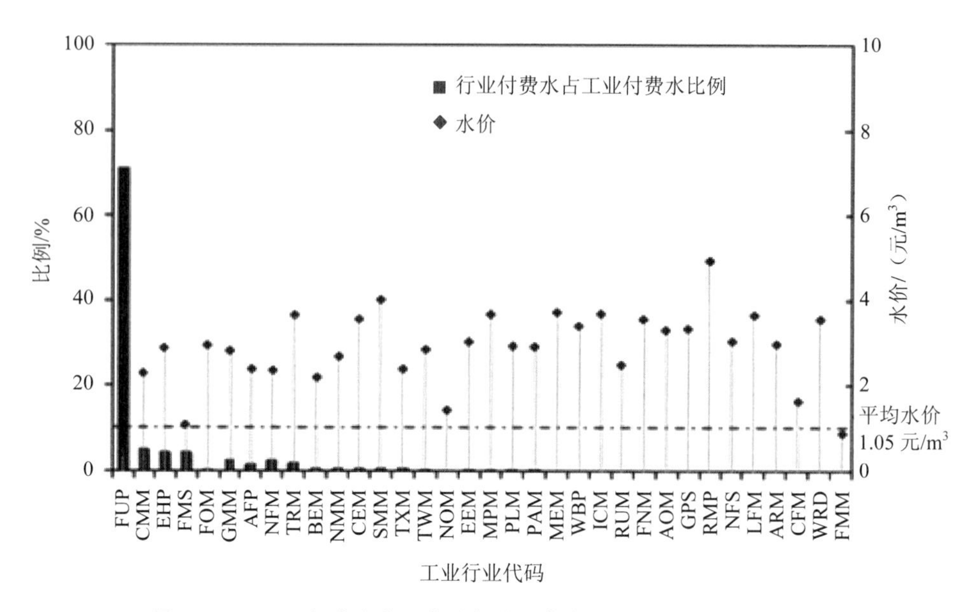

图 7-16　2010 年大连市工业分行业付费水占工业付费水比例及水价

计算大连市制造业用水强度（结果如图 7-17 所示）。“十一五”期间，大连市制造业用水强度由 64.70 m^3/万元降到 2007 年的 39.15 m^3/万元，这说明大连市的用水效率在不断提高，其中以劳动密集型产业降幅最为显著（约−19%的年均变化率），同时资本密集型产业降幅最小（约−4%的年均变化率）。随着经济发展，高投入、高需求、高产出的资本密集型产业所需用水占制造业总体用水比重依旧较大，如何使大连市逐步实现产业转移，同时提高制造业尤其是资本密集型（G2）产业的用水效率仍然任重道远。

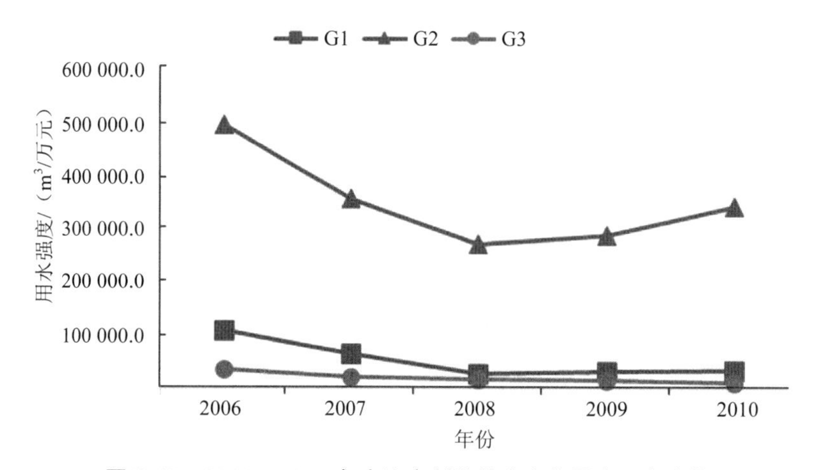

图 7-17　2006—2010 年大连市制造业分产业用水强度变化

根据 LDMI 分解模型，对大连市 2006—2010 年制造业产业用水变化做效应分解。由图 7-18 可知，经济发展效应对大连制造业用水增长产生了持续的拉动作用。产业结构的累积效应对大连市制造业用水需求的增长具有一定的遏制作用。用水强度的总体变动对研究期内大连市制造业用水需求也具有负向影响，但作用强度相对较大。因此，大连市产业用水结构可从以下方面进行优化。

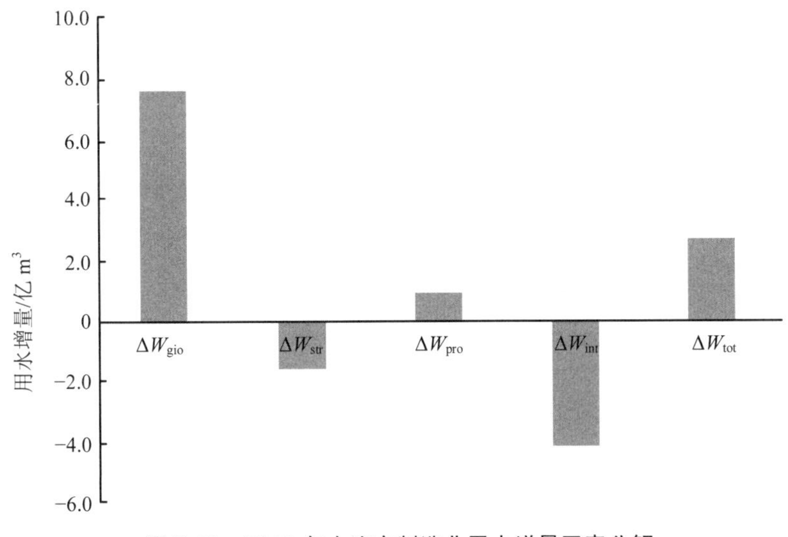

图 7-18 2010 年大连市制造业用水增量因素分解

注：ΔW_{gio}——经济发展效应；ΔW_{str}——产业结构效应；ΔW_{pro}——行业比重效应；ΔW_{int}——用水强度效应。

大连市制造业用水量的变化是由经济发展效应、产业结构效应、用水强度效应和行业比重效应 4 种因素共同作用的结果。研究期内经济发展效应和行业比重效应是正向驱动力，用水强度效应和产业结构效应则是负向驱动力。

经济发展水平的提高是大连市产业用水量增加的直接原因，同时产业结构升级是大连市产业用水量减少的充分条件。而用水强度显示的技术进步因素是用水强度变动的决定因素。因此应通过加快产业结构调整、引进先进技术，提升产业水资源利用效率，尤其是资本密集型（G2）产业用水效率，以实现大连市产业用水的可持续性。

7.4.2 大连市农业高效低碳化用水配置

通过技术开发分析，可以得到 2020 年大连市高效低碳农作物种植-灌溉的适应性对策，结果如图 7-19 和表 7-26 所示。

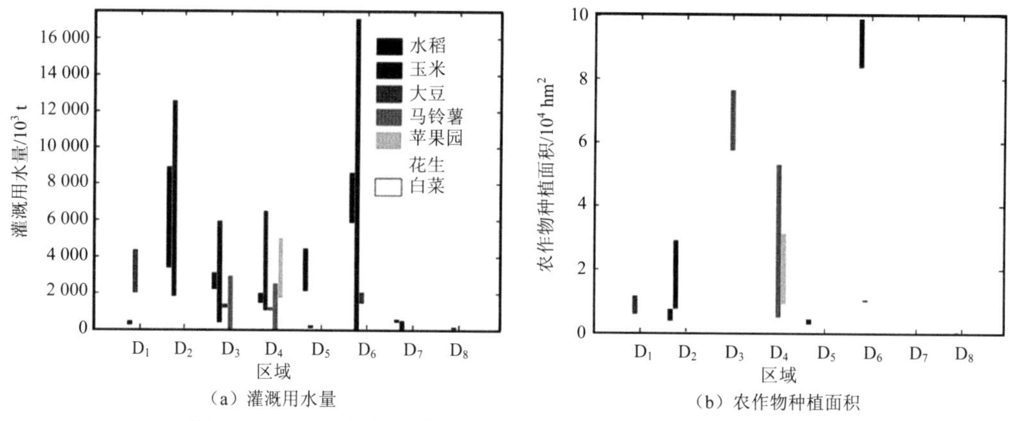

（a）灌溉用水量　（b）农作物种植面积

图 7-19　2020 年大连市高效低碳农作物种植-灌溉适应性对策

注：D_1——城区；D_2——金州；D_3——普兰店；D_4——瓦房店；D_5——长兴岛；D_6——庄河；D_7——花园口经济开发区；D_8——长海。

表 7-26　2020 年大连市高效低碳农作物种植-灌溉适应性对策

对策	区域	水稻	玉米	大豆	土豆	苹果园	花生	白菜
灌溉用水量/10^4 m^3	D_1	[0.4，1.0]	[207，479]	[1 994，4 363]	0	[434，498]	6	[6，15]
	D_2	[3 352，8 936]	[1 789，12 559]	[665，697]	[17，32]	[689，783]	[50，54]	[89，117]
	D_3	[2 224，3 149]	[339，5 952]	[1 172，1 407]	[0，2 961]	[3 338，3 976]	0	0
	D_4	[1 448，2 020]	[1 022，6 524]	[1 028，1 194]	[0，2 532]	[1 742，5 025]	0	0
	D_5	[2 095，4 469]	[40，239]	[45，52]	0	[98，116]	0	0
	D_6	[5 858，8 656]	[0，17 115]	[1 413，2 056]	[0，32]	[1 484，1 736]	0	0
	D_7	[394，569]	[0，499]	[78，99]	0	[22，25]	0	0
	D_8	0	[6，59]	[3，157]	0	[4，5]	0	0
种植面积/hm^2	D_1	0.5	1361	[5 818，11 766]	0	1 648	73	266
	D_2	[3 674，7 588]	[7 523，29 201]	1 553	259	2 018	349	962
	D_3	3 236	26 394	5 762	[57 339，76 485]	24 403	1 399	1 670
	D_4	2 030	26 335	4 482	[4 978，53 245]	[9 924，31 597]	647	1 769
	D_5	[2 927，4 480]	957	195	0	606	0	24
	D_6	9 404	[83 443，98 941]	[10 166，10 721]	1 783	17 612	419	1539
	D_7	598	2 447	443	0	188	6	147
	D_8	0	249	[13，617]	0	29	0	16

注：D_1——城区；D_2——金州；D_3——普兰店；D_4——瓦房店；D_5——长兴岛；D_6——庄河；D_7——花园口经济开发区；D_8——长海。

结果讨论分述如下。

（1）2020 年大连市农作物高效低碳灌溉策略

考虑到大连市的年有效降雨在 156～259 mm/hm^2 之间，为了保证农作物产量，需要消耗一定的水资源用于灌溉。灌溉用水的量取决于农作物的类型以及种植区域。

通过求解模型，2020 年大连市灌溉用水需求最多的农作物为水稻、苹果园、玉米、大豆和土豆。

水稻将消耗最多的灌溉用水，即 623～1 178 mm/hm^2。其中，最多的水资源（即 5 858×10^4～8 656×10^4 m^3 和 3 352×10^4～8 936×10^4 m^3）提供给庄河和金州用于水稻种植灌溉。

苹果园也将消耗一定量的灌溉用水，即 99～341 mm/hm^2。大连市预计消耗 7 811×10^4～12 164×10^4 m^3 的水资源用于苹果园的灌溉。其中，普兰店的苹果园消耗最多的灌溉用水，即 3 338×10^4～3 976×10^4 m^3。

2020 年大连市单位面积的玉米种植的灌溉用水为 0～430 mm/hm^2。大连市将消耗 3 403×10^4～43 426×10^4 m^3 的水资源用于玉米种植，其中最多的水资源（即 0～17 115×10^4 m^3、1 789×10^4～12 559×10^4 m^3 和 1 022×10^4～6 524×10^4 m^3）提供给庄河、金州以及瓦房店。

2020 年大连市单位面积的大豆种植的灌溉用水为 139～449 mm/hm^2。大连市将消耗 6 398×10^4～10 025×10^4 m^3 的水资源用于大豆种植，其中最多的水资源（即 1 994×10^4～4 363×10^4 m^3 和 1 413×10^4～2 056×10^4 m^3）提供给城区和庄河。

对于土豆的种植，2020 年大连市单位面积的土豆种植的灌溉用水为 0～156 mm/hm^2。大连市将消耗 17×10^4～5 557×10^4 m^3 的水资源用于土豆种植，其中最多的水资源（即 0～2 961×10^4 m^3 和 0～2 532×10^4 m^3）提供给普兰店和瓦房店。

为了支撑气候变化背景下的农业生产适应性管理，本研究提出了一种基于生命周期分析和优化管理模型的综合方法。该方法能够增强生命周期评价方法的决策支持能力和提升优化管理模型对温室气体减排目标的支撑能力。另外，本研究还针对在生命周期分析以及优化管理模型中由于清单数据、产品成本效益、降雨、农作物产量等变化所导致的不确定性进行分析，并通过蒙特卡洛模拟和模糊数学等方法在适应性管理模型中体现参数的不确定性。具体来说，该方法能够：①系统反映农作物生长过程中降雨量、灌溉量以及产量之间的动态响应关系；②考虑生命周期评价和适应性管理模型的不确定，并将上述不确定性传递到适应性管理模型之中；③将我国温室气体减排目标和灌溉用水量纳入农业生产适应性管理模型之中，为农业生产提供更为强健的决策支持。研究选取大连市作为案例，对气候变化背景下 2020 年大连市农业生产的农作物种植结构和灌溉方式提供决策支持。研究结果显示，在平均有效降雨的基础上（即 156～259 mm/hm^2），大连市仍需要一定数量的灌溉用水来保证农业生产。其中，水稻田所需要的灌溉用水量最大，预计达到 154×10^6～278×10^6 t。

（2）2020 年大连市农作物种植结构

2020 年大连市玉米的种植面积预计最大，达到总作物种植面积的 40%～45%。其次是马铃薯、苹果和大豆，预计上述作物的种植面积分别占总面积的 20%～28%、17%以及 8%～9%。相反，大连市水稻、花生和白菜的种植面积相对较小。2020 年大连市农业系统适应性作物种植方式分述如下。

①水稻的总种植面积预计为 21 869.5～27 336.5 hm^2。其中，庄河和金州的水稻田面积占总水稻田的 60%以上，分别为 9 404 hm^2 和 3 674～7 588 hm^2。长兴岛、普兰店和瓦房店的水稻田面积预计为 2 927～4 480 hm^2、3 236 hm^2 和 2 030 hm^2。

②玉米田的总种植面积预计为 148 709～185 885 hm^2。其中，普兰店、庄河、金州和瓦房店的玉米田面积占总玉米田的 95%以上，分别为 26 394 hm^2、83 443～98 941 hm^2、7 523～29 201 hm^2 和 26 335 hm^2。城区和花园口经济开发区的玉米田面积预计为 1 361 hm^2 和 2 447 hm^2。

③大豆的总种植面积预计为 28 432～35 539 hm^2。其中，庄河和城区的大豆田面积占总大豆田的 56%～63%，分别为 10 166～10 721 hm^2 和 5 818～11 766 hm^2。金州、普兰店和瓦房店的大豆田面积预计为 1 553 hm^2、5 762 hm^2 和 4 482 hm^2。

④马铃薯的总种植面积预计为 64 359～131 772 hm^2。其中，普兰店和瓦房店的马铃薯田面积占总马铃薯田的 96%～98%，分别为 57 339～76 485 hm^2 和 4 978～53 245 hm^2。庄河的马铃薯田面积预计为 1 783 hm^2。

⑤苹果的总种植面积预计为 56 428～78 101 hm^2。其中，庄河、瓦房店和普兰店的苹果园面积占总苹果园的 93%以上，分别为 17 612 hm^2、9 924～31 597 hm^2 和 24 403 hm^2。金州和城区的苹果园面积预计为 2 018 hm^2 和 1 648 hm^2。

⑥花生的总种植面积预计为 2 893 hm^2。其中，瓦房店、普兰店、庄河和金州的花生田面积占总花生田的 98%，分别为 1 399 hm^2、647 hm^2、419 hm^2 和 349 hm^2。城区的花生田面积预计为 73 hm^2。

⑦白菜的总种植面积预计为 6 393 hm^2。其中，瓦房店、普兰店、庄河和金州的白菜田面积占总白菜田的 93%，分别为 1 769 hm^2、1 670 hm^2、1 539 hm^2 和 962 hm^2。城区和花园口经济开发区的白菜田面积预计为 266 hm^2 和 147 hm^2。

7.4.3 大连市水系生态需水核算与生态调控

根据大连市城市总体规划目标，参照河流健康评价中地表水资源开发率指标的不健康（30%～40%）和亚健康（20%～30%）标准，根据 A～C 区间河段取水量占 C 断面以上产水量的比例，将区间河段用水状况分为高用水（40%）和低用水（30%）两种情景。参照大连市用水消耗率，河段用水消耗率采用65%。按照以上建立的双断面控制方法，在高用水情景和低用水情景下，分别对大连市的碧流河水库、英那河水库、卧龙水库、北大河水库、松树水库和朱家隈子水库的下泄流量进行调节。

（1）大连市生态需水核算与配置

生态需水与水资源规划是互相影响、相辅相成的。掌握生态需水量有利于合理地的进行水资源规划，同时，生态需水量得到保障后，有助于河流水资源的可再生性维持，是实现水资源可持续利用的重要基础。在河流水资源规划过程中应该首先保证河流生态需水，然后再合理规划和保障社会经济需水。根据计算出的大连市水系生态需水量，可以为水资源的规划与配置提供科学依据，对有限的水资源进行科学合理的分配，最终实现水资源的可持续利用，保证社会经济、资源及生态环境的协调发展。

1）大连市城市水系生态需水核算

大连市境内现有大小河流200余条，多为季节性河流。集水面积在100 km^2以上的独流入海河流共有23条，其中汇入黄海和渤海的河流分别有15条和8条。河流集水面积在1 000 km^2以上的有3条，500～1 000 km^2的有2条，100～500 km^2的有18条。集水面积在20 km^2以上且独流入海的河流有57条。境内大部分河流流程短，河床坡度大，集流时间短，因此大多在暴雨后洪水暴涨、无雨时河床干涸。

大连市各流域的径流主要由降水形成，其径流特性基本与降水特性一致。径流量的地区分布、年际变化和年内变化都极不均匀，差异很大。径流深分布不均，自东向西渐小，同纬度黄海、渤海两岸呈梯度渐小，最大相差近350 mm。庄河的英那河至地窨河一带年径流深为全市最高值，达到450～500 mm；碧流河中下游一带为300～350 mm；复州河流经瓦房店市区一带为200 mm；金州以南地区最小，为150～200 mm。径流量的年际变化比降水的年际变化更为明显，最大年径流量和最小年径流量之比为9～15。年内6—9月的月平均径流深占年平均径流深的80%～87%。多年平均最大月径流量、最小月径流量相差悬殊，少则几倍，多则上百倍。大连市多年平均水资源量为91.96亿 m^3。境内主要河流汇水区降水总量为63.24亿 m^3，占全境降水总量的69%。地下水天然补给资源量为8.84亿 m^3，可开采资源量为4.07亿 m^3。由于基岩出露较高、岩层富水性差、河流流程短和径流快等不利水文地质因素，再加上降水量不大且年内降水时段相对集中、地表植被保水性较差等因素，大连淡水资源相对缺乏。大连市湖泊数量少、面积小，生态需水方面所占比例较小，在此忽略不计。

大连市水系生态需水核算包括河流生态需水量和水库生态需水量的核算。选取碧流河流域为典型流域，采用近10年最枯月平均流量作为河流最小流量设计值，并用修正后的Tennant法进行检验，进而确定水库下游河道的生态需水量。近10年最枯月平均流量计算采用 2001—2010 年碧流河水库以上流域月径流量资料（如表 7-27 所示）。

表 7-27 碧流河流域月平均径流量与流量

分类	1 月	2 月	3 月	4 月	5 月	6 月	7 月	8 月	9 月	10 月	11 月	12 月
水库平均径流量/万 m^3	7	717	1 078	1 409	2 691	1 975	5 781	19 880	3 886	1 757	1 111	900
水库平均流量/（m^3/s）	2.61	2.93	4.02	5.44	10.05	7.62	21.58	74.22	14.99	6.56	4.29	3.36
区间平均径流量/万 m^3	245	251	377	493	942	691	2023	6 958	1 360	615	389	315
区间平均流量/（m^3/s）	0.91	1.03	1.41	1.90	3.52	2.67	7.55	25.98	5.25	2.30	1.50	1.18
河口平均径流量/万 m^3	945	968	1 455	1 902	3 633	2 666	7 804	26 838	5 246	2 372	1 500	1 215
河口平均流量/（m^3/s）	3.52	3.96	5.43	7.34	13.57	10.29	29.13	100.20	15.24	8.86	5.79	4.54

水库 6—8 月最小月平均流量发生在 6 月，为 7.62 m^3/s；9 月—翌年 5 月最小月平均流量发生在 1 月，为 2.61 m^3/s。下游区间 6—8 月最小月平均流量发生在 6 月，为 2.67 m^3/s；9 月—翌年 5 月最小月平均流量发生在 1 月，为 0.91 m^3/s。由于缺乏区间径流资料，故采用简化的方式确定区间径流量，即根据水文同步性，将水库坝址以上控制流域面积与水库至入海口之间流域控制面积进行对比，进而同倍比放大得到区间径流量。采用该方式确定区间径流量，可以还原未建库状态下河流的天然流量状态，合理反映出建库前的河道生态需水过程，使水库下游河道生态需水量的计算更加真实可靠。

通过计算，碧流河水库下游河道近 10 年最枯月平均流量为 3.52 m^3/s，相当于碧流河流域多年平均流量的 13.7%。参考《水资源可利用量估算方法（试行）》的有关规定，北方地区一般取流域多年平均流量的 10%～20%作为最低生态需水量，所以采用近 10 年最枯月平均流量法计算碧流河水库下游河道的生态需水量是合理的。

维持河流系统水量平衡所需的生态基流量按近 10 年最枯月平均流量法计算，河道水量小于此流量时，由水库放水满足河道基本生态需水量。

大连市河流基本生态需水量如表 7-28 所示。

表 7-28　大连市河流基本生态需水量

区域	流域	蓄水工程	河流基本生态需水量/万 m^3
普兰店	碧流河	碧流河水库	3 108
	大沙河	刘大水库	402
庄河	碧流河	碧流河水库	3 108
	英那河	英那河水库	3 993
	湖里河	转角楼水库	55
	庄河	朱家隈子水库	1 429
瓦房店	复州河	松树水库	549
		东风水库	477
合计			10 013

大连市区的几条重要河流——马栏河、大沙河、春柳河等属于山溪性河流，平时干枯少流，汛期洪水暴涨暴落，且径流短急，很快流入大海，基本为泄洪排污河道。为满足其维持水体自净能力和污染物稀释能力的要求，每年需水量约 370 万 m^3。

综上所述，维持城市河流系统正常的生态功能所需要的总生态需水量为 10 383 万 m^3。

2）大连市城市水系生态需水配置技术

将计算得出的水系生态需水量作为水量配置的基础，是修复当前受损河流、维持生态系统的健康和稳定的必要水文条件。各时期生态流量配置指标如下：12 月—翌年 2 月保证河道不断流，维持各区域控制断面最小生态需水量；3—5 月、10—11 月满足河流自净稀释流量及景观水面蒸发需水要求；6—9 月满足河流最优需水量要求。这对科学合理地配置有限的水资源，最终实现水资源的可持续利用，保证社会经济、资源及生态环境的协调发展具有重要意义。

利用具有明确机理的全过程生态需水特征值，建立生态需水分析评价机制，实现将生态与环境问题以及其他水体功能需求（如航运、供水水质等）有机结合，统一考虑，作为水资源配置中处理经济用水与生态用水的分析平台。考虑到汛期与非汛期生态需水的差别，以及对规划管理的敏感性，将针对非汛期进行生态需水分析评价。因此，以最小生态需水、适宜生态需水作为生态需水衡量标准，把径流按生态效应划分为 3 个基本范围。

生态需水配置方法思路如图 7-20 所示。

在水资源配置的实际操作中，可通过如图 7-20 所示的配置调控使生态需水得到保障，满足河流生态需水。充分利用研究区段供水调蓄工程（包括碧流河水库、英那河水库等）的调蓄能力，优化调控，科学管理，使设施可供水资源量以及时间过程达到最优值，最大限度地缓解“三生”用水的“源”严重亏缺问题，从而增加研究区段生态基流得到满足、生产用水尽量得到照顾的可能性，也有利于各部门之间的用水协调。

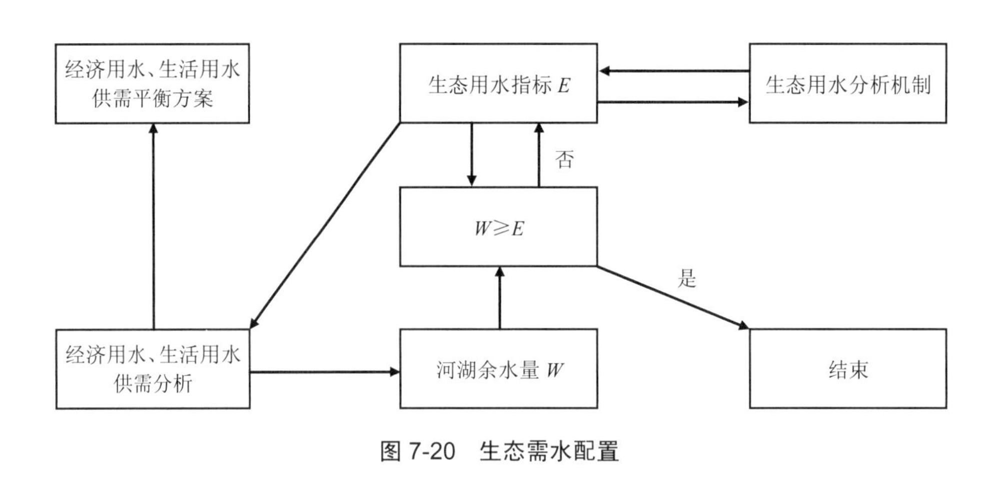

图 7-20　生态需水配置

将水资源（特别是在枯水期）在各需水部门之间进行优化配置。如果不进行部门之间的水资源优化配置，不促使用水部门内部采取节水措施，仅仅依靠引水、蓄水、提水、调水等水利工程保障研究区段的生态需水问题，可以解决燃眉之急，然而，从长远来看，实质上是将这种危机进一步激化和扩大。在此，配置不是以追求经济效益最大化为目标，而是兼顾生态与生产之间的平衡。

（2）大连市水生态调控

根据《大连市城市总体规划（2009—2020 年）》，大连市水系的建设目标为：遵循人与自然和谐、生态平衡的原则，形成海、河、库合理连接，具备防洪排涝、景观旅游等功能的城市水网系统。城市河道生态化率不小于 50%。保持现有自然河道的生态特性，对已人工化的河道逐步进行生态化改造。流域面积大于 10 km^2 河道的城区段应建设景观水面，形成公共性、亲水性、景观性的滨河岸线，沿河道两岸均应建设生态绿带。保护现有小型水库、塘坝、池塘等水面及其自然生态环境不被破坏，适当利用丘陵地貌建造人工水系，并与海、河共同构建丰富的城市景观水系统。

基于河流生态健康状况以及生态需水的分期特点及年内变化趋势，结合生态水文季节概念和水系生态需水量特征，以改善当前河流整体生态健康状况为目标，以不同的河流生态健康状况和生态需水量对应不同的生态调控时期。

1）调控目标

在生态调控分期的基础上，以河流生态健康评价的各指标得分为依据，结合当前河流的实际情况分析，综合确定水利工程的生态调控目标。

封冻期（1—3 月）各河段水文指标和水体理化指标得分最低，是影响河流生态健康的主要因素。此时要改善河流生态健康状况，应以改善河道内水文及水质条件为调控目标。同时考虑到河流此时期基本处于封冻阶段，生态系统对河流水量要求最低。因此将调控目标确定为维持河流一定规模、保证河道不断流的水量调控。

3—5 月、10—12 月为河流枯水期，该时期河流水体理化得分变化明显且该指标与河流水文条件高度相关。此外，河流景观效应指标得分在该时期下降，主要原因在于河流流量在枯水期较少且水质状况较差，直接导致人们对河流的亲近度不高。因此将该时期的调控目标定位为改善水环境状况、维持河流自净稀释流量、提高水体水环境容量的水质调控。

6—9 月，河流处于汛期，该时期来水量较大且水环境状况最好，说明水量增大对水质的改善已经达到最大化。此时期，河流形态结构指标得分下降，表明此时段大流量洪水对河岸冲刷严重，河流含沙量增加，河岸侵蚀较其他时期重。同时结合河流的泥沙、河道淤积状况，将调控目标定位为维持河道输沙需水量的输沙调控。

2）调控原则

水系生态调控旨在通过全面规划、综合决策，做到经济发展与环境资源保护相协调，充分有效利用水资源的同时保护好水资源，从而达到在流域生态系统实现水资源可持续利用的目标。因此，在实施生态调控的过程中，必须严格遵循以下准则。

①首先满足人类社会对水资源的需求。这主要是指防洪、灌溉、航运、发电等方面的需求。

②满足流域生态系统的基本生态需水要求。河流的径流量一般都是随机变化的，可以通过研究计算，确定流域生态系统适宜生态径流和最大生态径流量、最小生态径流量。在考虑人类对水资源的基本需求的前提下，尽量让径流落在适宜的生态径流区间内，一般不允许小于最小生态径流量的下泄流量出现。

③采用模拟河流自然水文情势的水库泄流方式，人为地制造洪水脉冲。研究证明，洪水能够控制河流沉积过程、物质的循环和能量的流动，促进湿地和生物栖息地的恢复。同时，洪水形成的涨水过程是下游鱼类繁殖的一个重要生命信息。

④减少泥沙淤积，采用蓄清排浑的泥沙调控原则。水沙平衡是维持流域河道结构、无脊椎生物群落稳定存在的重要因素。

⑤应考虑到应对突发事件（如水体富营养化、水华、咸潮入侵现象）的特别需水要求。突发水污染事件一般爆发时间短、对环境影响强烈，处理这类事件应该事先做好应对预案，事发时根据具体的情况果断采取综合措施，尽量减轻对生态环境的影响。

鉴于大连市水资源日趋短缺的严峻形势以及新时期水务发展的高要求，对市内 6 条河流及 10 座水库进行连通联调，形成“六河十库十通道”的水资源连通体系。通过该工程的实施，可充分发挥外调水与本地水之间、本地连通水库群之间的补偿调节作用，明显改善和修复河道生态环境，显著提高各类用水的供水保证率，对以水资源的可持续利用保障经济社会的跨越式发展具有重大意义。综上，在加强用水管理的基础上，通过优化开发本地水资源，加大利用非常规水源，合理实施引入跨流域调水工程以及河库连通工程，形成“东西互济、北水南调、主客联动、多源补给、丰枯调剂”的水资源配置格局。通过实施以上应对措施，大连市城镇需水基本得到满足。同时，通过水源置换的方式，有效地降低了碧流河水库等的城市生活供水量，间接地保障了河流生态环境需水量，促进了水资源的可持续发展。

7.5 大连市生态水系格局规划

大连市生态水系规划包括碧流河、登沙河、复州河、庄河、湖里河、马栏河、春柳河等河流，碧流河水库、英那河水库、西山水库、牧城驿水库等水库，明泽湖、大连植物园内的小型湖和劳动公园内的老鳖湾等 3 座湖泊，以及与其上、下游相连的水系。规划涉及大连市及其所辖的瓦房店、普兰店、庄河等区域。

7.5.1 生态水系格局构建

结合大连市现状水系格局，紧紧围绕大连市城市发展战略和城市总体规划，将大连市区及周边地区范围内的河、库、湖相连，构建“六河十库十通道”的生态水系格局，实现防洪、供水、生态、景观、旅游等综合利用功能。

“六河”指碧流河、英那河、复州河、大沙河、登沙河、庄河等河流形成的河网，径流量占大连全市地表水资源量的 62.4%。

“十库”指大伙房水库、英那河水库、碧流河水库、转角楼水库、大西山水库、松树水库、洼子店水库、刘大水库、东风水库、朱家隈子水库 10 座大中型水库。

“十通道”指构成水资源配置格局的主要连通工程，通道一（大伙房水库—碧流河水库）为大伙房输水应急入连供水工程北段工程，输水线路全长 165.1 km；通道二（碧流河水库—英那河水库）为新建碧流河水库至英那河水库连通工程，输水线路全长 44.5 km；通道三（英那河水库—转角楼水库）为通过金屯输水洞（1971 年建成）将英那河水库余水调至转角楼水库；通道四（转角楼水库—英那河水库）为通过转角楼水库坝下的反调节泵站经 2.2 km 管线、1.0 km 隧洞将转角楼水库水调入英那河水库；通道五（碧流河水库—洼子店水库）为引碧三期工程，通过 68 km 的输水暗渠，将碧流河水库水自流至洼子店水库；通道六（英那河水库—洼子店水库）为引英入连工程，管线始于英那河水库坝下泵站，终于洼子店水库受水池，全长 109 km；通道七（朱家隈子水库—洼子店水库）为朱家隈子水库水经沙里泵站加压后入引英管道送入洼子店水库；通道八（碧流河水库—刘大水库）为大伙房输水应急入连供水工程南段工程，将碧流河水库水通过 20 km 管道、隧洞调入大沙河，然后通过天然河道流入刘大水库；通道九（碧流河水库—东风水库）为大伙房应急入连供水工程南段，从碧流河水库至东风水库高位水池，输水线路全长 57.1 km；通道十（松树水库—东风水库）为天然河道，通过复州河河道连通松树水库和东风水库。“六河十库十通道”共同组成大连市的河网水系格局。

7.5.2 生态水系布局安排

以城市水系生态健康为目标，合理开发利用城市河湖水系的环境容量，坚持水系开发利用与水环境保护并重；结合大连市水资源匮乏的现实条件，通过新水源建设和节水、高效的循环利用，构建节水型滨水城市；截污治污，构筑人与自然和谐的滨水岸线和亲水景观，改善城市生态环境；实施河库防洪排涝工程，完善城市水系各项功能，支撑城市可持续发展，实现环境建设与资源配置的和谐统一。

（1）疏通水系网络，实现河库连通

疏通水系网络，开展水库除险加固、河流河道建设，初步形成“六河十库十通道”的河网水系格局，构建城市生态水系框架。

（2）提高防洪排涝标准

按照防避结合、蓄泄兼筹、综合治理的原则，以河道疏浚、河口整治、堤防加固为重点，全面提高河道行洪能力，加强工程体系建设和完善，全面提高大连水系的防洪排涝标准，建成区河道防洪标准达到 50 年一遇，排涝标准达到 5 年一遇，对超标洪水考虑分洪、滞洪措施。通过全面开展水库除险加固和库湖清淤，消除城市安全隐患；考虑水源调蓄要求，分析水库挖潜、扩容等可能性，加大资源调蓄能力，提高供水水平。

（3）结合水系功能，提供水质保证

根据水功能区划所划定的河流、水库和湖泊的功能要求，在防洪、排涝、景观、水环境修复等措施的基础上，分析河网水系纳污能力，提出治污、排污需求，以保障城市生态水系的功能实现。

（4）实现多源供水

充分考虑外调水（大伙房水库调水）以及地下水、雨洪水、再生水等水资源，按照不同水体的水质要求，采用不同的水源补水方案，实现多源供水、优水优用、分质供水，使宝贵的水资源得到合理配置，保证城市水系的供水安全。建议河流与调水线路交叉处留出分水口，保障河流下游生态需水。

（5）修复河道生态

基于大连市河流生态健康评价结果，利用生态恢复措施，恢复河道边缘及中心的植物群落；恢复河流的自然流态和创造丰富的自然生境；充分发挥河流在自然界中的天然功能，将水系建设成为让人重新感受自然魅力的城市景观河道和野生动物的生态走廊，重新给人以温馨的享受，给自然以和谐多样的环境空间。特别是城区内反映强烈的春柳河、马栏河，而且英那河、庄河部分断面水体生态健康评价结果为病态，应加强治理。碧流河水库入库断面水体生态健康评价结果为病态，影响饮水安全，应引起关注。

（6）营造滨海景观

水是城市众多景观要素中最具灵气的部分。根据城市自身独特的自然生态条件和周边环境条件，因地制宜，开展滨水景观的系统规划设计，强化城市滨水景观，不断提升建成区中马栏河、春柳河、自由河等城区河道的滨水景观效果，形成点线面结合、各具特色的滨水景观环境，构建充分体现滨海区域自然及人文特色的城水交融的景观格局，实现河湖水景交相辉映、人水和谐的滨水城市景观。

（7）开展海绵城市建设，充分利用雨水资源

结合城市特色，推进绿色、低影响开发和可持续发展等理念，推广低影响开发、可持续排水系统、水敏感设计等技术，在设计中强化自然控污能力。雨水低碳化控制利用技术主要包括生物滞留设施、植草沟、绿色屋顶、源头调蓄设施、可渗透路面及绿地广场等方面的技术。

（8）污水净化与低碳利用

在低碳源污水条件下实现低碳排放运行，建立一套有效的脱氮除磷反馈控制策略。

第 8 章　大连市水生态节点调控

8.1　大连市降水径流规律与污染负荷核算

大连市降雨分析与雨水污染分布研究主要以大连市城区为对象，研究城市化的发展对降水、径流等水文要素的影响，以及由降水径流带来的面源污染问题；进一步探寻城市化背景下雨水径流量的有效削减和径流污染的有效控制途径，从源头上寻求解决问题的措施。在国内外研究的基础上，本研究着重对大连市城市化过程中降水和径流的变化规律进行分析研究，调查城区主要地表类型的污染源状况，并对其污染负荷做出分析。

8.1.1　大连市降水分析

（1）资料的选取及处理

本研究所需的气象和降水资料均通过大连市气象局获取。因研究区域主要为大连市城区，包括西岗区、中山区、沙河口区 3 个区，选取大连雨量站的资料能较好地代表整个研究区域的降水情况。因此，本研究的气象资料选用大连雨量站的降水资料。统计收集大连市城区的自然气候资料（如表 8-1 所示），包括气温、日照、降水量、蒸发量等，对大连市城区的降水特征进行分析，研究降水的变化规律。

表 8-1　大连市气象统计数据一览（1951—2010 年）

项目	数值	项目	数值
年平均气温/℃	10.5	年最大降水量/mm	1 059.3
极端最高气温/℃	37.8	年平均风速/（m/s）	4.8
极端最低气温/℃	−21.1	年平均蒸发量/mm	1 493.8
年均降水量/mm	618.7	年平均日照时数/h	2 722.4

大连市属于暖温带地区，其濒临渤海、黄海，为具有海洋性特点的暖温带大陆性季风气候。大连市四季较分明，年平均气温为 10.5℃，冬无严寒，夏无酷暑，季风明显，风力较大。其四季划分为春季（3—5 月）、夏季（6—8 月）、秋季（9—11 月）、冬季（12 月—翌年 2 月）。

（2）大连市城区降水特征分析

1）年际降水量变化特征

由图 8-1 可知，大连市各年代平均降水量波动较大，20 世纪 60 年代平均降水量最多，为 669.2 mm，20 世纪七八十年代平均降水量开始减少，80 年代平均降水量最少，仅有 563.7 mm。其后平均降水量缓慢增加，但是仍然低于 1951—2010 年的平均降水量（618.7 mm）。从整体看，前 3 个年代平均降水量多于 1951—2010 年的平均值，后 3 个年代平均降水量则低于 1951—2010 年的平均值。

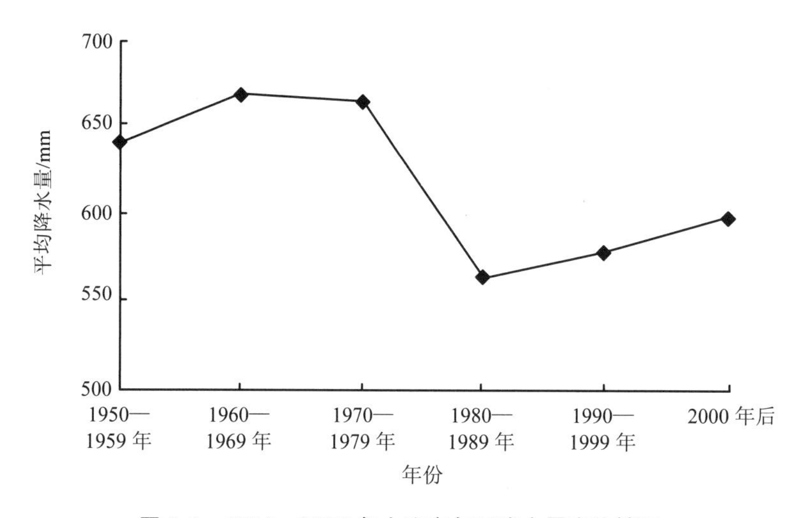

图 8-1　1951—2010 年大连市年际降水量变化情况

2）降水量年变化特征

由图 8-2 可知，1951—2010 年大连市年降水量变化明显，年平均降水量为 618.7 mm，最高降水量为 970.2 mm，发生在 1951 年，最低为 1999 年的 258.2 mm，最高降水量是最低降水量的 3.8 倍。由年降水量线性趋势拟合可以看出，大连市 1951—2010 年年降水量气候倾向率为−18.028 mm/10 a，呈现出降水量减少的趋势。年降水量时间序列相关系数为−0.177，未通过检验标准（0.10），说明降水量减少趋势不显著。

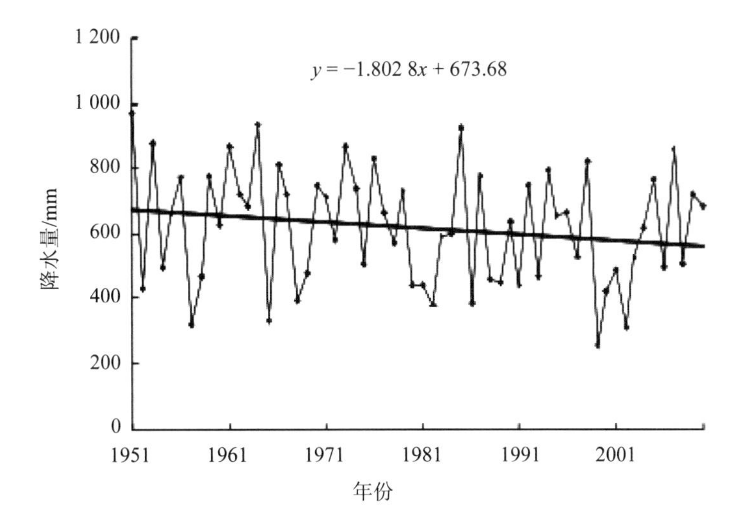

图 8-2　1951—2010 年大连市年降水量变化曲线

3）水量季节变化特征

对 1951—2010 年大连市各季节平均降水量、最大降水量、最小降水量进行趋势分析。研究发现，春、夏、秋、冬各季节降水量时间序列相关系数分别为 0.140 04、−0.221 63、−0.136 47、−0.083 41。季节降水量变化曲线如图 8-3 所示。

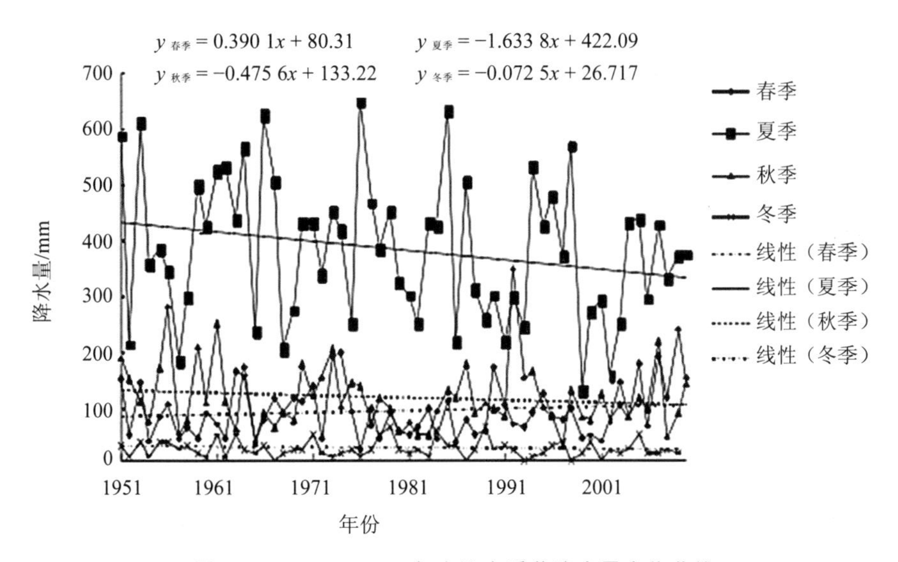

图 8-3　1951—2010 年大连市季节降水量变化曲线

4）降水量月际分布特征

从表 8-2 可知，大连市各月降水量分布非常不均，7 月平均降水量最多，为 152.7 mm，约占全年降水量的 24.7%，2 月平均降水量最少，只有 7.2 mm，约占全年降水量的 1.2%。7—8 月降水量明显较多，约占全年降水量的 49%。汛期（6—9 月）降水量占全年降水量的 72.2%。从季节看，春、夏、秋、冬各季节降水量分别占全年降水量的 14.9%、61.9%、19.1%、3.9%。

表 8-2 1951—2010 年大连市历年各月平均降水

月份	降水量/mm	占全年降水量的比例/%
1	7.7	1.2
2	7.2	1.2
3	13.0	2.1
4	32.5	5.3
5	46.7	7.5
6	81.3	13.1
7	152.7	24.7
8	149.3	24.1
9	64.0	10.3
10	34.9	5.6
11	19.8	3.2
12	9.5	1.5

综上，大连市 2012 年径流总量约为 $1.43\times10^8\ m^3$，资源化利用的前景巨大，同时大连市又是水资源缺乏的大城市，过量开采地下水形成地表漏斗，造成海水倒灌，入侵陆域。积极探索雨水的资源化利用措施，对大连市解决目前水资源匮乏的困境和阻止海水的进一步入侵具有重要意义。

8.1.2 大连市城区径流污染负荷计算

本研究主要依据文献中大连市及国内其他城市的径流污染负荷实测资料，以 COD、SS、TN 与 TP 为研究指标，对大连市城区径流污染负荷总量进行估算。

（1）各类地表污染物浓度确定

依据文献中对大连市各地表类型雨水径流量的实测资料，并参考国内其他城市的实测资料，确定大连市城区各地表类型的径流污染物质量浓度，其值如表 8-3 所示。

表 8-3　大连市不同地表类型雨水径流中污染物质量浓度取值　　单位：mg/L

土地利用类型	SS	COD	TN	TP
居住用地	220	180	6.0	0.8
工业、仓储用地	260	220	6.5	1.0
对外交通用地	280	240	4.2	1.2
公共设施用地	210	170	3.8	0.8
道路广场用地	280	240	4.5	1.2
园林、公园、绿地	60	30	2.0	0.5

（2）径流污染负荷量估算

根据浓度法的相关公式，可以算得 2012 年大连市城区雨水径流中各类污染物负荷总量（如表 8-4 所示）。

表 8-4　2012 年大连市城区不同地表类型雨水径流污染负荷量

土地利用类型	2012 年径流量/（m^3/a）	SS/（t/a）	COD/（t/a）	TP/（t/a）	TN/（t/a）
居住用地	36 436 909	9 037.30	7 394.15	246.47	32.86
工业、仓储用地	34 945 258	10 259.45	8 681.07	256.49	39.46
对外交通用地	12 662 149	3 841.72	3 292.90	57.63	16.46
公共设施用地	14 757 327	3 396.63	2 749.65	61.46	12.94
道路广场用地	24 750 917	7 730.14	6 625.83	124.23	33.13
园林、公园、绿地	19 688 089	1 145.38	572.69	38.18	9.54
总计	143 240 649	35 410.62	29 316.29	784.46	144.39

各类污染物负荷量柱状图如图 8-4 和图 8-5 所示。

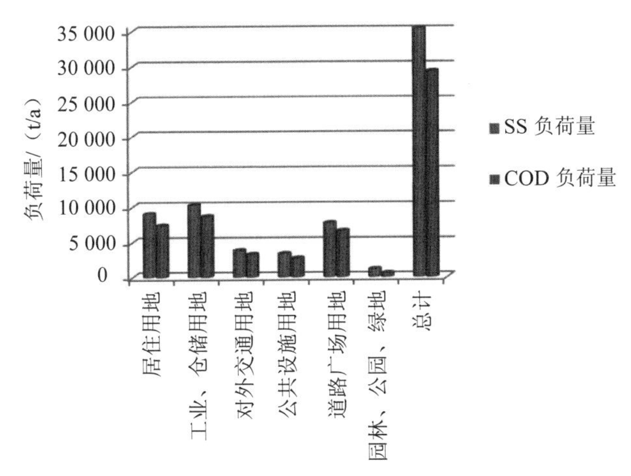

图 8-4　2012 年大连市城区雨水径流中 SS、COD 负荷量

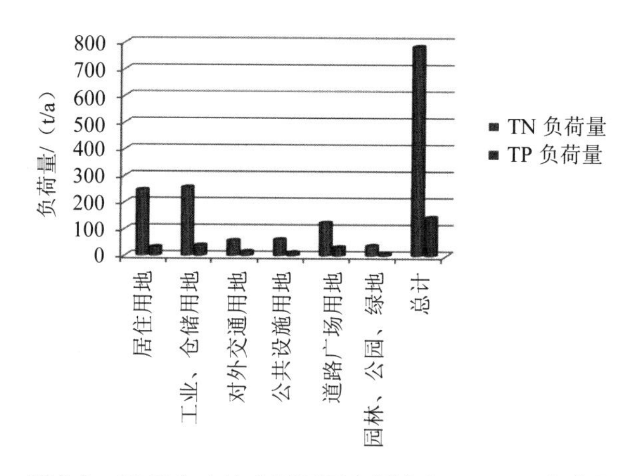

图 8-5 2012 年大连市城区雨水径流中 TN、TP 负荷量

可知，城市不同土地利用类型中径流污染状况不同。一般而言，不同土地利用类型中径流污染程度从大到小为交通区＞工业区＞商业区＞居民区＞文教区。城市径流污染程度与城市水文气象、降水规律、城市规模和发展水平、城市卫生管理水平等多种因素相关。

8.1.3 径流污染负荷与点源污染负荷的比较

为进一步衡量和评价大连市城区径流污染状况，本研究计算大连市城区点源污染负荷量，与大连市城区径流污染负荷量进行对比。

大连市既有、新建与扩建的污水处理厂达到十多个，污水处理率较高。分布于大连市主城区的几个污水处理厂的处理规模和进水水质指标如表 8-5 所示。

表 8-5 大连市城区各污水处理厂处理规模及进水水质指标

污水处理厂	日处理能力/万 t	SS/（mg/L）	COD/（mg/L）	TN/（mg/L）	TP/（mg/L）
老虎滩污水处理厂	8	240	350	25	3
马栏河污水处理厂	12	350	480	40	3
春柳河污水处理厂	8	220	400	25	3
傅家庄污水处理厂	1	250	350	25	3
泉水污水处理厂	3.5	480	260	45	6

根据以上污水处理厂的处理规模和进水水质指标，利用加权平均法计算各进水指标的数值，作为整个大连市城区污水的进水指标。另据 2013 年《大连统计年鉴》，大连市 2012 年污水处理量为 30 477 万 m^3，污水处理率为 95.05%。

由污水进水水质指标和年污水处理量，可以计算出 2012 年大连市城区各污染物负荷总量。计算结果如表 8-6 所示。

表 8-6　大连市城区污水处理厂进水中污染负荷量

项目	SS	COD	TN	TP
污水进水水质指标/（mg/L）	300	400	32	3.3
年污染负荷总量/（t/a）	91 431	121 908	9 752.64	700.98

2012 年大连市城区点源污染负荷总量和径流污染负荷总量的值分别如表 8-7 所示。

表 8-7　2012 年大连市城区径流污染负荷与点源污染负荷的比较

项目	水量/万 m^3	SS 负荷/（t/a）	COD 负荷/（t/a）	TN 负荷/（t/a）	TP 负荷/（t/a）
径流污染	15 713	35 410.61	29 316.30	784.46	144.40
点源污染	30 477	91 431.00	121 908.00	9 752.64	700.98
两者比值/%	52	39	24	8	21

从表 8-7 可以看出，2012 年大连市城区雨水径流总量约占城市污水处理总量的 52%，径流中 SS、COD、TN 与 TP 的负荷总量分别占到了全年城市污水相应负荷总量的 39%、24%、8%与 21%。若将未处理的污水直接排入海洋，势必会给海洋水环境带来总量相当大的污染物，进而造成海洋水环境的恶化。

大连市污水处理率较高，2012 年的污水处理率就达到了 95.05%。由此可知，点源污染问题已经得到了很好的控制。从以上研究可以看出，径流中污染负荷的总量巨大。如果不对径流中的污染负荷加以控制，使污染物排放到海域当中，将会造成海洋环境的巨大污染。因此，寻求合理的途径和措施解决径流污染问题非常紧迫。

8.2　雨水利用低影响开发运行效果模拟技术

针对雨水径流，设计传统的管网排放方案和添加低影响开发措施的改进方案，基于美国环境保护局研发的 SWMM5.1.013，构建雨水生态收集利用案例区低影响开发的雨水系统模型，利用该模型模拟不同重现期降雨的产流、汇流、污染物的累积与冲刷、污染物在管道中的传输等过程，采用径流系数法进行参数校准，对比传统开发模式和低影响开发模式下小区雨水管道排出口的水质、水量变化过程曲线，评价低影响开发措施对降雨径流的滞留削减效果和对水质的净化效果。

①根据研究区域的基本资料设计雨水管网，雨水管道设计重现期参考《室外排水设计规范》（GB 50014—2006），采用两年一遇。根据小区的规划图和景观设计图，在适当的位置布置下凹式绿地、浅沟渗渠组合设施、雨水花园、渗透铺装、植被缓冲带，并对屋面雨水进行不直接接入雨水管道、就近排入绿地滞留净化的处理，在景观水体的驳岸科学种植植物，提高水体的自净和净化径流污染物的能力。

②分析 SWMM 的原理并在研究区域建立雨水系统模型，模型主要包括径流模块、污染物的累积与冲刷模块、传输模块、低影响开发模块等，并分析评价模型在该小区的适用性。通过几个模块的集成运算，实现在不同重现期下，传统模式和低影响开发模式下水量、水质的全面模拟。对建立模型的过程进行详细阐述，并提供芝加哥降雨过程线的设计方法，用于对模拟降雨数据的准备。在研究国内外大量文献资料的基础上，提出本研究拟采用的水文、水质参数。针对构建的管道系统和低影响开发系统，在不同的重现期降雨下，对管道排出口处的流量和水质变化情况进行模拟研究。

8.2.1 低影响开发措施介绍

（1）研究区域基本资料

研究区域占地面积为 10 万 m^2，其中建筑用地面积为 4.3 万 m^2，绿地面积为 3.5 万 m^2，道路面积为 1 万 m^2，其余为水系、景观等。小区内建筑类型有多种，包括叠拼别墅、联排别墅、普通高层、商业区（如图 8-6 所示）。区域排水模式采取雨污分流制，雨水直接进入景观水体。

图 8-6 研究区域航拍图

（2）研究区域雨水管网设计

依据研究区域规划，根据雨水管网的设计计算方法，确定研究区域的雨水管网布置平面图（如图8-7所示）。

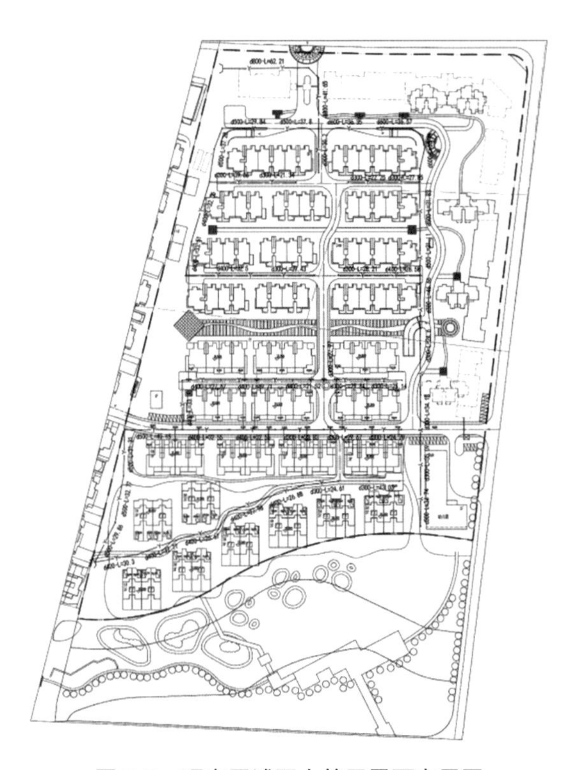

图8-7 研究区域雨水管网平面布置图

在研究区域雨水系统平面图以及现场勘查地表汇流状况的基础上，对研究区域进行子汇水区域的划分概化。参考研究成果，依据小区基本图纸将研究区域划分为94个子汇水区，各子汇水区的形状、面积各不相同。雨水管网概化为52条管道，管径在300～800 mm，节点52个，管网末端排放口2个，一期、二期各有1个。

表8-8 排水管网概化结果

管道编号	管段长度/m	管径/m	进水节点	出水节点
GQ1	39.43	0.3	J1	J2
GQ2	50.82	0.4	J2	J3
GQ3	33.51	0.4	J3	J4
GQ4	32.05	0.4	J4	J5

管道编号	管段长度/m	管径/m	进水节点	出水节点
GQ5	31.34	0.3	J7	J6
GQ6	39.06	0.3	J6	J5
GQ7	37.28	0.5	J5	J8
GQ8	29.84	0.5	J8	J9
GQ9	37.80	0.5	J9	J11
GQ10	30.20	0.3	J10	J11
GQ11	34.74	0.3	J12	J13
GQ12	35.09	0.3	J13	J14
GQ13	34.18	0.3	J14	J15
GQ14	24.60	0.3	J15	J16
GQ15	46.66	0.3	J16	J17
GQ16	28.21	0.3	J18	J25
GQ17	28.58	0.4	J25	J17
GQ18	31.11	0.5	J17	J52
GQ19	31.83	0.5	J52	J50
GQ20	22.25	0.3	J19	J23
GQ21	27.85	0.3	J23	J20
GQ22	30.79	0.6	J20	J21
GQ23	36.57	0.6	J21	J22
GQ24	36.35	0.6	J22	J11
GQ25	41.65	0.8	J11	J24
GQ26	62.21	0.8	J24	PFK1
GQ27	25.14	0.3	J26	J27
GQ28	29.84	0.3	J27	J29
GQ29	22.97	0.3	J28	J29
GQ30	21.52	0.4	J29	J30
GQ31	25.50	0.4	J30	J31
GQ32	24.23	0.4	J31	J32
GQ33	27.67	0.4	J32	J33
GQ34	33.28	0.3	J33	J39
GQ35	24.78	0.3	J34	J35
GQ36	29.67	0.3	J35	J36
GQ37	33.83	0.3	J36	J37

管道编号	管段长度/m	管径/m	进水节点	出水节点
GQ38	32.55	0.4	J37	J38
GQ39	32.55	0.4	J38	J39
GQ40	40.15	0.5	J39	J40
GQ41	20.62	0.3	J41	J42
GQ42	22.43	0.3	J42	J43
GQ43	24.61	0.3	J43	J44
GQ44	26.88	0.4	J44	J45
GQ45	27.98	0.4	J45	J46
GQ46	13.64	0.4	J46	J47
GQ47	26.67	0.4	J47	J48
GQ48	32.77	0.4	J48	J49
GQ49	30.30	0.4	J49	PFK2
GQ50	31.31	0.5	J40	J50
GQ51	32.77	0.5	J50	J51
GQ52	29.86	0.5	J51	PFK2

注：GQ——管道；J——节点；PFK——管网末端排放口。

（3）低影响开发措施比选

各类用地低影响开发设施及单项设施如表8-9和表8-10所示。

表8-9 各类用地低影响开发设施一览

措施类型（按主要功能）	单项设施	用地类型			
		建筑与小区	城市道路	绿地与广场	城市水系
渗透技术	透水砖铺装	1	1	1	2
	透水水泥混凝土	2	2	2	2
	透水沥青混凝土	2	2	2	2
	绿色屋顶	1	3	3	3
	下凹式绿地	1	1	1	2
	简易生物滞留设施	1	1	1	2
	复杂生物滞留设施	1	1	2	2
	渗透塘	1	2	1	3
	渗井	1	2	1	3

措施类型（按主要功能）	单项设施	用地类型			
		建筑与小区	城市道路	绿地与广场	城市水系
储存设施	湿塘	1	2	1	1
	雨水湿地	1	1	1	1
	蓄水池	2	3	2	3
	雨水桶	1	3	3	3
调节设施	调节塘	1	2	1	2
	调节池	2	2	2	3
转输设施	转输型植草沟	1	1	1	2
	干植草沟	1	1	1	2
	湿植草沟	1	1	1	2
	渗管/渠	1	1	1	3
截污净化设施	植被缓冲带	1	1	1	1
	初期雨水弃流	1	2	2	3
	人工土壤渗滤	2	1	2	2

注：1——宜选用；2——可选用；3——不宜选用。

表 8-10 低影响开发设施比选一览

单项设施	功能		控制目标					处置方式		经济性		污染物去除率（以SS计）	景观效果
	集蓄利用	地下水补充	净化	转输	径流总量	径流峰值	污染	分散	相对集中	建造费用	维护费用		
透水砖铺装	3	1	2	3	1	2	2	√	—	低	低	80%～90%	—
透水水泥混凝土	3	3	2	3	2	2	2	√	—	高	中	80%～90%	—
透水沥青混凝土	3	3	2	3	2	2	2	√	—	高	中	80%～90%	—
绿色屋顶	3	3	2	3	1	2	2	√	—	高	中	70%～80%	好
下凹式绿地	3	1	2	3	1	2	2	√	—	低	低	—	一般
简易生物滞留设施	3	1	2	3	1	2	2	√	—	低	低	—	好
复杂生物滞留设施	3	1	3	3	1	2	1	√	—	中	低	70%～95%	好
渗透塘	3	1	2	3	1	2	2	—	√	中	中	70%～80%	一般
渗井	3	1	2	3	1	2	2	√	√	低	低	—	—
湿塘	1	3	2	3	1	1	2	—	√	高	中	50%～80%	好
雨水湿地	1	3	1	3	1	1	1	√	√	高	中	50%～80%	好
蓄水池	1	3	2	3	1	2	2	—	√	高	中	80%～90%	—
雨水桶	1	3	2	3	1	2	2	√	—	低	低	80%～90%	—
调节塘	3	3	2	3	3	1	2	—	√	高	中	—	一般

单项设施	功能		控制目标					处置方式		经济性		污染物去除率（以SS计）	景观效果
	集蓄利用	地下水补充	净化	转输	径流总量	径流峰值	污染	分散	相对集中	建造费用	维护费用		
调节池	3	3	1	3	3	1	1	—	√	高	中	—	—
转输型植草沟	2	3	2	1	2	3	2	√	—	低	低	35%～90%	一般
干植草沟	3	1	2	1	1	3	2	√	—	低	低	35%～90%	好
湿植草沟	3	3	1	1	3	3	1	√	—	中	低	—	好
渗管/渠	3	2	3	1	2	3	2	√	—	中	中	35%～70%	—
植被缓冲带	3	3	1	—	1	3	1	√	—	低	低	50%～75%	一般
初期雨水弃流	2	3	1	—	1	3	1	√	—	低	中	40%～60%	—
人工土壤渗滤	1	3	1	—	1	3	2	—	√	高	中	75%～95%	好

注：①1——强；2——较强；3——弱或很小。

②SS去除率数据来自美国流域保护中心（Center for Watershed Protection，CWP）的研究数据。

（4）研究区域雨水生态收集利用措施设置

研究区域总占地面积约10万m^2，其中，二区一期的占地面积约为4.1万m^2，绿地率为36%，景观绿地占地约1.558万m^2，二区二期占地面积为4.7万m^2，绿地占地约1.692万m^2。

一期建筑占地47%，道路10%，水系5%，绿地38%。二期建筑占地50%，道路10%，水系4%，绿地36%。则一期雨量径流系数$\psi = 0.47 \times 0.9 + 0.1 \times 0.9 + 0.38 \times 0.2 = 0.589$。二期雨量径流系数$\psi = 0.50 \times 0.9 + 0.1 \times 0.9 + 0.36 \times 0.2 = 0.612$。二区改造前的雨量综合径流系数$\psi = 0.601$。

根据小区的具体规划布局、现有的景观图纸资料和以上所述低影响开发措施的特点比选方法，遵循低影响开发措施源头、分散削减径流的原则，筛选出适宜在本研究区域布置的低影响开发措施，包括下凹式绿地、浅沟渗渠组合设施、雨水花园、渗透铺装、植被缓冲带和生态驳岸。由于未做绿色屋顶规划，不易改造且成本较高，故绿色屋顶暂不在此小区内应用，但建筑屋顶接收的降雨径流将经过雨落管下行至下方的渗透砖或卵石就近渗入绿地。

研究区域的低影响开发措施平面布置方案如图8-8所示。

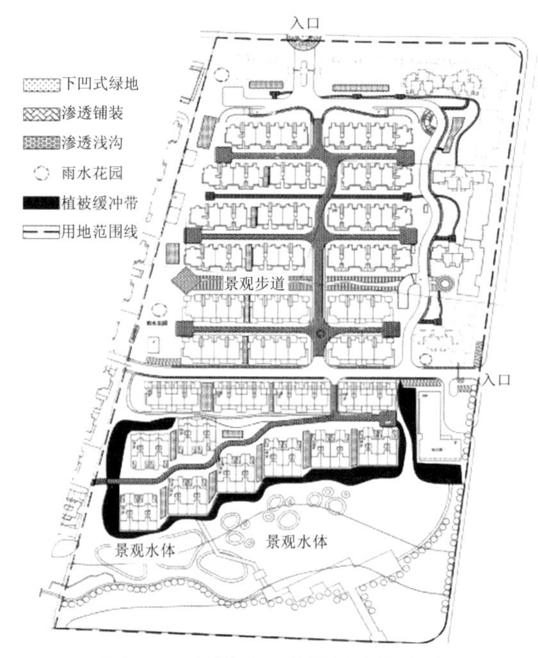

图 8-8 低影响开发措施布置方案

每种措施的具体做法参考地方标准、《建筑与小区雨水利用工程技术规范》《建筑与小区雨水利用工程技术规范实施指南》《雨水综合利用理论与实践》等。要点如下。

1）下凹式绿地

具体位置在楼房之间和较大面积绿地中，下凹 10 cm，总面积为 7 090 m^2。

该地区土质为普通黏土，渗透系数 $K<6\times10^{-8}$ m/s［《雨水控制与利用工程设计规范》（DB11/685—2013）］，不满足低影响开发的土壤渗透性要求，故采用黏土与砂土混合改良土壤。当土壤渗透系数为 1×10^{-7} m/s 时，采用体积比砂∶黏土=1∶1～1∶1.5，将砂土与黏土混合，改良后的土壤渗透系数可达 2.5×10^{-5} m/s，满足雨水下渗要求。种植土壤层厚度宜取 15～25 cm，本区域取 20 cm，既能满足表层植被的生长需求，又可兼顾雨水的下渗。其结构如图 8-9 所示。

南方小区绿地常用植物控制高度在 30～50 cm，适宜生长的草坪植物主要有马尼拉草、假俭草、地毯草等。

图 8-9 下凹式绿地典型构造示意

下凹式绿地周围的地表应设置一定的坡度，使径流汇集在下凹式绿地内。另外，下凹式绿地的入水口应尽量分散设置，若路沿石高度与周围地表高度相平，则径流分散进入，若路沿石高度大于周围地表，则在路沿石上设置几十厘米的缺口，使径流集中进入，但在缺口处需设置消能设施（如铺设卵石），集中入水口前还应设计截污设施，如截污雨水口、截污检查井或截污树池等，也可设置截污滤网、截污挂篮，用于去除降雨地表径流中的大颗粒污染物。雨水溢流口的位置可以设置在绿地中或者设置于绿地边缘与周围地表相接处，雨水溢流口的高程介于下凹式绿地和地面之间，保证下凹式绿地在积蓄了一定的径流量后才溢流进入雨水管道，本研究区域的下凹式绿地较周围地表下凹 10 cm，雨水溢流口的位置设置在高于下凹式绿地 5 cm 处，具体位置应根据周围地表坡度确定。

2）浅沟渗渠组合设施

由于本小区土壤为普通黏土，渗透率较低，本研究在小区不透水路面边缘修建一定面积的浅沟渗渠组合设施，使不透水地面的部分径流雨水进入渗透浅沟。雨水径流经渗透浅沟的渗透、截污、净化，经渗渠下渗，就近进入下凹式绿地或景观水体，也可溢流进入雨水管道。本小区共布置渗沟 602 m^2。

在渗透浅沟内可适当种植植被，以加强其径流收集滞留和污染控制的效果，其作用与植被浅沟类似，二者的区别在于渗沟的主要目的是下渗，植被浅沟的主要目的是流量传输。

沟底表面的土壤厚度不应小于 100 mm，渗透系数不应小于 1×10^{-5} m/s；渗渠中的砂垫层厚度不应小于 100 mm，渗透系数不应小于 1×10^{-4} m/s；渗渠中的砾石层的厚度不应小于 100 mm。其典型构造形式如图 8-10 所示。

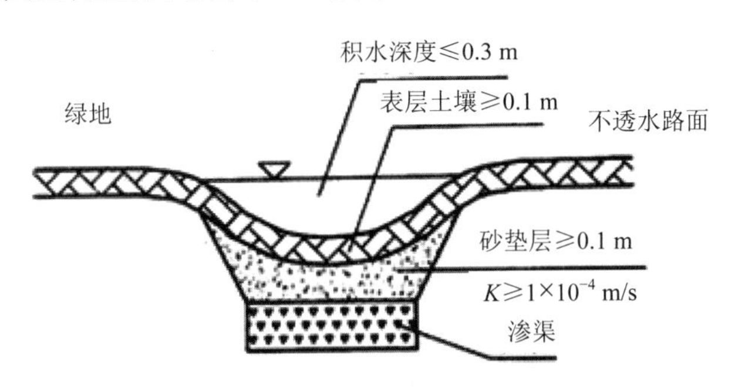

图 8-10 浅沟渗渠组合设施构造示意

作为一种渗透设施，浅沟渗渠组合设施在本研究区域内的渗透能力由表层土壤、砂垫层等的渗透系数决定，故在路面下设置一定厚度的人工碎石调蓄，由于植被可以减缓径流流速、增加下渗量，同时可以保持水土、减弱冲刷，故尽量在浅沟内适当种植植被，此外浅沟应与周边建筑、道路、景观等相协调，使其发挥一定的景观效果。

3）雨水花园

雨水花园的最小尺寸为 3 m×5 m，距离建筑物基础水平 3 m 以上。根据研究区域用地布局以及景观规划设计图纸，选择合适位置布置雨水花园。典型的雨水花园竖向结构如图 8-11 所示，其结构功能参数如表 8-11 所示。

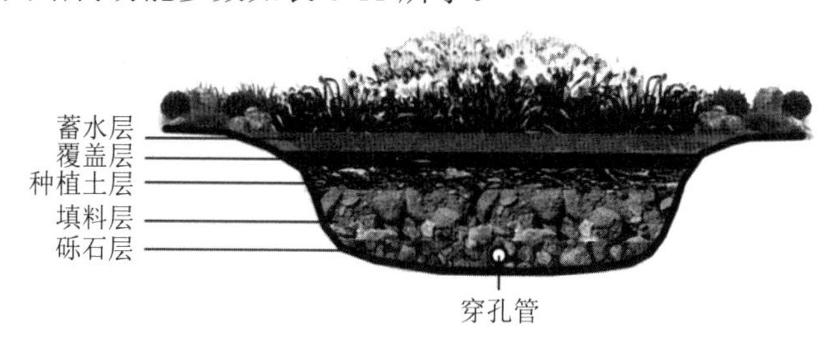

图 8-11　雨水花园结构示意

表 8-11　雨水花园结构功能参数

结构	功能	深度/mm
蓄水层	为暴雨径流提供暂时的存储空间，部分沉淀物在此结构层沉淀，促进金属离子、有机物去除	100～250
覆盖层	常规情况下采用树皮、树根、树叶，保持土壤湿度和渗透性能。为微生物的生长提供有利条件、降解和减轻径流腐蚀	50～80
植被/种植土层	为植物根系的吸附作用和微生物降解金属离子、碳氢化合物、氮磷等营养物质及其他的污染物质提供场所，过滤吸附效果好	250 左右
填料层	可以采用人工材料，也可以采用天然材料；为使渗透性满足要求，根据降雨特性、雨水花园需服务的面积计算确定厚度。可以选用砂质土壤，其成分与种植土保持一致，也可以采用炉渣和砾石等材料，填料层的渗透系数宜大于 1×10^{-5} m/s	500～1 200
砾石层	砾石（直径≤50 mm），可埋置管径为 100 mm 的穿孔管，经以上各层处理的径流雨水进入穿孔管被收集，而后进入河流或管网	200～300

典型的雨水花园下凹范围为 0.1～0.25 m，研究结果表明可以截留初期雨水 12 mm 左右的径流。可在填料层和砾石层间铺设土工布，保证砾石层的纯度，不会掺杂土壤颗粒，也可铺设 0.15 m 的砂层，保证穿孔段不会被土壤颗粒堵塞，同时可以通风。

雨水花园可以减少雨水径流量、净化雨水径流水质、补充地下水。一般适用于居民小区、建筑庭院、公共建筑等污染较轻的小面积雨水径流，一般不需在底部设计专门的排水沟。但雨水花园位置的选择十分重要，应按以下注意事项选择：①距离建筑物基础水平至少 3 m，避免雨水破坏建筑地基；②选择土壤渗透率较好且容易积蓄径流的低洼地区建造，但不适宜设计于因土壤渗透性较差而积水时间长的地点，容易造成该处植物根系腐烂；③尽量不要选择在树下建造，以免遮挡阳光，影响植物的生长。

4）渗透铺装

为充分体现雨水利用设计理念，小区内除主干道外，道路均改为渗透铺装。

渗透铺装从上到下分别为透水面层、透水找平层、透水基层（垫层）、透水底基层和土基（如图8-12所示）。

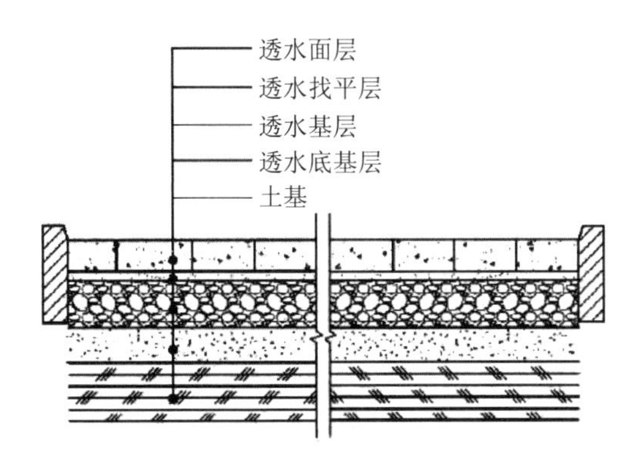

图8-12 透水铺装结构示意

透水面层应满足下列要求：渗透系数应大于 1×10^{-4} m/s，可采用透水面砖、透水混凝土、草坪砖等。透水面砖的有效孔隙率应大于等于8%，透水混凝土的有效孔隙率应大于等于 10%；当透水面层采用透水面砖时，应符合《透水路面砖和透水路面板》（GB/T 25993—2010）中的相关规定。通常透水面层的孔隙较大、渗透系数较高，对雨水的下渗阻碍较小，雨水通过透水面层后很快进入透水找平层。透水找平层的渗透系数应不小于透水面层的渗透系数，可采用细石透水混凝土、干砂、碎石或石屑等；透水找平层的有效孔隙率应比透水面层大，厚度宜为20～30 mm。

透水基层和透水底基层的选料和厚度设置应满足下列要求：渗透系数应大于透水面层，透水基层宜采用级配碎石或者透水混凝土，透水底基层宜采用级配碎石、中砂、粗砂或天然级配砂砾料等，垫层的厚度不宜小于150 mm。

各层厚度要求如下：透水面层60～80 mm；透水找平层20～30 mm；透水基层100～150 mm；透水底基层150～200 mm。透水基层中设DN50的PVC排水管 。

本研究区域渗透铺装总面积为2 550 m^2。

本小区渗透铺装设计透水面层为透水砖，厚度为60 mm，孔隙率为20%，透水基层、透水底基层厚度各为100 mm，孔隙率为30%，则透水面层+透水基层+透水底基层可容纳72 mm降雨量，研究地区两年一遇 60 min降雨量为41 mm，说明渗透铺装设计满足要求。

5）植被缓冲带

本研究区域设置植被缓冲带于二区一期下方靠近河岸处。植被缓冲带适合设置于不透水道路或其他不透水径流收集面周边，可作为生物滞留设施的预处理设施，也可作为滨水绿化带，但坡度较大（大于6%）时其雨水净化效果较差。其景观效果较好，在多类用地可广泛应用。

植被缓冲带的目的为传输流量，故用流量法计算校核。

$$Q = AR^{0.67}S^{0.5} / nt \tag{8-1}$$

式中：Q——设计径流量，m^3/s；

A——横断面积，m^2；

R——水力半径，m；

S——纵断面坡度，垂直高度/水平宽度，量纲一；

n——粗糙系数，量纲一；

t——时间，s。

此处断面为“V”形，其水力半径计算式如式（8-2）所示。

$$R = \frac{zd}{2\sqrt{z^2+1}}, \quad z = \frac{1}{S} \tag{8-2}$$

式中：d——径流雨水深度，m。

本研究区域设计植被缓冲带的边坡为3∶1，深度d=0.1 m，则S=1/3，R=0.047 m；A=1.5×10^{-2} m^2，n=0.2。计算得Q=5.58×10^{-3} m^3/s。$V=\frac{Q}{A}$=0.372 m/s，小于0.4 m/s，符合要求，不会因流速过大对植被的冲刷效应过强而影响植被生长。

6）屋面雨水处理

屋面径流经建筑外墙的雨落管下落，在雨落管的下方铺渗透砖，渗透砖可以起到削能和下渗的作用，径流经渗沟的传输和下渗，最终将屋面雨水就近导入绿地、景观水体或雨水管网。设施设计如图8-13所示。

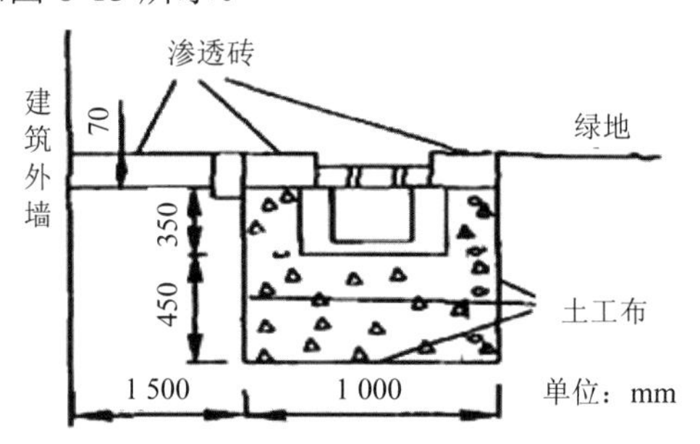

图8-13 屋面雨水渗透设施设计

透水砖渗透系数：A 级不小于 2×10^{-4} m/s；B 级不小于 1×10^{-4} m/s。填充碎石粒径为 15～20 mm。渗透设施的上部需要加盖格栅，以防落叶等杂物进入。

7）景观水体

研究区域内规划有人工景观湖，湖中适当种植水生植物遮阳降温，防止湖底污泥悬浮。根据水深不同，植物种植情况也不同，具体如表 8-12 所示。

表 8-12　不同水深的植物种植情况

水深	植物
小于 0.3 m	芦苇、菖蒲、水葱等挺水植物
0.3～0.6 m	萍蓬草（属睡莲亚科）、荇菜等
0.6～1.0 m	睡莲、荷花等沉水植物
堤岸	高大乔木为主，适当采用其他当地树种和植被，形成有效的植被堤岸，起到固岸护坡、防止坍塌的作用

通过湖中及生态水系的植物根系、砂石土壤以及多种微生物种群，对径流雨水和湖水中有机物与营养盐进行过滤、吸收或分解转化，并在一定程度上抑制浮游藻类的生长，从而防止水体富营养化，保持湖水的清澈。

8.2.2　基于 SWMM 的低影响开发措施效果分析

（1）低影响开发组合措施设置情况

在本研究区域内选择同时建设下凹式绿地、雨水花园、渗透铺装、浅沟渗渠组合设施及植被缓冲带。以该区域为研究对象进行模拟效果分析，各低影响开发措施的平面布置情况如表 8-13 所示。

表 8-13　低影响开发措施平面布置情况

子汇水区	面积/hm^2	各低影响开发措施面积/m^2				
		下凹式绿地	雨水花园	渗透铺装	浅沟渗渠组合设施	植被缓冲带
ZMJ1	0.10	200		50		
ZMJ2	0.11	200		50		
ZMJ3	0.02	100				
ZMJ4	0.01	50				
ZMJ5	0.07	150		50		
ZMJ6	0.07	150		50		
ZMJ7	0.07	50		50		
ZMJ8	0.06			50		
ZMJ9	0.06			50		

子汇水区	面积/hm^2	各低影响开发措施面积/m^2				
		下凹式绿地	雨水花园	渗透铺装	浅沟渗渠组合设施	植被缓冲带
ZMJ10	0.07			50		
ZMJ11	0.03	50				
ZMJ12	0.03	50				
ZMJ13	0.03					
ZMJ14	0.04			50		
ZMJ15	0.05			50		
ZMJ16	0.08					
ZMJ17	0.04				60	
ZMJ18	0.05				50	
ZMJ19	0.05				50	
ZMJ20	0.05			50		
ZMJ21	0.05		20	50		
ZMJ22	0.02	100				
ZMJ23	0.04				60	
ZMJ24	0.18					
ZMJ25	0.12					
ZMJ26	0.08					
ZMJ27	0.35	500				
ZMJ28	0.04					
ZMJ29	0.13					
ZMJ30	0.12					
ZMJ31	0.08					
ZMJ32	0.22		20		60	
ZMJ33	0.10					
ZMJ34	0.13				65	
ZMJ35	0.10				65	
ZMJ36	0.11					
ZMJ37	0.05	100				
ZMJ38	0.11	200		50		
ZMJ39	0.09			50		
ZMJ40	0.08			50		
ZMJ41	0.05			50		
ZMJ42	0.03					
ZMJ43	0.14	300			92	
ZMJ44	0.14	400			100	
ZMJ45	0.07	200				
ZMJ46	0.06	200				
ZMJ47	0.04					
ZMJ48	0.11			110		

子汇水区	面积/hm^2	各低影响开发措施面积/m^2				
		下凹式绿地	雨水花园	渗透铺装	浅沟渗渠组合设施	植被缓冲带
ZMJ49	0.06			200		
ZMJ50	0.04			400		
ZMJ51	0.04	100				
ZMJ52	0.17					
ZMJ53	0.12	150		50		
ZMJ54	0.09	150		50		
ZMJ55	0.09					
ZMJ56	0.02					
ZMJ57	0.10					
ZMJ58	0.10					
ZMJ59	0.02					
ZMJ60	0.09	150				
ZMJ61	0.09	150				
ZMJ62	0.02					100
ZMJ63	0.05	200		80		150
ZMJ64	0.05	200		90		
ZMJ65	0.08	130		50		
ZMJ66	0.09	130				
ZMJ67	0.07	140		50		
ZMJ68	0.07	150				
ZMJ69	0.03					
ZMJ70	0.03					
ZMJ71	0.05					
ZMJ72	0.05					
ZMJ73	0.03					
ZMJ74	0.04	175				
ZMJ75	0.07	140				
ZMJ76	0.07	150				
ZMJ77	0.08	150				
ZMJ78	0.10		20			
ZMJ79	0.08	175				
ZMJ80	0.05					
ZMJ81	0.09	200				
ZMJ82	0.05	150		100		
ZMJ83	0.05	150		100		
ZMJ84	0.05	150				
ZMJ85	0.07	150				
ZMJ86	0.08	200				
ZMJ87	0.05	160		110		

子汇水区	面积/hm²	各低影响开发措施面积/m²				
		下凹式绿地	雨水花园	渗透铺装	浅沟渗渠组合设施	植被缓冲带
ZMJ88	0.06	160		120		
ZMJ89	0.08	170		120		
ZMJ90	0.05					
ZMJ91	0.02					
ZMJ92	0.05					
ZMJ93	0.08	160		120		300
ZMJ94	0.44					1 500
ZMJ95	0.79					
合计	7.98	7 090	60	2 550	602	2 050

（2）对降雨径流量的滞留削减效果分析

利用前面所构建的低影响开发小区的雨水生态收集利用系统，基于 SWMM 模型建立模拟系统，合理选定模拟参数，对使用低影响开发技术和未使用低影响开发技术这两种不同的开发方式下研究区域的产流、汇流情况进行合理化模拟。

根据城市暴雨雨型的相关文献和相关规范，得出研究区域暴雨强度公式如下：

$$q = \frac{983(1+0.65\lg P)}{(t+4)^{0.56}} \tag{8-3}$$

式中：q——暴雨强度，L/（s·hm²）；

P——重现期，a；

t——降雨历时，min。

将上述公式转换为标准的暴雨强度公式，则为：

$$i = \frac{5.898(1+0.65\lg P)}{(t+4)^{0.56}} \tag{8-4}$$

式中：i——暴雨强度，mm/min；

P——重现期，a；

t——降雨历时，min。

根据上述公式，选取 7 种重现期（0.5 a、1 a、2 a、3 a、5 a、10 a、20 a），降雨历时为 2 h，根据实际情况，暴雨强度最大时多发生在 $r = 0.4$ 处，将整个暴雨过程离散为步长为 5 min 的序列，得到设计暴雨强度的数据（如表 8-14 所示）。

根据研究区域的暴雨强度公式和芝加哥雨型计算公式对 2 h 降雨数据以 5 min 为步长进行离散，具体数据如表 8-15 所示。

表 8-14 研究区域不同重现期 2 h 降雨量

重现期 P/a	2 h 降雨量/mm
0.5	38.480
1	47.841
2	57.202
3	62.678
5	69.576
10	78.937
20	88.298

表 8-15 不同重现期下 2 h 降雨强度变化过程（$r = 0.4$） 单位：mm/5 min

时间	P=0.5 a	P=1 a	P=2 a	P=3 a	P=5 a	P=10 a	P=20 a
0:00	0	0	0	0	0	0	0
0:05	0.760	0.944	1.128	1.236	1.372	1.556	1.741
0:10	0.812	1.010	1.208	1.325	1.470	1.666	1.864
0:15	0.880	1.092	1.307	1.431	1.589	1.802	2.016
0:20	0.962	1.196	1.431	1.568	1.741	1.974	2.209
0:25	1.072	1.333	1.594	1.747	1.939	2.200	2.461
0:30	1.227	1.524	1.823	1.996	2.217	2.515	2.813
0:35	1.461	1.816	2.172	2.380	2.642	2.997	3.352
0:40	1.880	2.339	2.794	3.062	3.400	3.856	4.314
0:45	2.956	3.675	4.394	4.815	5.344	6.065	6.784
0:50	7.101	8.827	10.553	11.564	12.838	14.565	16.291
0:55	3.737	4.646	5.554	6.087	6.758	7.666	8.576
1:00	2.409	2.996	3.580	3.924	4.357	4.942	5.528
1:05	1.869	2.325	2.779	3.045	3.380	3.834	4.289
1:10	1.565	1.947	2.327	2.550	2.831	3.212	3.593
1:15	1.368	1.699	2.032	2.226	2.471	2.805	3.137
1:20	1.225	1.522	1.821	1.994	2.214	2.512	2.809
1:25	1.116	1.387	1.660	1.818	2.018	2.291	2.562
1:30	1.030	1.282	1.533	1.680	1.864	2.116	2.367
1:35	0.962	1.196	1.431	1.566	1.739	1.972	2.207
1:40	0.905	1.124	1.345	1.473	1.635	1.854	2.075
1:45	0.855	1.063	1.271	1.392	1.546	1.753	1.961
1:50	0.812	1.010	1.207	1.324	1.470	1.667	1.864
1:55	0.775	0.964	1.152	1.263	1.401	1.591	1.780
2:00	0.743	0.924	1.105	1.210	1.343	1.524	1.705

根据表 8-15，重现期为 0.5 a、1 a、2 a、3 a、5 a、10 a 和 20 a，降雨历时为 2 h 的降雨过程线如图 8-14 所示。

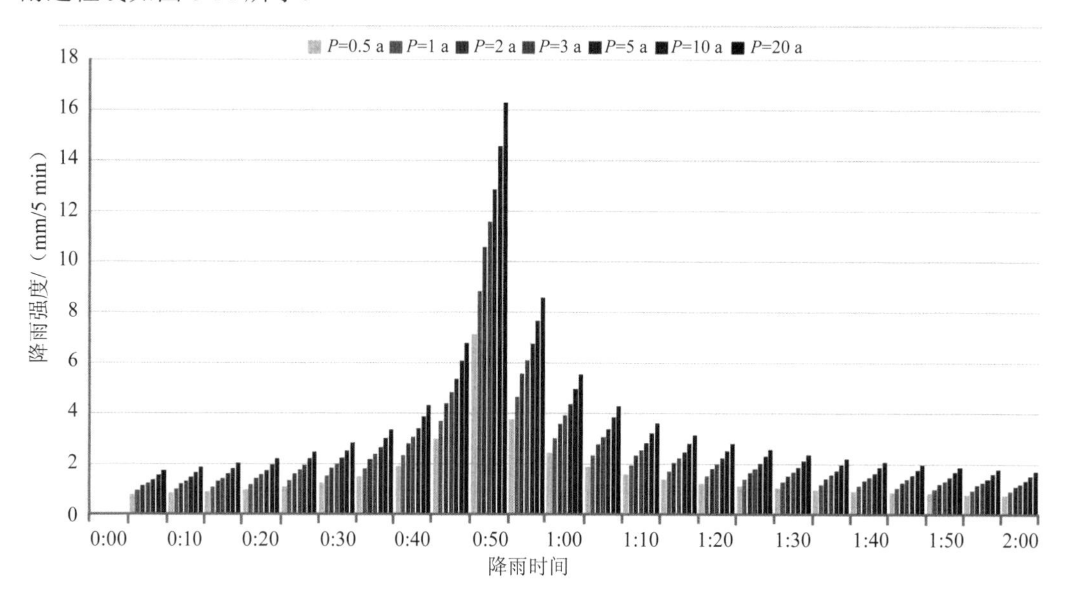

图 8-14 不同重现期下每 5 min 降雨强度分布

不同重现期下，小区的地表径流模拟结果如表 8-16 所示。

表 8-16 不同重现期下地表径流模拟计算结果

重现期/a		降雨量/mm	下渗量/mm	径流量/mm	下渗比例	径流系数	径流出现时刻/min	最大峰值时刻/min	峰值流量/（m^3/s）
0.5	无 LID	38.482	17.394	20.567	0.452	0.534	12～140	57	0.69
	有 LID	38.482	16.621	13.912	0.432	0.362	15～137	58	0.47
1	无 LID	47.841	20.003	26.438	0.418	0.553	11～141	57	0.86
	有 LID	47.841	19.277	18.055	0.403	0.377	13～139	59	0.58
2	无 LID	57.201	20.094	35.583	0.351	0.622	11～143	57	1.09
	有 LID	57.201	19.813	25.060	0.346	0.438	13～141	58	0.75
3	无 LID	62.676	20.138	41.133	0.321	0.656	10～144	58	1.24
	有 LID	62.676	20.119	29.326	0.321	0.468	12～143	58	0.91
5	无 LID	69.579	20.196	48.108	0.290	0.691	10～145	58	1.45
	有 LID	69.579	20.506	34.844	0.295	0.501	11～144	59	1.11
10	无 LID	78.935	20.274	57.476	0.257	0.728	10～146	58	1.72
	有 LID	78.935	21.030	42.806	0.266	0.542	11～145	59	1.31
20	无 LID	88.298	20.335	66.678	0.230	0.755	10～147	57	1.89
	有 LID	88.298	21.534	51.297	0.244	0.581	11～146	57	1.53

1）径流总量分析

图 8-15 为系统不使用低影响开发措施（LID）和使用低影响开发措施时两个排放口流量之和及径流削减率在 7 种不同重现期下的变化图。随着重现期的增大，降雨量、下渗量和径流量都在增加，但下渗量占总降雨量的比例在逐渐减小。当重现期大于 1 a，随着重现期增大，下渗量逐渐接近稳定值，这说明土壤逐渐接近饱和状态。同时，随着重现期的增大，径流系数也逐渐增大，反映出不透水下垫面比例较高的地区的暴雨内涝风险也在逐渐增大。

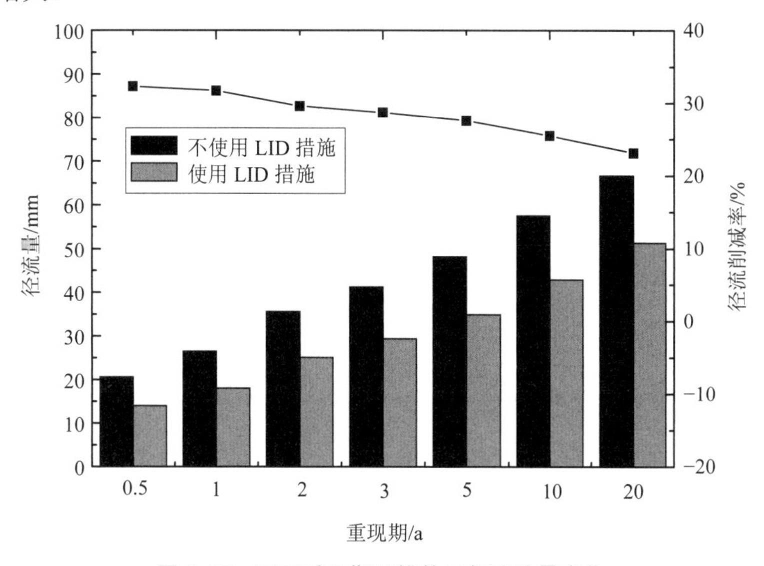

图 8-15　不同重现期下排放口径流总量变化

无低影响开发措施时，当从 P=0.5 a 上升至 P=20 a，2 h 降雨量从 38.482 mm 上升到 88.298 mm。随着降雨重现期的增大，相对应的径流量从 20.567 mm 增加到 66.678 mm，增加了 224%，下渗量从 17.394 mm 增加到 20.335 mm，增加了 16.9%。随着重现期的增大，径流量和下渗量都在增加，但径流下渗的水量远远小于径流量，径流增长的比例是下渗增长比例的 13.3 倍。

有低影响开发措施时，当从 P=0.5 a 上升至 P=20 a，2 h 降雨量从 38.482 mm 上升到 88.298 mm。随着降雨重现期的增大，对应的径流量从 13.912 mm 增加到 51.297 mm，增加了 269%，下渗量从 16.621 mm 增加到 21.534 mm，增加了 29.6%。径流增长的比例是下渗增长比例的 9.1 倍。趋势与无低影响开发措施时大致相同。

在 0.5 a、1 a、2 a、3 a、5 a、10 a 和 20 a 的重现期下，低影响开发措施对系统的径流总量的削减量分别为 6.655 mm、8.383 mm、10.523 mm、11.807 mm、13.264 mm、14.670 mm 和 15.381 mm，削减率分别为 32.4%、31.7%、29.6%、28.7%、27.6%、25.5%和 23.1%。随

着重现期的增大，低影响开发措施对径流总量的削减量逐渐增大，削减率逐渐降低。

2）径流峰值分析

图 8-16 为系统不使用低影响开发措施和使用低影响开发措施时两个排放口流量之和峰值及峰值削减率在 7 种不同重现期下的变化曲线。可以看出：随着降雨重现期的逐渐增大，无论是否使用低影响开发措施，小区排出口的峰值流量（两个排放口的流量之和的峰值）均在逐渐变大。

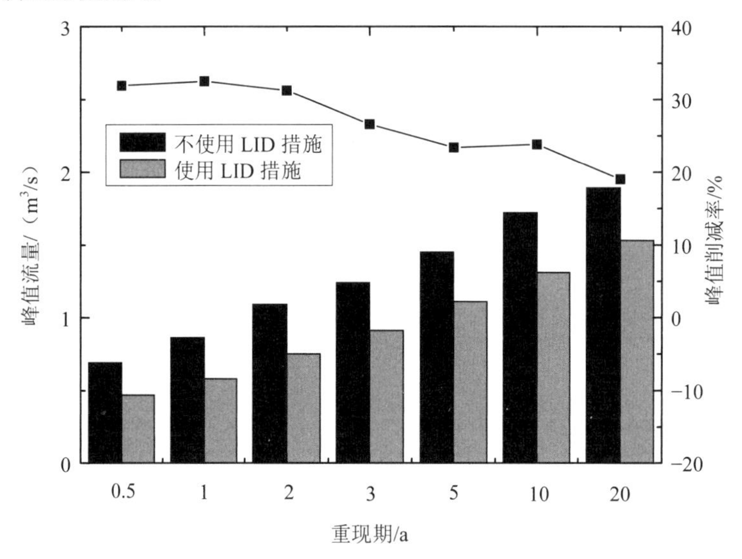

图 8-16 不同重现期下排放口峰值流量变化

无低影响开发措施时，当从 P=0.5 a 上升至 P=20 a，峰值流量从 0.69 m^3/s 上升到 1.89 m^3/s，增加了 1.74 倍。有低影响开发措施时，当从 P=0.5 a 上升至 P=20 a，峰值流量从 0.47 m^3/s 上升到 1.53 m^3/s，增加了 2.26 倍，趋势与无低影响开发措施时大致相同。

随着降雨重现期的增大，峰值流量逐渐增大，对排出口的洪峰削减率分别为 31.9%、32.6%、31.2%、26.6%、23.4%、23.8%和 19.0%，削减率逐渐降低。

在 0.5～2 a 的重现期下，低影响开发措施对峰值流量的削减率较高，基本呈稳定趋势。在超过 2 a 重现期的暴雨下，峰值流量削减率大幅度下降，低影响开发措施对洪峰的削减能力在 2 a 左右达到较为饱和的状态，反映了低影响开发措施对较低重现期的暴雨峰值流量的削减效果优于高重现期暴雨。从峰值流量看，使用低影响开发措施，5 a 重现期下小区排放口的流量与未使用低影响开发措施时 2 a 重现期下排放口的流量大致相同，故可以认为低影响开发措施使系统对雨水的排除能力由两年一遇提高到五年一遇。

3）径流过程分析

图 8-17 为 7 种不同重现期下，不使用低影响开发措施和使用低影响开发措施的系统

排出口流量实时变化曲线。

根据流量变化曲线，可以看出，无论是否使用低影响开发措施，模拟系统的出流变化曲线都相对滞后于降雨过程曲线，洪峰出现时刻都滞后于最大降雨强度出现时刻（48 min），这是由于降雨在地表有填洼、下渗等过程的存在，并未立刻形成地表径流。

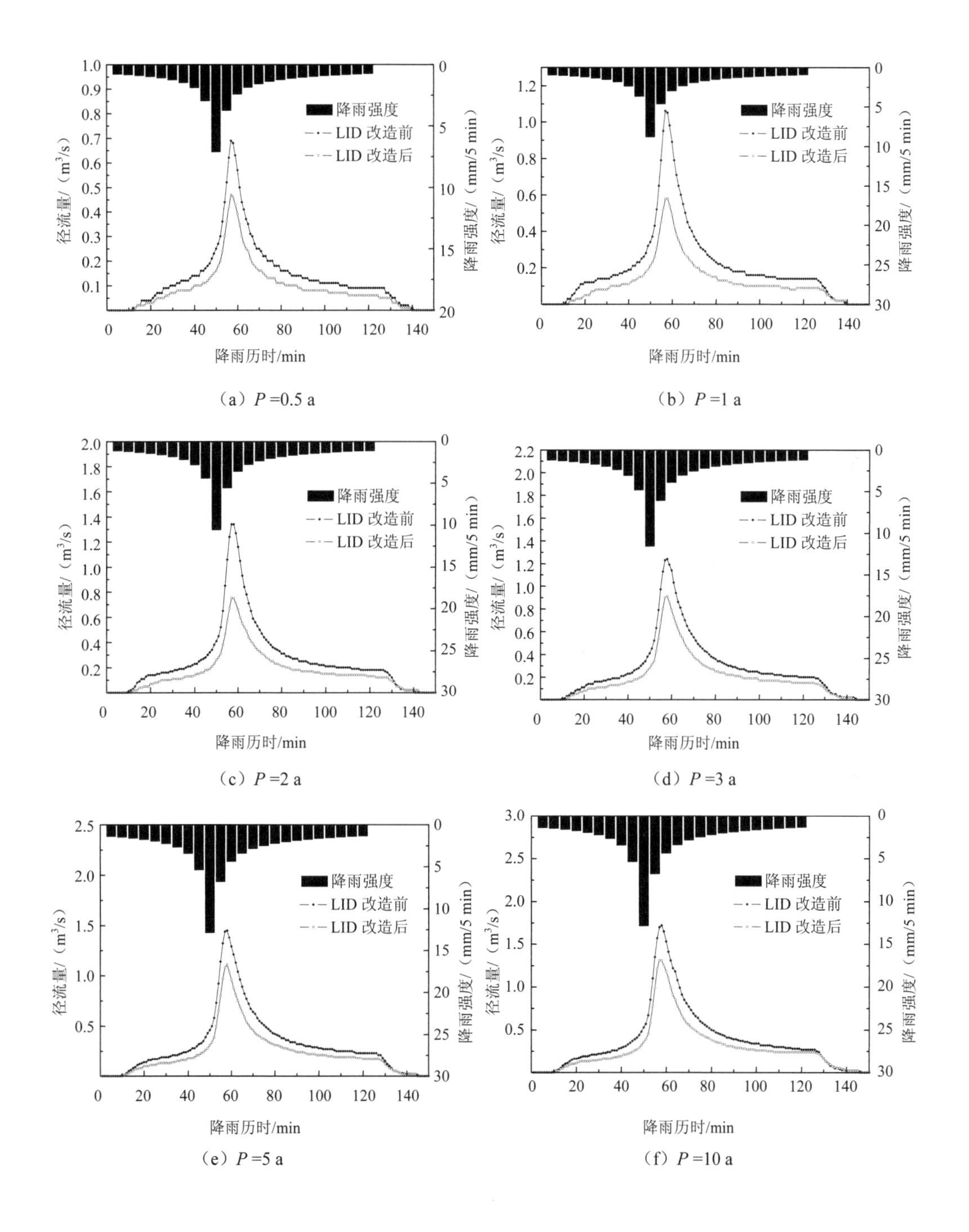

（a）P =0.5 a

（b）P =1 a

（c）P =2 a

（d）P =3 a

（e）P =5 a

（f）P =10 a

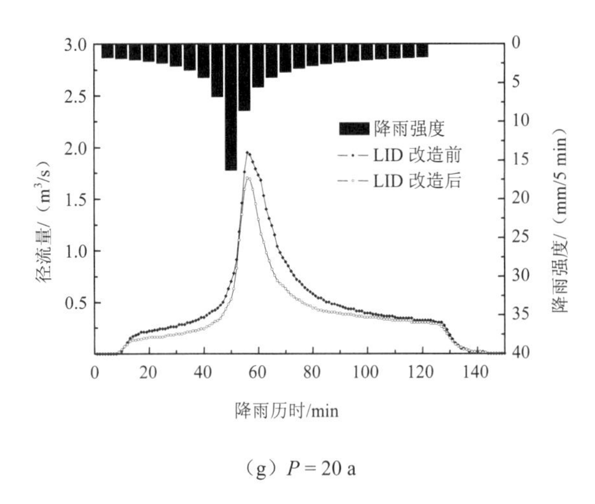

（g）$P = 20$ a

图 8-17　7 种不同重现期下排出口流量变化曲线

从图 8-17 可以看出，低影响开发措施具有明显的削减径流效果。由于本小区添加的低影响开发措施面积不大，主要起削减洪峰流量、延迟洪峰时刻作用的下凹式绿地面积仅为雨水管网汇水面积的 9%左右，其延迟洪峰的作用并不大，多数重现期下为 1～2 min，在 20 a 的重现期下，洪峰没有出现延迟。在一定程度上反映了低影响开发措施对大暴雨的洪峰延迟效果不明显。

从图 8-17 也可以看出，随着重现期的增大，径流出现时间也逐渐变长，径流时间缩短，从 6 min 减至 2 min。表明在较大强度的暴雨下，地表入渗到饱和的时间缩短，进而径流产生时间缩短，甚至可能在入渗未饱和时就产生径流，因此，低影响开发措施具有一定的范围性。

未加低影响开发措施时，7 种不同重现期下的径流连续性误差分别为−0.31%、−0.32%、−0.52%、−0.81%、−1.03%、−1.15%和−0.99%，流量演算误差为 0.04%、0.03%、0.10%、0.16%、0.18%、0.12%和−0.09%；增加低影响开发措施时，7 种重现期下的径流连续性误差分别为−0.24%、−0.25%、−0.47%、−0.76%、−0.99%、−1.05%和−0.89%，流量演算误差为−0.02%、−0.02%、0.04%、0.10%、0.19%、0.17%和 0.19%，所有演算的连续性误差均远远小于 10%，结果是可靠的。

综上所述，研究区域内采取的各项低影响开发措施对降雨径流具有较好的削峰减量效果。

（3）对降雨径流水质的滞留削减效果分析

地表径流中污染物的产生和迁移是伴随着地表产流汇流同时发生的。因此，在研究低影响开发措施对降雨径流的削减作用的基础上，针对 7 种不同重现期下，不使用低影响开发措施和使用低影响开发措施时，评估小区雨水管网的两个排出口污染物浓度的平均值变化过程，以此了解低影响开发措施对地表径流中4种典型污染物（SS、COD、TN、TP）的去除效果。

1）污染物总负荷分析

在7种重现期下，研究小区两个排放口的污染物（SS、COD、TN、TP）的排放总负荷，模拟输出结果如图8-18所示。

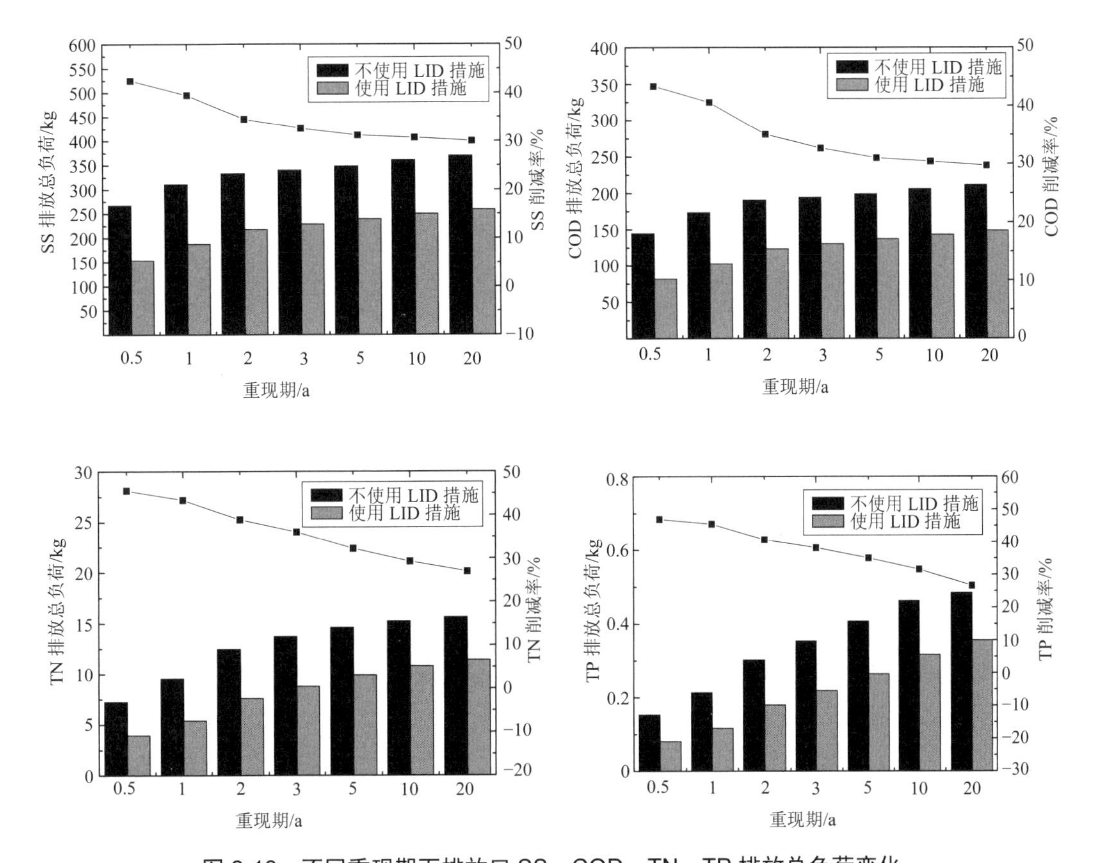

图8-18 不同重现期下排放口SS、COD、TN、TP排放总负荷变化

由图8-18可以看出，同一重现期下，系统产生的污染物量为SS>COD>TN>TP。随着重现期的增大，不使用低影响开发措施和使用低影响开发措施的小区排放口SS、COD、TN、TP总负荷是不断增大的，这是由于重现期较大时降雨强度和降雨量也较大，雨水的冲刷作用较强，更多的污染物受到冲刷而随着地表径流进入雨水管网并被收集。

在不同重现期下，使用低影响开发措施的排放口的SS、COD、TN、TP总负荷总小于不使用低影响开发措施的排放口的污染物总负荷，这表明低影响开发措施对径流中污染物具有削减效应。在 P=0.5 a、1 a、2 a、3 a、5 a、10 a、20 a 的重现期下，低影响开发措施对污染物 SS 排放总负荷的削减量分别为 113.572 kg、122.821 kg、114.640 kg、110.667 kg、108.491 kg、110.678 kg 和 110.935 kg；对污染物 COD 排放总负荷的削减量分别为 62.704 kg、70.261 kg、66.790 kg、63.508 kg、61.590 kg、62.720 kg 和 62.664 kg；对污染物 TN 排放总负荷的削减量分别为 3.293 kg、4.138 kg、4.840 kg、4.934 kg、4.694 kg、4.441 kg 和 4.201 kg；对污染物 TP 排放总负荷的削减量分别为 0.072 kg、0.097 kg、0.123 kg、0.135 kg、0.143 kg、0.146 kg 和 0.129 kg。

可见，随着降雨重现期的增大，低影响开发措施对 SS 和 COD 排放总负荷的削减量总体为先增加后趋于稳定，而对 TN 和 TP 的削减趋势为波动增加。这是由于 SS 和 COD 的累积总量较大，模型中设置的冲刷系数较大，所以径流中 SS 和 COD 的含量受降雨强度的影响较大，在较大的降雨强度下，地表所累积的污染物大量被暴雨冲刷进入地表径流，低影响开发措施对较高浓度的污染物的去除能力达到饱和；而 TN 和 TP 在地表的累积量较小，模型中的冲刷系数较小，其进入径流的污染物量与降雨强度关系不明显，故没有表现出 SS、COD 的特征。

随着重现期的增大，低影响开发措施对 SS、COD、TN、TP 污染负荷的削减率在降低。这可能是由于随着重现期的增大，降雨强度和降雨量同时增大，使得径流冲刷效应增强，径流中污染物负荷增大，而这部分污染物来不及经由低影响开发措施的处理就直接进入雨水管道，所以造成去除率降低。从整个的排出口情况看，出现随着重现期的增大，低影响开发措施对污染物负荷削减率降低的现象。

2）污染物质量浓度变化过程分析

P=0.5 a 时，不使用低影响开发措施和使用低影响开发措施时小区雨水管道排出口污染物平均质量浓度变化曲线如图 8-19 所示。

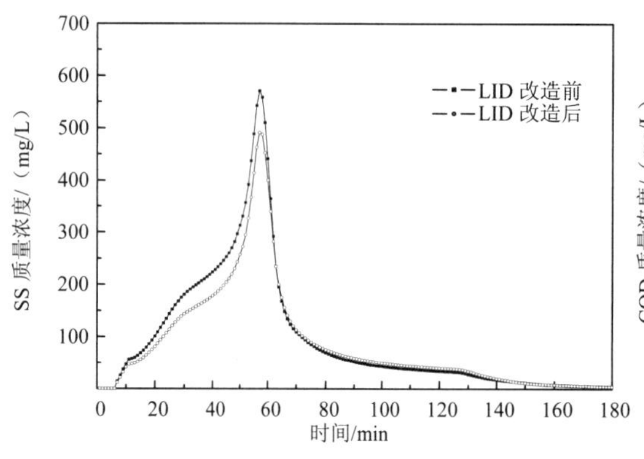

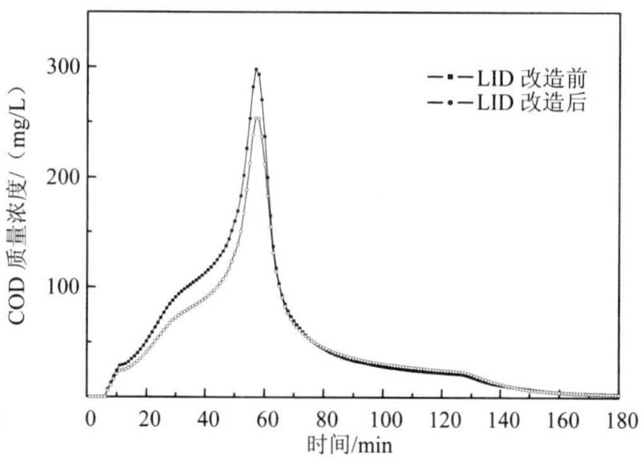

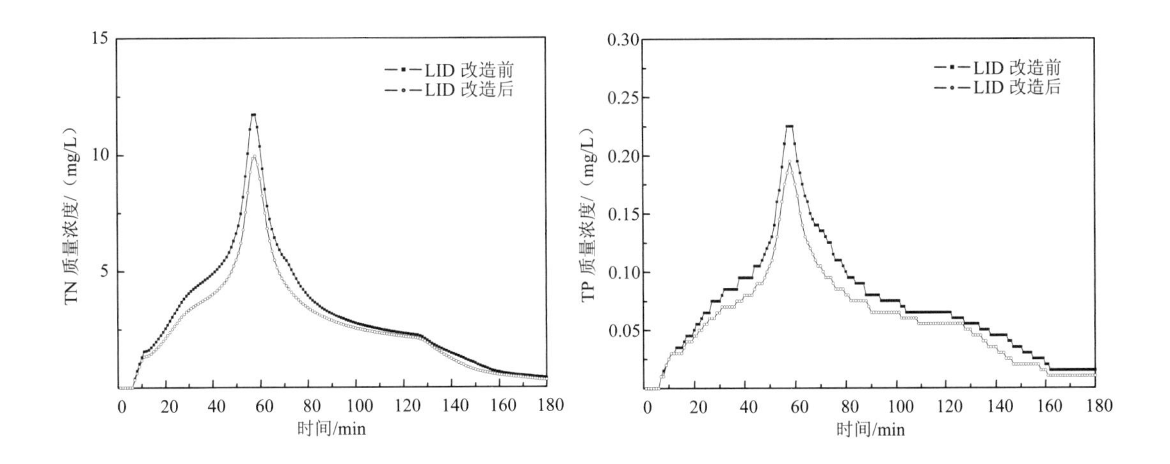

图 8-19 P=0.5 a 小区排放口污染物平均质量浓度变化曲线

P=1 a 时，不使用低影响开发措施和使用低影响开发措施时小区雨水管道排出口污染物的平均质量浓度变化曲线如图 8-20 所示。

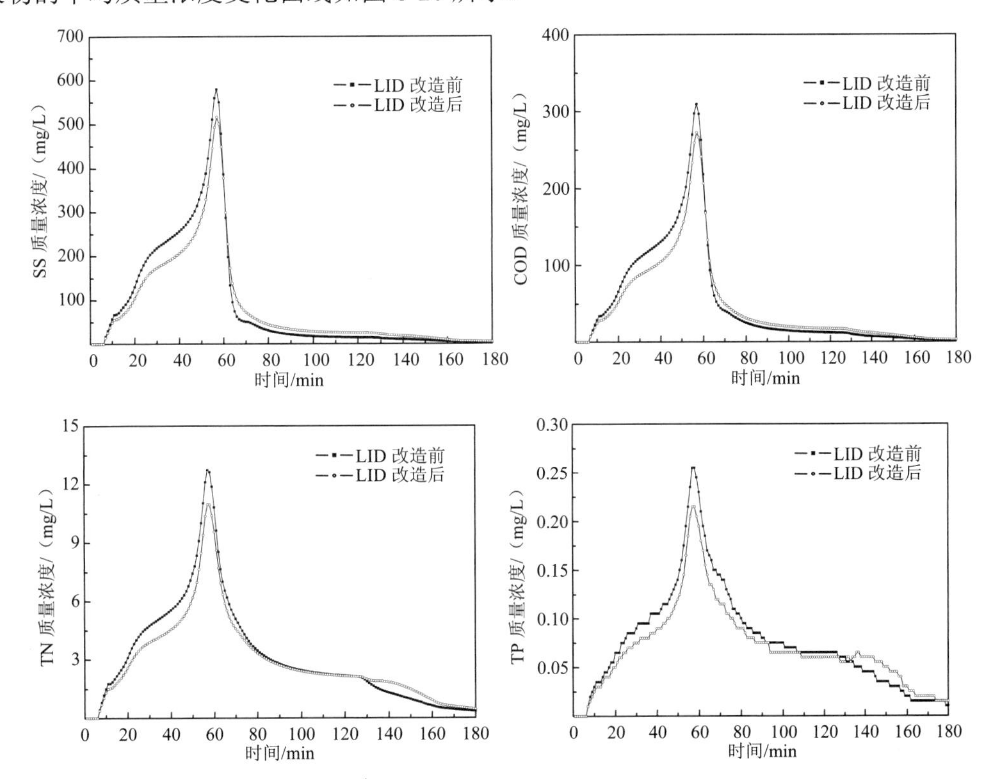

图 8-20 P=1 a 小区排放口污染物平均质量浓度变化曲线

P=2 a 时，不使用低影响开发措施和使用低影响开发措施时小区雨水管道排出口污染物平均质量浓度变化曲线如图 8-21 所示。

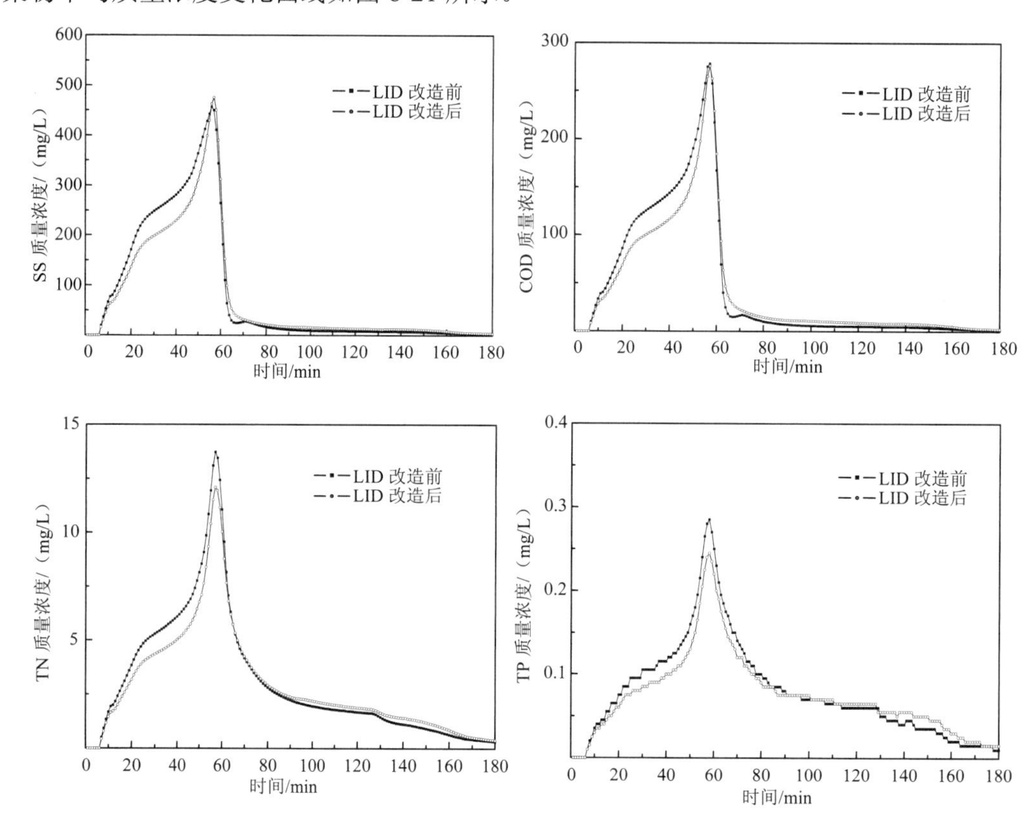

图 8-21 P=2 a 小区排放口污染物平均质量浓度变化曲线

P=3 a 时，不使用低影响开发措施和使用低影响开发措施时小区雨水管道排出口污染物平均质量浓度变化曲线如图 8-22 所示。

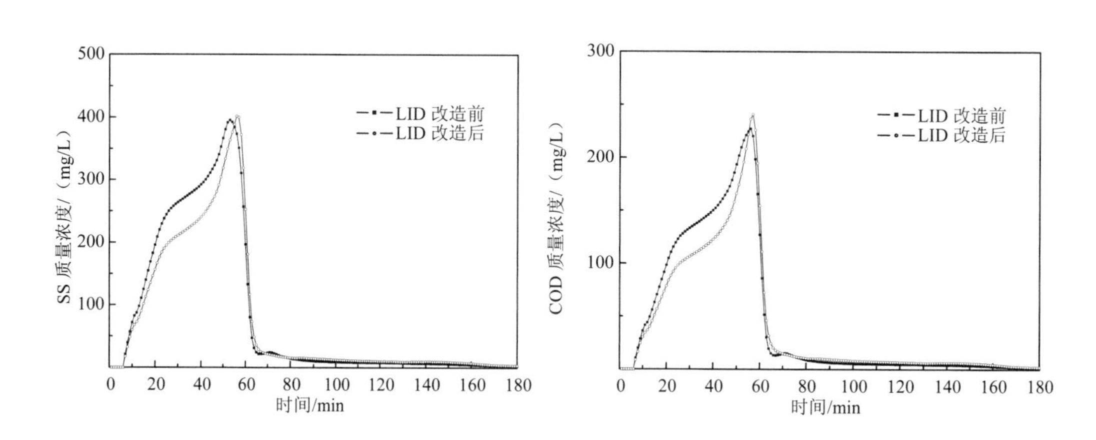

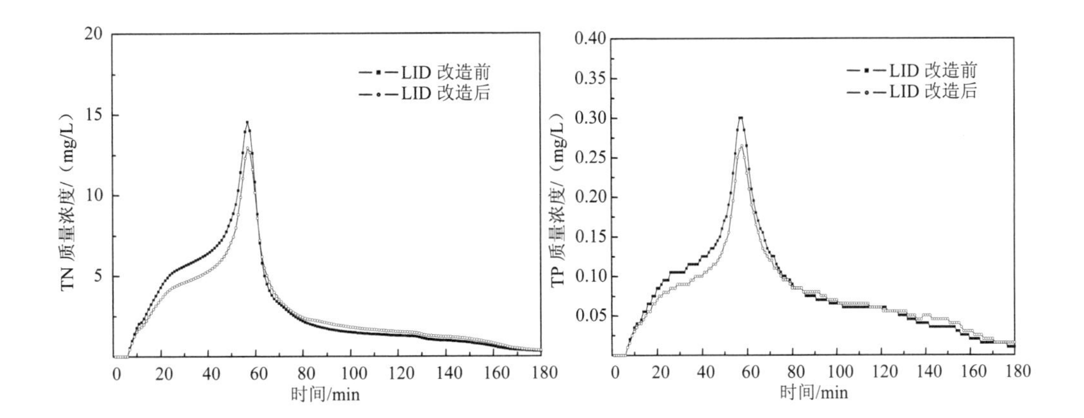

图 8-22　*P* =3 a 小区排放口污染物平均质量浓度变化曲线

P=5 a 时，不使用低影响开发措施和使用低影响开发措施时小区雨水管道排出口污染物平均质量浓度变化曲线如图 8-23 所示。

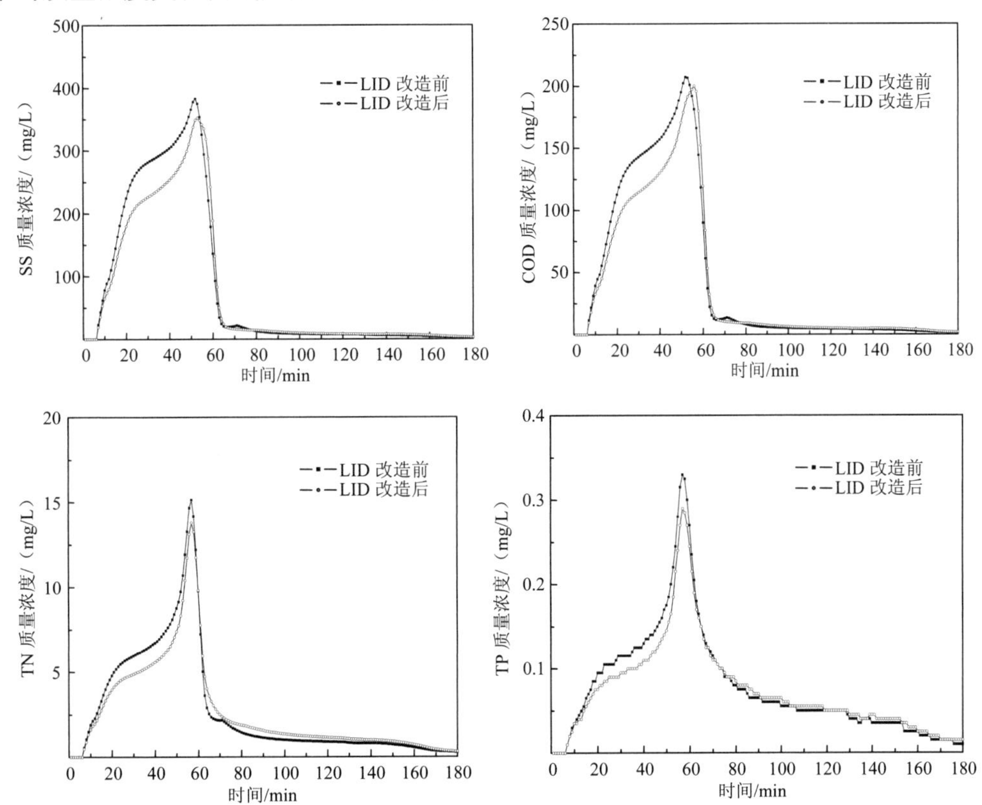

图 8-23　*P* =5 a 小区排放口污染物平均质量浓度变化曲线

P =10 a 时，不使用低影响开发措施和使用低影响开发措施时小区雨水管道排出口污染物平均质量浓度变化曲线如图 8-24 所示。

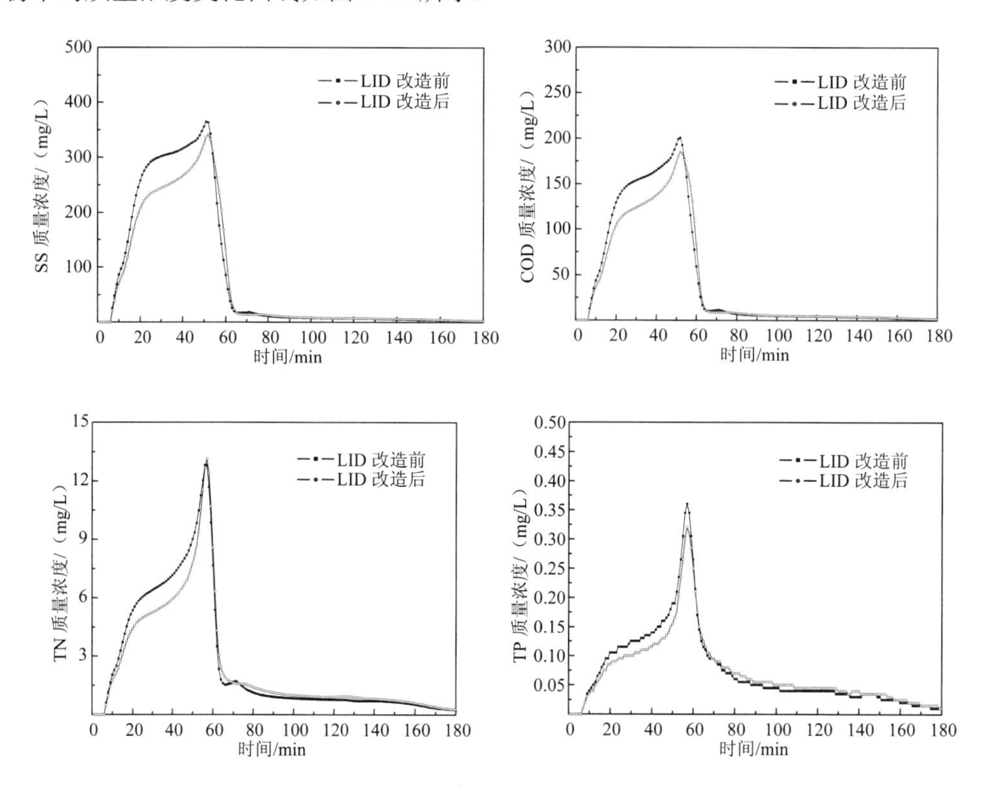

图 8-24　*P* =10 a 小区排放口污染物平均质量浓度变化曲线

P =20 a 时，不使用低影响开发措施和使用低影响开发措施时小区雨水管道排出口污染物平均质量浓度变化曲线如图 8-25 所示。

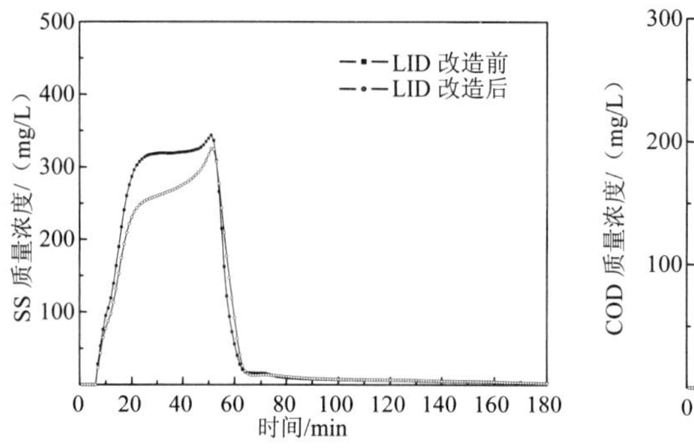

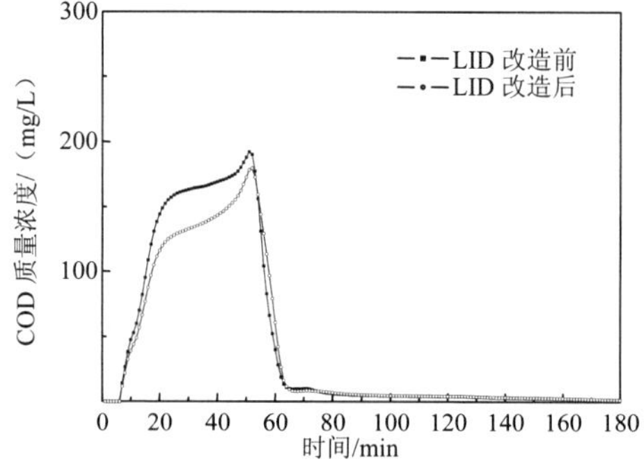

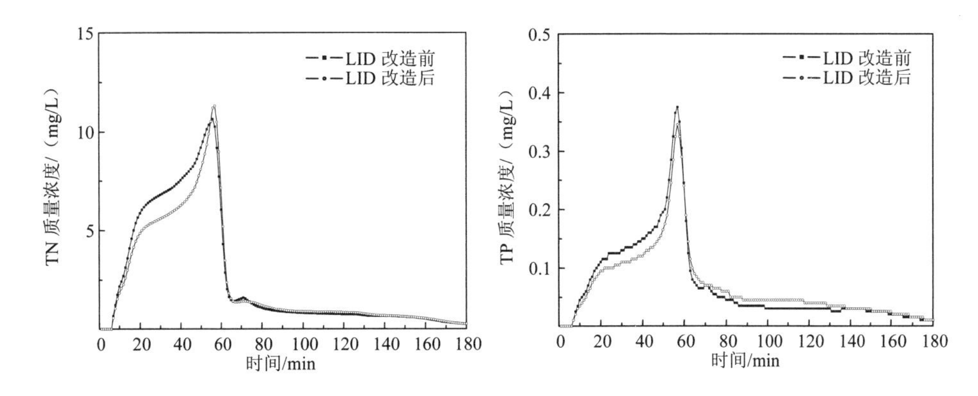

图 8-25　*P* =20 a 小区排放口污染物平均质量浓度变化曲线

小区雨水管道排出口污染物质量浓度的变化不仅与降雨过程中冲刷出的污染物量有关，还与地表径流量有关。低影响开发措施对地表径流量和地表径流中污染物量都有削减效果。在同一重现期的降雨过程中，是否使用低影响开发措施对由降雨冲刷进入地表径流的污染物总量没有影响。使用了低影响开发措施的系统，含污染物的径流在汇水过程中，由于低影响开发措施对径流的削减滞留，径流量会减少；同时，径流中部分污染物也由于低影响开发措施的沉淀、截留等作用被去除。污染物量与径流量的比值为径流中污染物的质量浓度，径流量和污染物量减少的过程同时发生，径流量减少与污染物量减少多少影响着污染物质量浓度的变化。因此可能会出现使用低影响开发措施后系统排出口污染物质量浓度值高于不使用低影响开发措施时系统排出口污染物质量浓度的现象。因此，本研究对污染物峰值削减情况未做讨论。

低影响开发措施对 COD、SS、TN 和 TP 整体上呈削减趋势，多数情况下，峰值出现了一定程度的削减。由于低影响开发措施布置面积不大，据前文分析可知，洪峰延迟不明显，且污染物量和径流量去除的同时但不同量造成了质量浓度的不确定性，故污染物的质量浓度变化曲线最高点位置并不一定是延后的。

低影响开发措施对各类污染物的去除效果不一，但在质量浓度变化曲线上呈现一定的相似性，均与 SS 的去除曲线类似。在同一场降雨或在同一重现期下的模拟结果中，SS 与 COD、SS 与 TN 和 SS 与 TP 的质量浓度变化呈现较好的线性关系。可能是由于大部分污染物附着于 SS，随着 SS 的去除，其他污染物同时被去除。

可以看出，随着重现期的增大，各种污染物的质量浓度在到达峰值后下降速度也逐渐变大，表现为最高点之后的曲线随重现期变大而变陡。这是由于随着重现期的增大，径流量和冲刷作用都增强，径流中污染物质量浓度上升至最高值后迅速下降。

由这 7 种不同重现期下的模拟结果可以看出，低影响开发措施可以有效去除 SS、

COD、TN 和 TP 的负荷，可以有效地改善径流的水质。

不用低影响开发措施时，7 种不同重现期下的径流水质演算误差分别为 0.08%、−0.17%、−0.15%、0.19%、0.21%、−0.31%和−0.70%；增加低影响开发措施时，7 种重现期下的径流水质演算误差分别为−0.10%、−0.20%、−0.24%、−0.16%、0.25%、−0.15%和−0.17%，所有演算的连续性误差均远远小于 10%，故结果是可靠的。

综上，在 0.5 a、1 a、2 a、3 a、5 a、10 a 和 20 a 的重现期下，低影响开发措施对系统径流总量的削减率分别为 32.4%、31.7%、29.6%、28.7%、27.6%、25.5%和 23.1%；对排出口的洪峰削减率分别为 31.9%、32.6%、31.2%、26.6%、23.4%、23.8%和 19.0%。随着重现期的增大，对总量和峰值的削减能力基本呈减弱趋势。此外，洪峰出现时刻也迟于传统系统，表明低影响开发措施对降雨径流具有削减和滞留作用，由于低影响开发措施面积所占比例不大，因而延迟时间不长。

系统排出口的水质变化情况如下：在 0.5 a、1 a、2 a、3 a、5 a、10 a 和 20 a 的重现期下，低影响开发措施对径流中 SS 的总负荷削减率分别为 42.5%、39.5%、34.5%、32.6%、31.2%、30.7%和 30.0%；对 COD 的总负荷削减率分别为 43.4%、40.6%、35.1%、32.0%、30.7%、30.1%和 29.5%；对 TN 的总负荷削减率分别为 45.6%、43.4%、38.9%、36.0%、32.2%、29.2%和 26.9%；对 TP 的总负荷削减率分别为 47.0%、45.5%、40.7%、38.2%、35.1%、31.6%和 26.6%。可以看出，低影响开发措施对 SS、COD、TN 与 TP 具有良好的去除效果，对各种污染物的去除效果不同，但是各种污染物的质量浓度变化曲线呈现一定的相似性。这可能是由于 COD、TN 与 TP 在径流中附着于 SS，随着 SS 的去除而被去除。另外，随着降雨重现期的增大，低影响开发措施对 4 种污染物负荷的去除绝对值在增加，而去除比例随重现期增大而减小。

8.3 生态水系植物优化配置

8.3.1 景观水系植物筛选

为了优选生态水系植物，本研究考察了几种植物在不同季节、不同的生长时期对污染物的去除效果。根据生态学原理及低成本的要求，水生植物选种的原则是尽可能优先选用当地种，适当考虑引进外来优良品种。依据选取原则，向专家咨询并通过查阅国内外利用水生植物净化富营养化水体的相关文献资料，同时结合当地实际情况，最终选取了 9 种水生（湿生）植物作为研究对象（如表 8-17 所示）。

表 8-17 试验选取植物

序号	水生植物名称	生态型
1	香蒲（*Typha latifolia*）	挺水植物
2	美人蕉（*Canna flaccida*）	湿生植物
3	灯心草（*Juncus effusus*）	挺水植物
4	水竹（*Cyperus alternifolius*）	挺水植物
5	马来眼子菜（*Potamogeton malaianus* Miq.）	沉水植物
6	狐尾藻（*Myriophyllum spicatum*）	沉水植物
7	金鱼藻（*Ceratophyllum demersum*）	沉水植物
8	苦草（*Vallisneria*）	沉水植物
9	伊乐藻（*Egeria densa*）	沉水植物

8.3.2 景观水系植物污水去除效果分析

由于生态水系是生物反应器的后续处理单元，根据质量浓度范围极值，进水设置低质量浓度、中质量浓度，并考虑到系统故障等突发情况，再设置 1 个高质量浓度测定植物的耐高负荷冲击能力，质量浓度值设定如表 8-18 所示。

表 8-18 进水污染物质量浓度设定　　单位：mg/L

质量浓度＼指标	COD		NH_3-N		TP	
	挺水植物	沉水植物	挺水植物	沉水植物	挺水植物	沉水植物
低	60	40	12	10	1.0	0.8
中	120	80	15	12	1.5	1.2
高	200	120	25	18	2.5	2.0

通过采用不同初始质量浓度的污水，分别考察挺水植物、沉水植物对不同污水负荷的净化效果，选择植物的最佳配置。挺水植物对不同污水负荷的净化效果结果如图 8-26～图 8-28 所示，沉水植物对不同污水负荷的净化效果结果如图 8-29～图 8-31 所示。

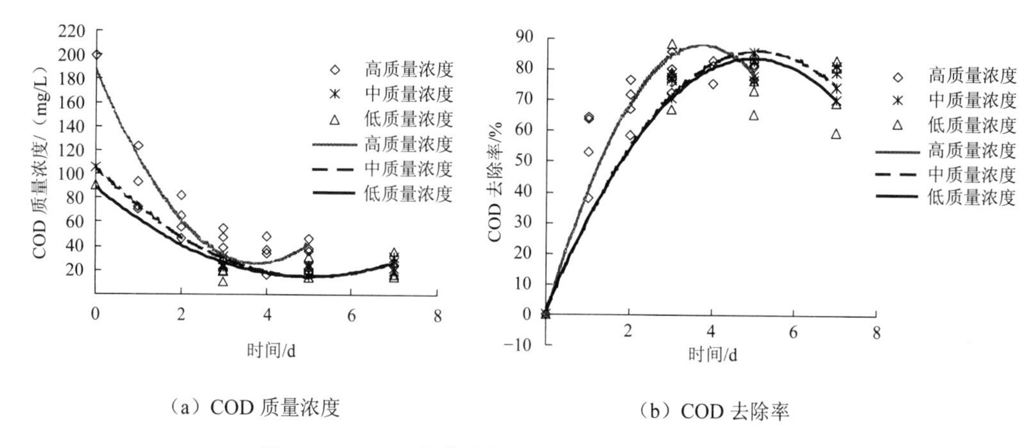

（a）COD 质量浓度　　（b）COD 去除率

图 8-26　COD 负荷变化对挺水植物处理效果的影响

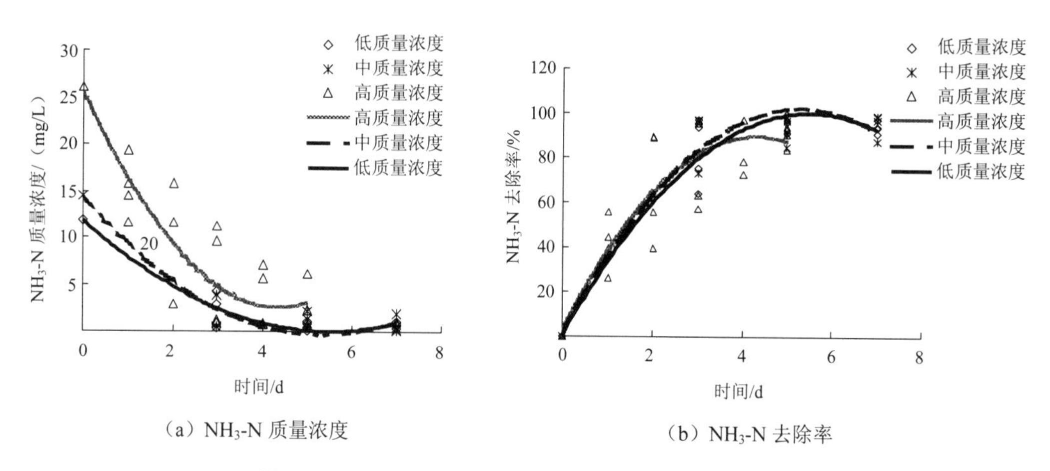

（a）NH_3-N 质量浓度　　（b）NH_3-N 去除率

图 8-27　NH_3-N 负荷变化对挺水植物处理效果的影响

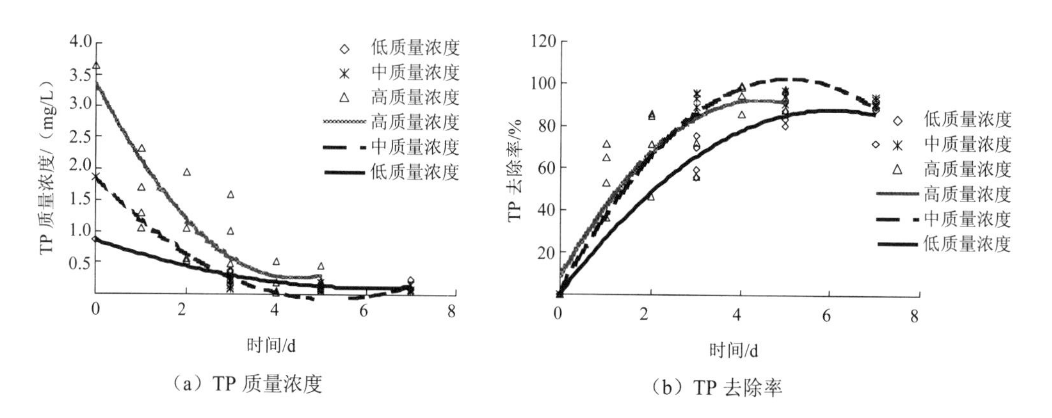

（a）TP 质量浓度　　（b）TP 去除率

图 8-28　TP 负荷变化对挺水植物处理效果的影响

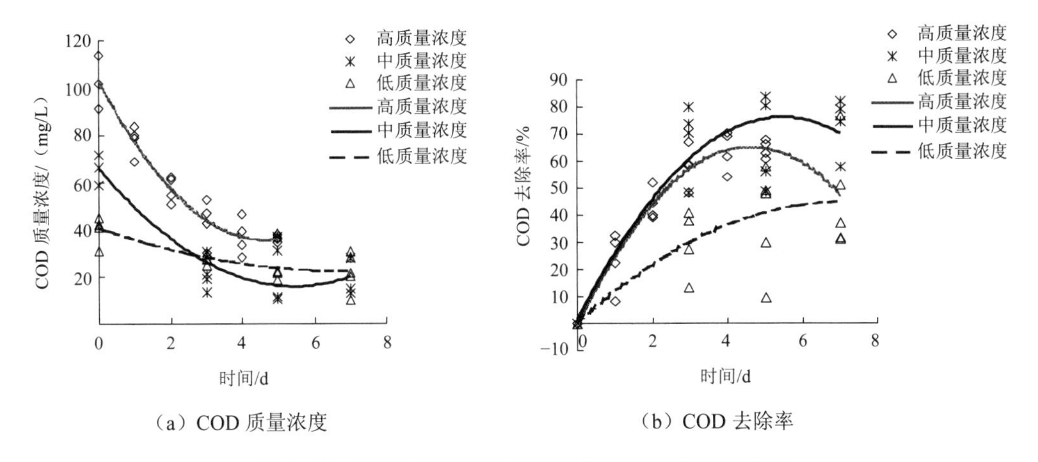

（a）COD 质量浓度　　（b）COD 去除率

图 8-29　COD 负荷变化对沉水植物处理效果的影响

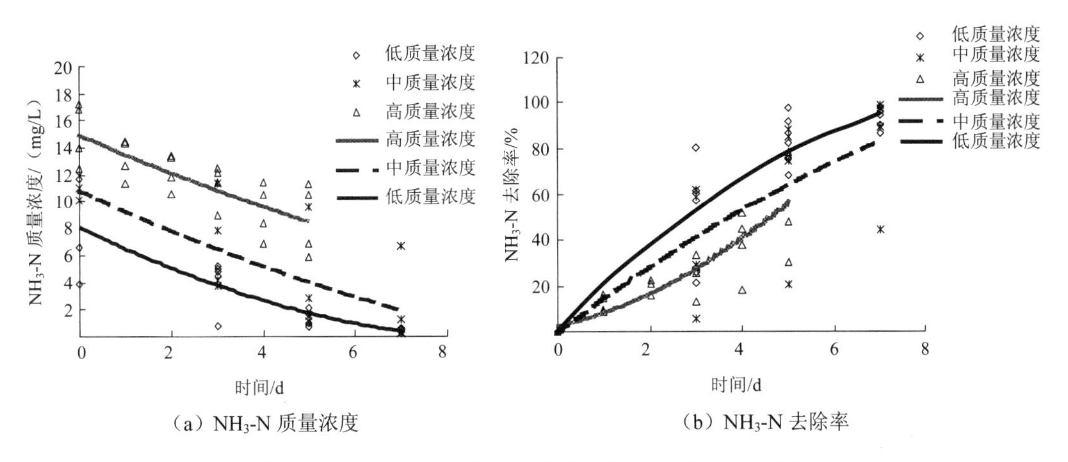

（a）NH_3-N 质量浓度　　（b）NH_3-N 去除率

图 8-30　NH_3-N 负荷变化对沉水植物处理效果的影响

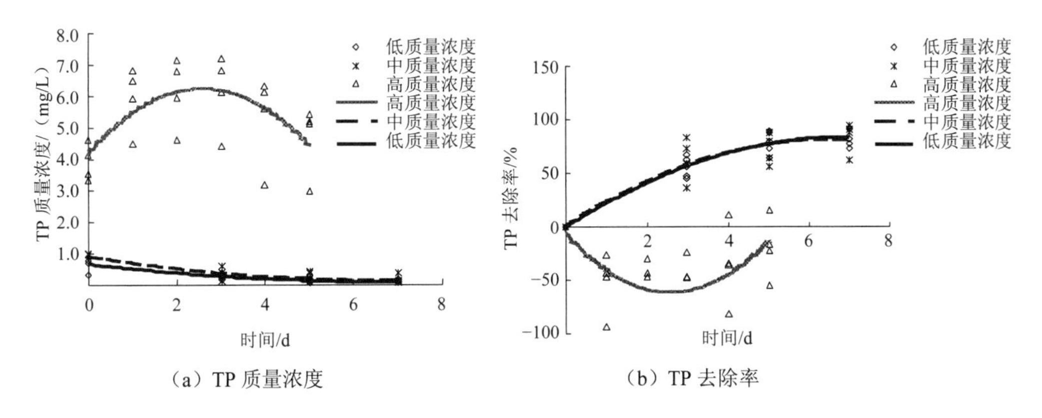

（a）TP 质量浓度　　（b）TP 去除率

图 8-31　TP 负荷变化对沉水植物处理效果的影响

可以看出：

①对不同的污染负荷，挺水植物比沉水植物对负荷的变化有更强的适应性。

挺水植物对低、中、高 3 种质量浓度的污水均有较快的去除速率，3 d 后对污染物即有较高的去除率，COD 去除率达 75%以上，NH_3-N 去除率达 70%以上，TP 去除率达 65%以上，4 d 后 3 种污染物指标全部达标，5 d 后 COD 质量浓度达 40 mg/L 以下，NH_3-N 质量浓度达 5 mg/L 左右，TP 质量浓度达 0.45 mg/L 以下。而沉水植物对污染物的去除较为缓慢，尤其是对高质量浓度污水，3 d 后对 COD 的平均去除率只有 58%，NH_3-N 去除率只有 25%，对 TP 基本没有去除，TP 质量浓度反而有不同程度的增高。

②挺水植物在中质量浓度负荷下净化效果最好，沉水植物较适合中质量浓度、低质量浓度负荷。

由去除率的趋势线可以看出，挺水植物对 3 种污染物在中质量浓度负荷下 5 d 的去除率最高，COD 去除率达 85%以上，NH_3-N 去除率达 95%以上，TP 去除率达 95%以上。沉水植物对 COD 的去除同样在中质量浓度负荷下效果最好，5 d 的去除率达 75%以上，NH_3-N 和 TP 均在低质量浓度负荷下去除效果最好，5 d 去除率分别为 80%以上和 70%以上。

结合上述得出的挺水植物对负荷变化有更强适应性的结论，所以在利用水生植物净化污水时，应将挺水植物置于沉水植物之前，系统适宜的进水负荷应在中质量浓度的范围，即 COD 质量浓度在 80～120 mg/L 之间，NH_3-N 质量浓度在 12～15 mg/L 之间，TP 质量浓度在 1.2～1.5 mg/L 之间。

③沉水植物对高质量浓度 TP 没有去除效果，反而有较大幅度的质量浓度增加。原因可能是污水磷质量浓度太高造成植物体部分组织腐败，从而导致磷的释放。

④5 d 的处理时间可以使污水达到较好的去除效果。

水生植物前 3 d 可以去除较大部分污染物，水质基本达标，5 d 后的处理水质基本达到稳定。沉水植物对 NH_3-N 在 5 d 后虽然仍有部分去除，但去除值的变化已不大；对低质量浓度、中质量浓度 TP 的污水，沉水植物 5 d 后的去除效果也基本稳定。

⑤对生态水系水生植物优化配置的建议如下。

进水质量浓度：夏季为中质量浓度、高质量浓度；秋季为中质量浓度、低质量浓度；冬季为低质量浓度。

组合工艺：挺水植物+沉水植物，沉水植物中可间种浮水植物。

负荷分配：其中挺水植物处理前 3 d 的负荷，沉水植物处理后 2 d 的负荷。这是因为水生植物对污染物的去除主要集中在前 3 d，且经挺水植物处理 3 d 后水中污染物质量浓度已较低，适宜用沉水植物进一步稳定水质，且处理时间不需要较长，设置为 2 d。

8.3.3 景观水系植物选配设计

①筛选了生态水系不同季节适宜的种植植物，挺水植物美人蕉、香蒲、菖蒲和水竹在正常生长期内对污染物的去除效果较好。沉水植物中伊乐藻具有生物量大且耐低温等生长优势，所以综合净化效果最好，苦草其次。狐尾藻、马来眼子菜和金鱼藻在夏季对低质量浓度污水有较好的净化能力，但耐污能力均较差。

②在各级生态水系植物组合搭配上，挺水植物比沉水植物有更大的生物量和更为发达的根系，所以将挺水植物置于沉水植物之前。植物对污水的净化效率有明显的季节差异，在冬季对污水的净化效率低于夏秋两季，季节对沉水植物脱氮除磷效果有显著的影响。

③利用生态水系作为污水后续生态处理单元，较适宜的进水负荷为中质量浓度，其中出水可以达到《城镇污水处理厂污染物排放标准》（GB 18918—2002）一级 A 标准，较适宜的进水 COD 质量浓度在 80～120 mg/L，NH_3-N 质量浓度在 12～15 mg/L，TP 质量浓度在 1.2～1.5 mg/L。最佳水力停留时间为 5 d。

④生态水系的构建要充分体现生态水系的多重生态位特性，构建集植物、微生物和动物于一体的多重生态系统。

基于以上研究，景观水系植物配置的建议如下：春季为香蒲+灯心草+伊乐藻、夏季为香蒲+美人蕉+水竹+苦草+金鱼藻、秋季为美人蕉+水竹+苦草+伊乐藻、冬季为灯心草+伊乐藻。

沉水植物中可间种睡莲、水鳖等浮水植物，提高系统的可观赏性。

由上可知，不同生态水系植物的优化配置如表 8-19 所示。

表 8-19 生态水系优化配置

分区	挺水植物	浮水植物	沉水植物
生态水系 I	美人蕉、菖蒲、香蒲	浮萍	—
生态水系 II	香蒲、美人蕉、慈菇	睡莲、菱	苦草、伊乐藻
生态水系 III	水竹、美人蕉、菖蒲	睡莲	伊乐藻、金鱼藻

8.4 大连市雨水全过程追踪技术方案与低碳评估

在此选取典型雨水收集技术进行全生命周期评价，并根据大连市实际降水情况、建设养护成本等进行核算与模拟，比较绿色屋顶、雨水引流浅沟和人工湿地 3 种雨水收集技术的效果。以下为对三种雨水收集方式的具体分析。

（1）绿色屋顶

2008 年，大连市沙河口区决定将有条件的楼宇作为屋顶绿化试点，并于 2009 年完成了 500 m^2 旧有房屋的简单屋顶绿化。大连市屋顶绿化的推动方式为首先寻找合适的旧有房屋做实体推广。2013 年，大连市制定《屋顶绿化管理办法》，从源头上推进屋顶绿化的实施进程。

屋顶绿化的种类有简单式屋顶绿化、半密集型屋顶绿化和密集型屋顶绿化。在此以简单式屋顶绿化为例，植被为景天科植物。该绿色屋顶的结构包括植被层、种植层、排水层、防水层和隔根层。

（2）雨水引流浅沟

在此以简易型道路浅沟为例，深 1.5 m，宽 1 m，其中人工土 0.5 m、砾石 1 m。该道路浅沟主要通过砾石进行雨水的渗滤和简单的去污处理。

（3）人工湿地

大连市自然湿地的面积为 4 162.28 km^2，人工湿地的面积为 1 204.05 km^2，人工湿地中面积最大的为盐田及海水养殖场。本研究重点考虑湿地的供水蓄水能力，因此以简单的人工湿地为例，植被为芦苇。在此将最终的雨水汇入人工湿地中，建设周期 20 a，人工湿地在下游提供部分的取水，并本身作为小区休憩的景观。

8.4.1 绿色屋顶

这里以简易型绿色屋顶为例进行计算，植被为景天科草本植物。能值流计算如表 8-20 所示。

表 8-20 绿色屋顶能值流计算

项目	原始数据	能值转换率	能值	占比/%
（1）太阳能	54.13×10^8 J/（$m^2\cdot a$）	1.0 sej/J	5.413×10^9 sej/（$m^2\cdot a$）	0
（2）降雨能	2.979×10^6 J/（$m^2\cdot a$）	3.058×10^4 sej/J	91.10×10^9 sej/（$m^2\cdot a$）	0.06
总能值			96.513×10^9 sej/（$m^2\cdot a$）	
（3）隔根层	7.16×10^2 g/m^2	8.854×10^9 sej/g	$6\ 339.46\times10^9$ sej/m^2	1.16
（4）排水层	1.465×10^3 g/m^2	9.677×10^9 sej/g	$14\ 176.81\times10^9$ sej/m^2	2.60
（5）排水基质	3.58×10^4 g/m^2	5.02×10^9 sej/g	$179\ 716.0\times10^9$ sej/m^2	32.97
（6）过滤层	3.116×10^5 J/m^2	1.109×10^5 sej/J	34.56×10^9 sej/m^2	0
（7）肥料	3.679×10^8 J/m^2	1.908×10^4 sej/J	$7\ 019.53\times10^9$ sej/m^2	1.29
（8）低密度土壤	6.510×10^4 g/m^2	5.02×10^9 sej/g	$326\ 802.0\times10^9$ sej/m^2	59.95
（9）景天科植物	0.323 8 美元/m^2	8.320×10^{11} sej/美元	269.4×10^9 sej/m^2	0.99
（10）劳动力，安装和维护	0.322 7 美元/m^2	8.320×10^{11} sej/美元	268.48×10^9 sej/m^2	0.99
总能值			$544\ 722.77\times10^9$ sej/m^2	100

项目	原始数据	能值转换率	能值	占比/%
节电	1.06×10^{7} J/（m^2·a）	2.688×10^{5} sej/J	2 849.28×10^{9} sej/（m^2·a）	95.63
减少雨水径流			130×10^{9} sej/（m^2·a）	4.37
总效益			2 979.28×10^{9} sej/（m^2·a）	100

注：假设该绿色屋顶建筑寿命为 20 a。sej 为能值单位。

由表 8-20 可以看出，绿色屋顶投入能值量最多的为高温热处理黏土制作低密度土壤，能值投入量占总能值投入量的 59.95%。第二大能值投入量为排水基质，为总能值投入量的 32.97%。

8.4.2 雨水引流浅沟

由表 8-21 可以看出，最大的为植物能值［2.308 4×10^{11}sej/（m^2·a）］，减少径流能值为 1.3×10^{11}sej/（m^2·a）。

表 8-21 雨水引流浅沟系统能值流计算

项目	原始数据	能值转换率	能值/［10^{9} sej/（m^2·a）］	占比/%
（1）太阳能	54.13×10^{8} J/（m^2·a）	1 sej/J	5.413	1.162
（2）风	4.583×10^{6} J/（m^2·a）	1 496 sej/J	6.856	2.041
（3）雨化学能	2.979×10^{6} J/（m^2·a）	18 199 sej/J	54.215	16.142
（4）雨势能	2.36×10^{5} J/（m^2·a）	10 488 sej/J	2.475	0.737
总能值			68.959	20.533
（5）土工布	0.2 m^2/（m^2·a）	1.70×10^{11} sej/m^2	34	10.123
（6）碎石	1.23 g/（m^2·a）	1.68×10^{9} sej/g	2.066 4	0.615
（7）植物	0.019 9 美元/（m^2·a）	1.16×10^{13} sej/美元	230.84	68.730
减少雨水径流			130	

注：假设道路浅沟的建筑寿命为 20 a。

8.4.3 人工湿地

由表 8-22 可以看出，人工湿地总投入能值为 2.39×10^{13} sej/（m^2·a），其中不可更新能源投入最多，为 1.19×10^{13} sej/（m^2·a）；购买的不可更新能源的投入为 1.16×10^{13} sej/（m^2·a）；购买的可更新能源的投入为 2.46×10^{11} sej/（m^2·a）；可更新能源的投入为 1.06×10^{11} sej/（m^2·a）。服务功能方面，生物多样性保护能值产出为 1.76×10^{13} sej/（m^2·a），污水处理能值产出为 1.99×10^{7} sej/（m^2·a）。

表 8-22　人工湿地能值流计算

项目	原始数据	能值转换率	能值/［10^9 sej/（m^2·a)］	占比/%
（1）太阳能	54.13×10^8 J/（m^2·a）	1 sej/J	5.413	
（2）风	4.583×10^6 J/（m^2·a）	1 496 sej/J	6.856	
（3）雨化学能	2.979×10^6 J/（m^2·a）	18 199 sej/J	54.215	
（4）雨势能	2.36×10^5 J/（m^2·a）	10 488 sej/J	2.47	
（5）地球循环	$6.407\ 8\times10^5$ J/（m^2·a）	34 377 sej/J	37.165	
总能值			90.984	0.341 4
购买的可更新资源				
（6）水	4.923×10^3 美元/（m^2·a）	6.87×10^4 sej/美元	0.338 2	
（7）植物	0.019 9 美元/（m^2·a）	1.16×10^{13} sej/美元	230.84	
（8）动物	0.001 3 美元/（m^2·a）	1.16×10^{13} sej/美元	15.08	
总可更新能源量			246.258 2	0.924 2
不可更新资源				
（9）碎石	3.838 g/（m^2·a）	1.68×10^9 sej/g	6.447 8	
（10）土壤	$1.966\ 8\times10^7$ J/（m^2·a）	1.24×10^5 sej/J	2 438.832	
（11）废水	1.491×10^6 J/（m^2·a）	6.37×10^6 sej/J	9 497.67	
（12）活淤泥	$2.150\ 7\times10^4$ J/（m^2·a）	1.24×10^5 sej/J	2.666 9	
不可更新资源总量			11 945.62	44.829 7
购买的不可更新资源				
（13）钢铁	0.244 3 g/（m^2·a）	6.92×10^9 sej/g	1.690 6	
（14）铁矿石	0.011 8 g/（m^2·a）	2.15×10^9 sej/g	0.025 37	
（15）混凝土	$2.207\ 8\times10^4$ g/（m^2·a）	5.08×10^8 sej/g	11 215.6	
（16）汽油	$2.924\ 8\times10^4$ J/（m^2·a）	1.11×10^5 sej/J	3.246 5	
（17）柴油	$1.522\ 6\times10^6$ J/（m^2·a）	1.11×10^5 sej/J	169.01	
（18）设备与器材	0.007 2 美元/（m^2·a）	1.16×10^{13} sej/美元	83.52	
（19）电	$3.838\ 3\times10^5$ J/（m^2·a）	2.66×10^5 sej/J	102.099	
（20）劳动力	0.227 1 美元/（m^2·a）	1.16×10^{13} sej/美元	2 634.36	
（21）维护与管理	0.011 4 美元/（m^2·a）	1.16×10^{13} sej/美元	132.24	
（22）水质监测	0.001 9 美元/（m^2·a）	1.16×10^{13} sej/美元	22.04	
总购买的不可更新资源			14 363.83	53.904 7
总投入			26 646.69	100.000 0
生态服务				
（23）生物多样性保护	0.000 187 J/（m^2·a）	9.40×10^{16} sej/J	17 578	
（24）污水处理	$2.055\ 6\times10^5$ J/（m^2·a）	9.67×10^6 sej/J	1 987.76	
（25）固碳排氧	4.212×10^3 g/（m^2·a）	3.78×10^7 sej/g	159.21	
（26）蓄水			75 000	
总量			94 724.97	

8.4.4 典型雨水收集系统服务功能价值评估

由表 8-23 可知，对于可更新资源能值流入，人工湿地消耗能值最多，为 3.52×10^{11}sej/（$m^2\cdot a$），绿色屋顶可更新能值流入最少，为 9.65×10^{10} sej/（$m^2\cdot a$）。因为在人工湿地中，芦苇的能值转换率相对绿色屋顶中的景天科植物的能值转换率较大，能值较多。

表 8-23 雨水收集系统单项能值指标

项目	表达式	绿色屋顶/［10^9 sej/（$m^2\cdot a$）］	雨水引流浅沟/［10^9 sej/（$m^2\cdot a$）］	人工湿地/［10^9 sej/（$m^2\cdot a$）］
可更新资源能值流入	Em_r	96.513	296.799	352.37
不可更新资源消耗	Em_N	27 241	36.066 4	23 569.53
总投入	$Em_a=Em_r+Em_N$	27 338	332.865 4	23 921.83
购买能值	Em_G	27 240.62	264.84	11 870
经济效益	Em_I	3 096.6	0	0.019 88
生态服务	Em_b	3 226.6	130	92 737
投入/生态服务	$r=Em_a/Em_b$	8.5	2.56	0.26

单位面积雨水引流浅沟消耗不可更新资源的能值最少，为 3.61×10^{10}sej/（$m^2\cdot a$），单位面积人工湿地比单位面积绿色屋顶消耗不可更新资源能值少，分别为 2.36×10^{13} sej/（$m^2\cdot a$）和 2.72×10^{13}sej/（$m^2\cdot a$）。原因可能为人工湿地面积较大，因此单位面积平均消耗量较少，而单位面积绿色屋顶消耗的材料较多，其中能值最大的为高温热处理黏土制作低密度土壤，能值为 1.63×10^{13}sej/（$m^2\cdot a$）。

单位面积绿色屋顶的总投入最多，能值为 2.73×10^{13} sej/（$m^2\cdot a$），其单位面积购买能值也最多，原因同样为单位面积绿色屋顶消耗的材料较多，低密度土壤的能值较大。

单位面积绿色屋顶的经济效益最大，为降低室温、减少空调系统使用而产生的节电效益，为 3.10×10^{12} sej/（$m^2\cdot a$）；其次为人工湿地净化水质产生的效益，虽然单位面积人工湿地所产生的经济效益较少，为 0.20×10^{8} sej/（$m^2\cdot a$），但是若考虑面积因素，人工湿地所产生的经济效益可能比绿色屋顶的大。雨水引流浅沟的经济效益为零，这里视雨水引流浅沟为国家公益项目，但是若考虑到其减少径流、减少城市洪涝灾害引起的损失等因素，雨水引流浅沟也是有经济效益的。

单位面积人工湿地的生态服务功能价值最大，为 9.27×10^{13} sej/（$m^2\cdot a$），其次为绿色屋顶和雨水引流浅沟，其能值分别为 3.23×10^{12} sej/（$m^2\cdot a$）和 1.30×10^{11} sej/（$m^2\cdot a$）。若考

虑面积因素，人工湿地所产生的生态服务功能价值更大。

表 8-24 中，净能值产出率为系统产出能值与经济反馈（输入）能值之比，反馈能值来自人类社会经济，包括燃料和各种生产资料及人类劳务。净能值产出率是衡量系统产出对经济贡献大小的指标。人工湿地的净能值产出率远远大于绿色屋顶和雨水引流浅沟，说明人工湿地的生产效率很高，在经济投入相同时，人工湿地的生态服务功能与生态产品价值最大。

表 8-24 雨水收集系统综合能值指标

项目	表达式	绿色屋顶	雨水引流浅沟	人工湿地
净能值产出率	$EYR=Em_b/Em_G$	0.118	0.49	7.81
环境负载率	$ELR=（Em_U-Em_R）/Em_R$	282.25	0.12	66.89
收回成本周期（不考虑服务功能）/a	$T_1=Em_G/Em_I$	9	—	597 082
收回成本周期（考虑服务功能）/a	$T_2=Em_G/Em_b$	8	2	0.1

环境负载率为不可更新资源与可更新资源的比值，可以反映系统的可持续性。经计算，雨水引流浅沟的环境负载率最小，其次为人工湿地，这是因为雨水引流浅沟结构简单，所用材料较少，在消耗的资源中植物的能值最大。

收回成本周期为购买能值与生态产品或服务功能的比值，由表 8-24 中数据得出，若不考虑服务功能，雨水引流浅沟和人工湿地都是经济不划算的，绿色屋顶可以通过节电产生收益，在第 9 年收回成本。若考虑服务功能，绿色屋顶和雨水引流浅沟分别可以在第 8 年和第 2 年收回成本，人工湿地可以在当年收回成本。另外，本研究计算经济效益时，只计算了绿色屋顶的节电效益以及人工湿地净化水质的效益，还有很多效益没有计算，如节约自来水的收益、节省城市排水系统运行与维修费用的效益、回补地下水的收益等。在生态服务功能方面，还有景观功能、休闲与文化及教育功能、社会功能等没有计算。因此，3 种绿色基础设施实际效益和生态服务功能远大于计算结果，收回成本周期大大缩短。

本研究对大连市单位面积城市雨水收集与利用技术的成本和节碳效益做了精细核算。研究发现，绿色屋顶、雨水引流浅沟和人工湿地各有所长；结合大连市水系管网、道路、广场、居住区和商业区、园林绿地等空间载体，综合运用，合理规划设计 3 种绿色基础设施。以经济管理、技术管理和社会管理等行政与司法手段，促进雨水利用。通过一定的激励措施或者以法律条文的形式，鼓励居民区或商业区进行屋顶绿化。在道路旁、停车场及地势低洼的地方等建设雨水引流浅沟，达到储存雨水、防止内涝的目的。湿地是城市天然的雨水滞纳净化场地，应加强对现有湿地的保护，严禁盲目填埋，修建湿地公园，进行生态建设的同时还可以为人们提供休闲娱乐场所。

8.5 大连市污水处理及污泥循环利用技术方案与低碳评估

本研究选取污水厌氧消化+污泥循环利用模式、污水厌氧消化+沼气循环利用模式以及污水土培技术等进行多种污水低碳循环技术的全生命周期评价，论证了废水处置与污泥循环利用模式能大量减少温室气体排放，并通过污泥及沼气的循环利用，提供整个模式的经济产出，降低污水处理运行投入。本研究对大连市水系低碳保质规划方案内生水源中污水处理系统的循环模式探讨做了有益的尝试。

8.5.1 典型污水处理技术方案

以大连市典型污水处理系统和国际典型污水处理厂作为比较研究对象，重点考虑处理后污染物对气候变化、人群健康等的影响，采用能值与生命周期评价相结合的办法，建立一套基于生命周期评价框架且适用于污水处理系统的能值综合评价指标体系。

本研究采用如下3种分析情景（如图8-32所示）。

①第一个情景（情景A，BAU）基于污水处理厂的废水处理工艺。污泥工艺包括动态增厚和带压脱水厌氧消化沼气回收与热干燥技术。未脱水前污泥会运往外地进行处置。

②场景B设定在处理厂（已经存在机械站点），其使用热电联产和污水污泥厌氧消化装置进行沼气回收并生产电力。电力回用到废水处理过程中，共可降低18%的总用电量（BAU情景中污水处理用电量为0.45 kW·h/m^3）。回用的热量用于下游热沼渣的脱水干燥过程，以降低其质量，使交通运输过程耗费更少的能源。此外，虽然在未脱水前污泥是不能处理的，但脱水后污泥可在当地的堆填区进行填埋。这使总体的运输距离下降30%。

③最后一个情景（情景C）建议1个进一步的循环模式：污泥余热利用进行干燥，产生的沼气等进一步进行合成气生产。合成气被添加到前端的沼气生产阶段进行热电联产。在此设定合成气的热值为5×10^6 J/m^3，以便考虑到污泥厌氧处理的低碳化。最后，生产出的热和电力反馈到情景B，约替代情景A 35%的电力需求。

本研究中厌氧处理、合成气生产、燃料燃烧和热电联产过程有关的背景数据采用Ecoinvent 2.2数据库数据。

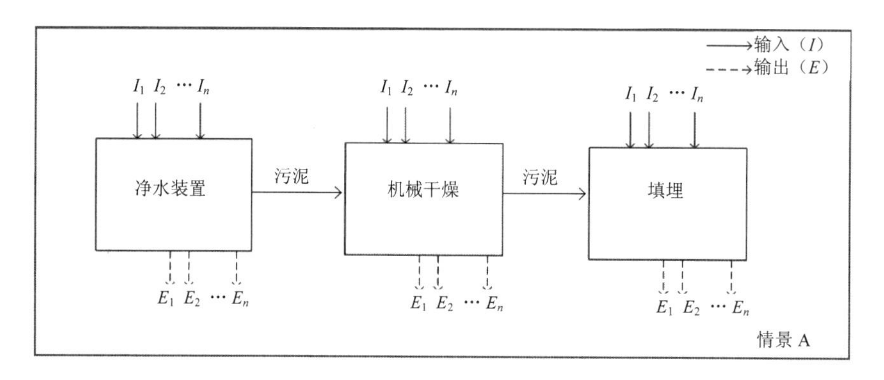

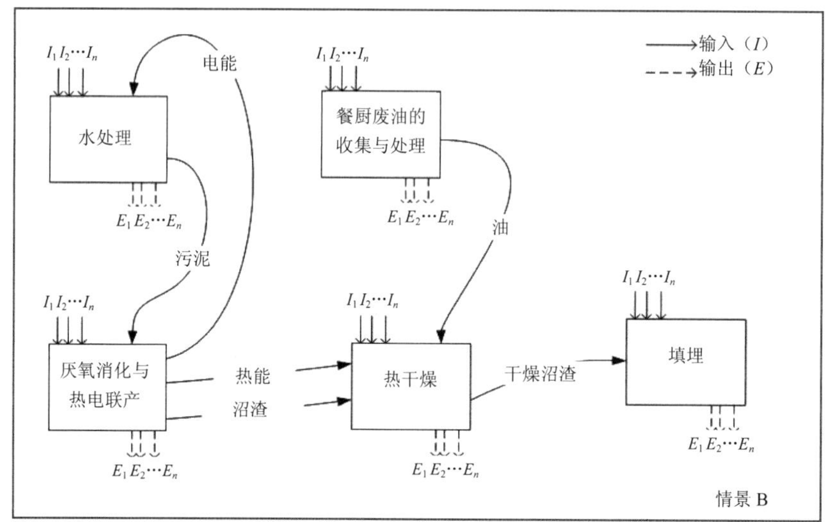

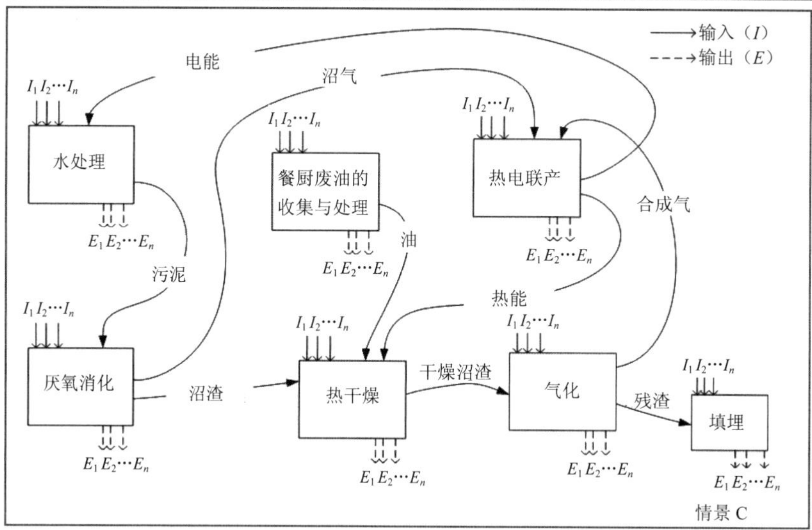

图 8-32　污水处理与污泥处置系统流图

（情景 A 为基础情景；情景 B 和情景 C 增加了不同的能源循环模式）

8.5.2 典型污水处理技术方案低碳评估与规划建议

表 8-25 显示了每种情景的总环境影响（每处理 1 000 m^3 的污水）。环境影响类别（如全球气候变化）的选择列在表中，在此没有考虑环境影响可以忽略不计的类别（例如电磁辐射）。为了更好地进行情景比较，将环境影响按照百分比进行绘制。结果表明，情景 B 的环境影响相比基准情景降低 20%，情景 C 的环境影响相比基准情景降低 50%，结果表明通过污水处置污泥的回用可以减少能源使用量并减少环境影响。

如表 8-25 和图 8-33 中方案比较所示，情景 C 证明不进行污泥直接填埋处置，但做进一步的沼气生产，可达到最佳的污水处理效果。对于情景 C 是迈向零排放的生产模式，将一个过程产生的废物作为另一个过程输入的能量，可以明显地控制废物产生和排放。这种情景应该是废水和污水污泥可持续管理的最佳选择。

表 8-25 3 种情景的总环境影响情况（每处理 1 000 m^3 废水）

环境影响因素	情景 A	情景 B	情景 C
全球气候变化（GWP）/（kg CO_2 当量值）	657.05	646.69	373.79
化石燃料枯竭（FDP）/（kg 原油当量值）	129.01	105.09	67.14
富营养化（FEP）/（kg 磷当量值）	0.83	0.82	0.80
人类毒性（HTTP）/（kg 1,4-DCB 当量值）	184.29	169.28	92.45
颗粒物形成（PMFP）/（kg PM_{10} 当量值）	0.59	0.49	0.36
光化学氧化物形成（POFP）/（kg NMVOC）	1.40	1.10	0.74
陆地酸化（TAP）/（kg SO_2 当量值）	1.65	1.41	0.96

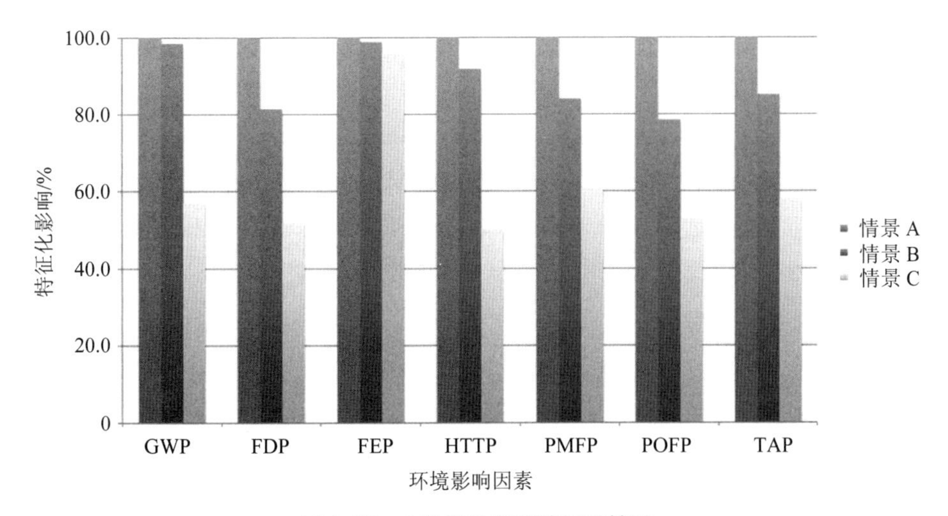

图 8-33 3 种情景的环境影响情况

将表 8-25 的数据进行归一化，显示在图 8-34 中。归一化是一个可选的用来更好地理解相对重要性和影响类别的生命周期评价步骤。归一化方法的优势是提供了跨类别比较的可能性。结果表明，所有方案中水体富营养化（FEP）是最大的影响。这一发现是由人类排泄物、洗涤剂和肥料中大量氮和磷的排放导致的。然而，尽管 3 种情景下富营养化都是最高的环境影响，但调查的污水处理厂排放水中的磷和氮的总量是低于当地法定的标准限制的（P 质量浓度不高于 1 mg/L 和 N 质量浓度不高于 10 mg/L）。

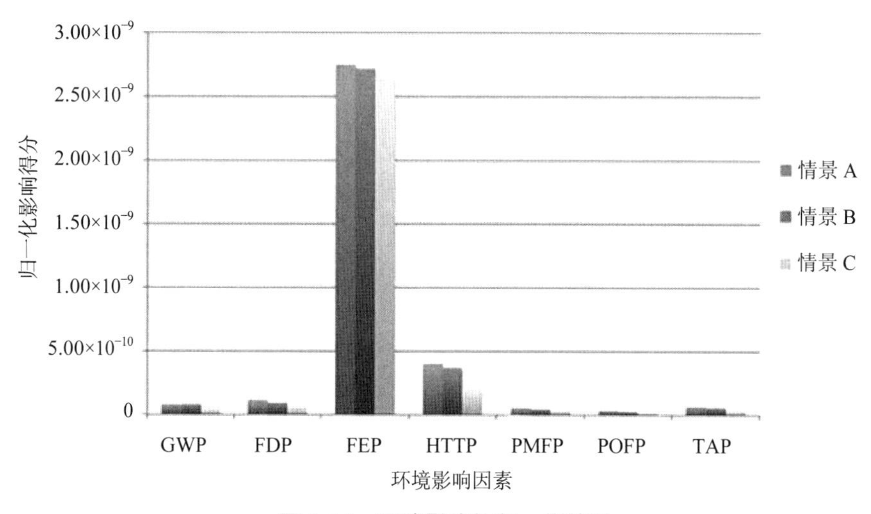

图 8-34 环境影响的归一化结果

8.5.3 典型污泥综合利用技术方案

（1）机械脱水

D_1 中主要包括两个阶段——污泥机械脱水和污泥凝聚。在脱水阶段，输入端数据包括污泥投入量（5.80×10^6 t/a）、燃料投入量（1.28×10^7 MJ/a）和年均电耗（5.68×10^5 kW·h/a）；输出端数据主要为干燥污泥和环境污染物排放。干燥污泥作为污泥凝聚阶段的输入端数据，此阶段排放的环境污染物主要是温室气体（如图 8-35 所示）。

由物质平衡分析，系统输出量少于系统输入量，其减少量约占输入量的 1%，在允许的误差范围内。其不平衡主要来自年度估算，即在聚合物生产过程中的损失量和水的损失量折算。运行能耗与聚合物生产如表 8-26 所示。

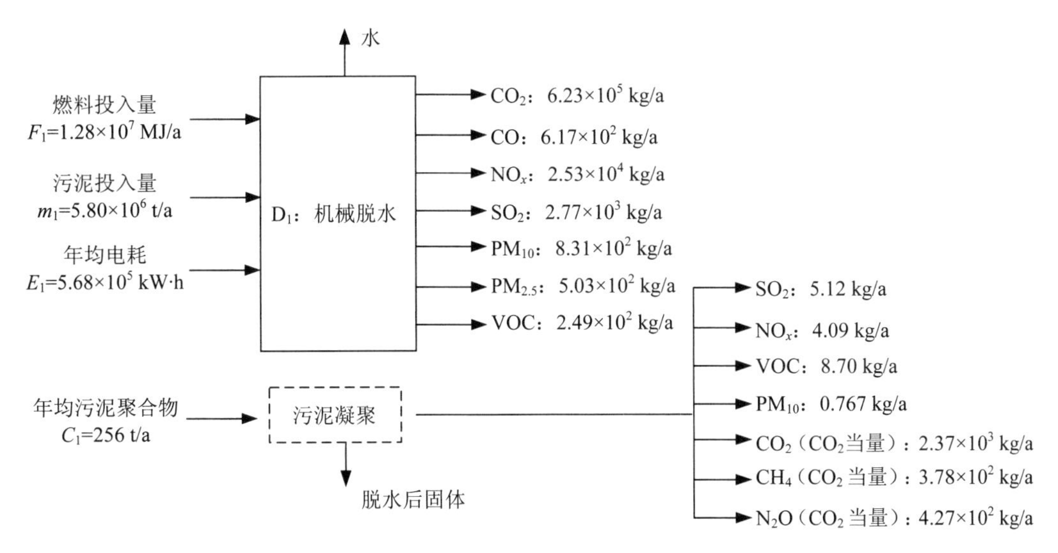

图 8-35　机械脱水物质流图

表 8-26　环境影响（D_1）

过程	污染物	排放因子	年均排放量/消耗量
机械脱水	CO_2	1.10 kg/（kW·h）	6.23×10^5 kg/a
	CO	1.09×10^{-3} kg/（kW·h）	6.17×10^2 kg/a
	NO_x	4.45×10^{-3} kg/（kW·h）	2.53×10^3 kg/a
	SO_2	4.87×10^{-3} kg/（kW·h）	2.77×10^3 kg/a
	PM_{10}	1.46×10^{-3} kg/（kW·h）	8.31×10^2 kg/a
	$PM_{2.5}$	8.86×10^{-4} kg/（kW·h）	5.03×10^2 kg/a
	挥发性有机化合物	4.38×10^{-4} kg/（kW·h）	2.49×10^2 kg/a
污泥凝聚	SO_2	2.00×10^{-2} kg/t	5.12 kg/a
	NO_x	1.60×10^{-2} kg/t	4.09 kg/a
	挥发性有机化合物	3.40×10^{-2} kg/t	8.70 kg/a
	PM_{10}	3.00×10^{-2} kg/t	0.767 kg/a
	CO_2（CO_2当量）	9.28 kg/t	2.37×10^3 kg/a
	CH_4（CO_2当量）	1.48 kg/t	3.79×10^2 kg/a
	N_2O（CO_2当量）	1.67 kg/t	4.27×10^2 kg/a
	氟氯碳（CO_2当量）	0.539 kg/t	1.38×10^2 kg/a
	全球暖化潜势（CO_2当量）	13.0 kg/t	3.32×10^3 kg/a
能耗	电能	6 kW·h	1.53×10^3 kW·h /a
	燃料	162 MJ/t	4.14×10^4 MJ/a

（2）厌氧消化+脱水

厌氧消化和脱水技术的结合能够提高处理后污泥中干燥固体的含量。厌氧过程中产生的沼气可以产电和热，替代电力或天然气的使用，并且在后续的运行和污泥凝聚过程中所需能耗、电耗相对较小，其总的环境影响会远小于直接机械脱水。其物质流图如图 8-36 所示。

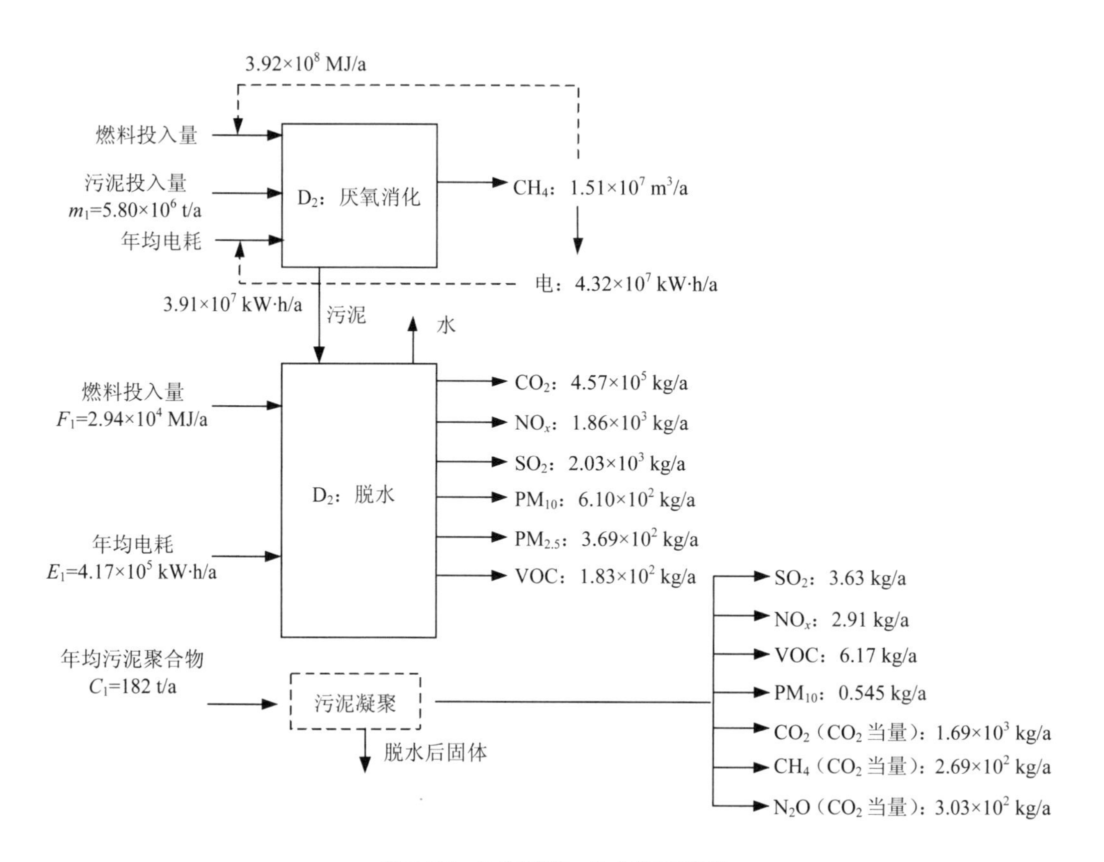

图 8-36　厌氧消化+脱水物质流图

D_2 中主要包括 3 个阶段——厌氧消化、机械脱水和污泥凝聚。在厌氧消化阶段，输入端数据包括污泥投入量（5.80×10^6 t/a）、燃料投入量（3.92×10^8 MJ/a）和年均电耗（3.91×10^7 kW·h/a）；输出端数据主要为消化污泥和沼气。消化污泥作为机械脱水阶段的输入端数据，加上燃料投入和电消耗，输出干燥污泥和 CO_2、NO_x 等环境污染物。在污泥凝聚阶段，输入端数据为干燥污泥，此阶段排放的环境污染物主要是温室气体。其环境影响如表 8-27 所示。

表 8-27 环境影响（D_2）

过程	污染物	排放因子	年均排放量/消耗量
脱水	CO_2	1.10 kg/（kW·h）	4.57×10^5 kg/a
	NO_x	4.45×10^{-3} kg/（kW·h）	1.86×10^3 kg/a
	SO_2	4.87×10^{-3} kg/（kW·h）	2.03×10^3 kg/a
	PM_{10}	1.46×10^{-3} kg/（kW·h）	6.10×10^2 kg/a
	$PM_{2.5}$	8.86×10^{-4} kg/（kW·h）	3.69×10^2 kg/a
	挥发性有机化合物	4.38×10^{-4} kg/（kW·h）	1.83×10^2 kg/a
污泥凝聚	SO_2	2.00×10^{-2} kg/t	3.63 kg/a
	NO_x	1.60×10^{-2} kg/t	2.91 kg/a
	挥发性有机化合物	3.40×10^{-2} kg/t	6.17 kg/a
	PM_{10}	3.00×10^{-3} kg/t	0.545 kg/a
	CO_2（CO_2当量）	9.28 kg/t	1.69×10^3 kg/a
	CH_4（CO_2当量）	1.48 kg/t	2.69×10^2 kg/a
	N_2O（CO_2当量）	1.67 kg/t	3.03×10^2 kg/a
	氟氯碳（CO_2当量）	0.539 kg/t	97.9 kg/a
	全球暖化潜势（CO_2当量）	13.0 kg/t	2.36×10^3 kg/a
能耗	电耗	6 kW·h	1.09×10^3 kW·h /a
	燃料	162 MJ/t	2.94×10^4 MJ/a

第一阶段厌氧消化产生的副产物沼气既可以转化为电能替代外购电力，也可以直接作为气体燃料替代原煤，用清洁能源沼气替代传统能源减少的环境污染物如表 8-28 所示，且每年电能节约 3.91×10^7 kW·h/a，燃料节约 3.92×10^8 MJ/a，可以有效地缓解由于化石燃料燃烧引起的直接环境影响以及由于电力消耗引起的间接环境影响。

表 8-28 燃料替代节能减排统计（D_2）

能量		总沼气产生量/（m^3/d）	5.10×10^4
		总甲烷产生量（假设甲烷占沼气量的 70%）/（m^3/d）	3.40×10^4
		年甲烷产生量/（m^3/a）	1.05×10^7
替代节能减排量		沼气转化为电能后替代电耗/（kg/a）	直接用沼气替代煤（能耗）/（kg/a）
	SO_2	-1.90×10^5	-9.12×10^5
	NO_x	-1.74×10^5	-1.04×10^5
	挥发性有机化合物	-1.71×10^4	0.136
	PM_{10}	-5.71×10^4	-1.84×10^4
	$PM_{2.5}$	-3.46×10^4	2.75×10^8
	CO_2（CO_2当量）	-4.28×10^7	-3.85×10^7
	全球暖化潜势（CO_2当量）	-4.28×10^7	-3.85×10^7
节省或节约	电耗/（kW·h/a）	-3.91×10^7	—
	燃料/（MJ/a）	—	-3.92×10^8

（3）厌氧消化+烘干

厌氧消化结合烘干时，随厌氧消化产生的沼气再捕集后，就可用于代替烘干时需要的燃料。厌氧消化+烘干物质流如图 8-37 所示。采用这种做法时，不到完成特定比重的干燥固体前，烘干不能停止。如果厌氧消化过程产生的沼气量超过烘干所需的用能量，此时，多余的热能可直接作为工厂的热能来源，或者用于发电。

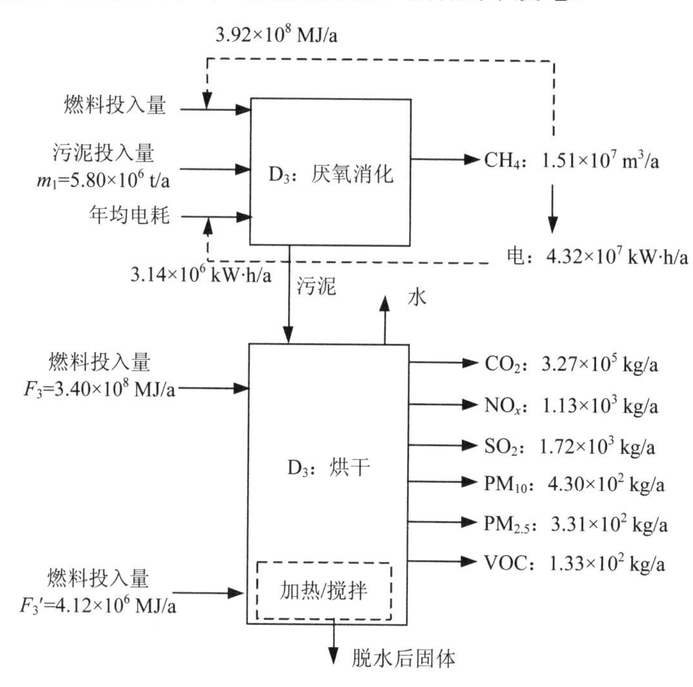

图 8-37 厌氧消化+烘干物质流图

此过程中厌氧处理部分数据同厌氧消化+脱水情景，故略去不列，只统计燃料替代后的节能减排量（如表 8-29 所示）。

表 8-29 燃料替代节能减排统计（D_3）

流程	污染物	沼气转化为电能后替代电耗/（kg/a）	直接用沼气替代煤（能耗）/（kg/a）
总排放	SO_2	-3.53×10^4	-1.54×10^5
	NO_x	5.86×10^4	7.34×10^4
	挥发性有机化合物	-3.18×10^3	0.136
	PM_{10}	-1.06×10^4	-4.09×10^3
	$PM_{2.5}$	-6.43×10^3	0.275
	CO_2（CO_2 当量）	1.11×10^7	1.26×10^7
	CH_4（CO_2 当量）	34.0	−7.20
	全球暖化潜势（CO_2 当量）	1.11×10^7	1.26×10^7
总能耗	电耗/（kW·h/a）	-3.14×10^6	—
	燃料/（MJ/a）	—	-3.92×10^8

（4）脱水+烘干

采用这种污泥处理办法时，要先将污泥进行脱水。之后，再持续进行烘干，直到完成特定比重的干燥固体（与 D_3 类似，但不同的是此处没有厌氧消化，所以烘干所需的能量必须外购或利用余热）。具体物质流如图 8-38 所示，环境影响如表 8-30 所示。

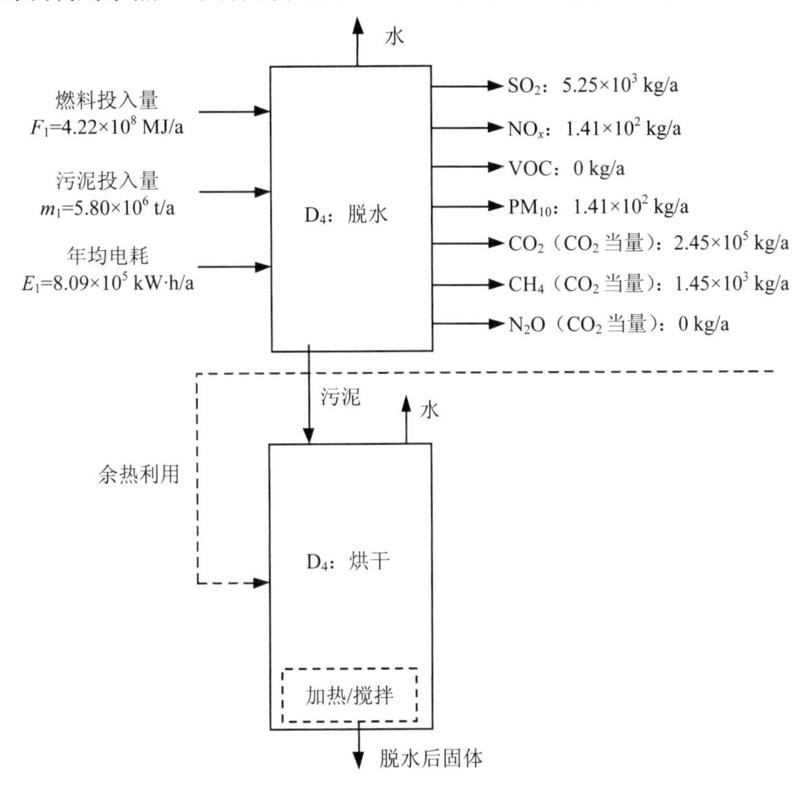

图 8-38 脱水+烘干物质流图

表 8-30 环境影响（D_4）

流程	污染物	煤燃烧/（kg/a）	天然气燃烧/（kg/a）	余热利用/（kg/a）
总排放	SO_2	5 247.828	0	0
	NO_x	1 405.668 3	113	0
	VOC	0	0	0
	PM_{10}	0	0	0
	$PM_{2.5}$	0	0	0
	CO_2（CO_2 当量）	221 627	23 600	0
	CH_4（CO_2 当量）	1 405.668 3	42.2	0
	N_2O（CO_2 当量）	0	0	
	全球暖化潜势（CO_2 当量）	222 000	23 600	0
总能耗	电耗/（kW·h/a）			0
	燃料（MJ/a）	4.22×10^8	4.22×10^8	1.21×10^8

8.5.4 典型污泥综合利用低碳评估与规划建议

对 4 种污泥组合处理方案进行物质流分析和环境影响分析后，得到以下统计结果，可以对比 4 种污泥处理工艺的节能效果（如表 8-31 所示）和减排效果（如表 8-32 所示）。D_1 方案不节能，而 D_2 方案、D_3 方案、D_4 方案的节能量分别为 4 612 MJ/t、5 612 MJ/t、2 312 MJ/t，有效降低了能耗成本。虽然 D_2 方案、D_3 方案、D_4 方案均有节能效果，但减排效果一般，只有 D_3 方案可减排 SO_2 151.65 t，减排 PM_{10} 3.11 t，不仅实现能耗和成本的降低，同时有良好的环境效益。

表 8-31　4 种污泥处理工艺的节能效果

污泥处理工艺	水的加热用能/（kJ/t）	污泥中水蒸发用能/（kJ/t）	加热蒸汽用能/（kJ/t）	总能源投入量/（MJ/t）	用能密度/（MJ/t）	节能量/（MJ/t）	每日节能量/（MJ/d）	节能成本/（元/d）	年度节能量/（元/a）
D_1：机械脱水	−2 508 000	1 695 000	2 264 085	8 062	3 450	0	$1.246\ 3\times10^{-9}$	0	0
D_2：厌氧消化+脱水	−2 508 000	1 695 000	2 264 085	8 062	2 450	−4 612	−2 766 950	−261 323	−81 010 147
D_3：厌氧消化+烘干	−1 879 817	1 270 450	1 696 995	6 042	6 042	−5 612	−2 390 748	−225 793	−69 995 774
D_4：脱水+烘干	−1 594 630	1 077 711	1 439 545	5 126	5 126	−2 312	−1 231 123	−103 216	−34 890 372

表 8-32　4 种污泥处理工艺的减排效果

环境影响	机械脱水	厌氧消化+脱水（沼气转换成电力）	厌氧消化+烘干达成用能自足（直接使用沼气）	脱水+烘干达成用能自足（余热利用）
SO_2/t	10 678.08	9 035.42	−151.65	3.3
NO_x/t	1 233.25	889.24	80.79	11.7
全球暖化潜势（GWP）/t CO_2 当量	452 032.02	347 629.79	13 042.79	754.88
PM_{10}/t	287.81	191.31	−3.11	1.45

第 9 章 “多水一体”示范工程

9.1 大连生态科技创新城示范工程概况

（1）大连生态科技创新城

大连生态科技创新城位于大连市城区版图的几何中心（如图 9-1 所示），规划面积相当于中山区、西岗区、沙河口区三大主城区的面积之和。

图 9-1 大连生态科技创新城地理位置

生态科技创新城位于大连市甘井子区（如图 9-2 所示），是大连市全域城市化的重要组成部分。新城东端接壤大连空港商务区和大连体育新城，西端与旅顺口区相邻，南端至大连西城国际旅游商务区，与高新园区隔山相依，北端至渤海岸线，是大连西拓北进和全域城市化的核心区域。规划面积为 106 km^2。

区内交通优势明显，距离大连国际机场 5 km、大连未来新机场 15 km、大连北高铁站 12 km、大连港 13 km、大连湾货运码头 18 km，横穿区域内的土羊高速直接连通沈大、丹大高速公路。区域内多条主干路连接大连市区，前往市中心的车程基本控制在 30 min 以内，处于大连半小时经济圈的中心。

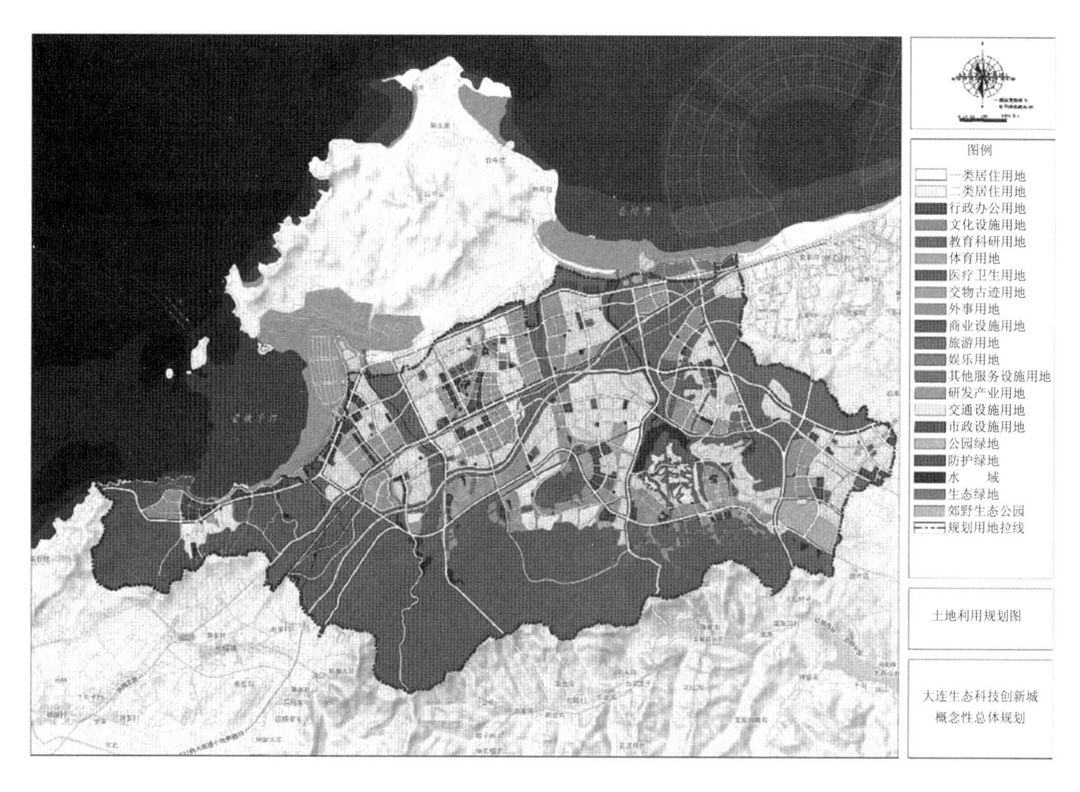

图 9-2　大连生态科技创新城区位范围

（2）亿达春田园示范区

示范区位于大连新区亿达春田园（如图 9-3 所示）。在新建面积为 12 hm^2 的亿达春田园示范区，构建城市低碳雨水系统并开展示范研究。按高质高用、低质低用的原则，生活用水、景观用水和绿化用水等按用水水质要求分别提供、梯级处理回用。制定水系统规划方案，统筹、综合利用各种水资源，对用水水量和水质进行估算与评价，提出合理用水分配计划、水质和水量保证方案。

在停车场和人行步道采用雨水入渗措施，在硬质铺装地面上采用渗水材质，采用景观贮留渗透水池、屋顶花园及中庭花园、渗井、绿地等增加渗透量、削减洪峰流量。合理收集利用建筑屋面雨水资源，用于绿化灌溉、景观补水和冲洗道路等。绿化灌溉采用喷灌和微灌等节水型灌溉方式，降低绿化灌溉用水水量。另外，在该区域有个很明显的特点是有牧城驿水库，该水库是大连市的战略备用水源，同时也是景观水源。因此，具有很重要的地位。从居住区收集的雨水，通过不同的生态处理设施后，再进到入库的前置跌水池进行分级净化处理，最后进入水库。

图 9-3　亿达春田园示范区所在位置

9.2　大连生态科技创新城示范工程方案

大连生态科技创新城已建区内，部分工程采用了生态雨水收集利用技术，尚未形成整体系统。

（1）总体方案设计图及示范工程图

图 9-4 为大连生态科技创新城雨水生态利用方案图，图 9-5 是大连生态科技创新城雨水生态利用平面布局图，图 9-6 是大连生态科技创新城雨水生态利用系统鸟瞰图。

图 9-4　大连生态科技创新城雨水生态利用方案图

图 9-5　大连生态科技创新城雨水生态利用平面布局图

图 9-6 大连生态科技创新城雨水生态利用系统鸟瞰图

大连生态科技创新城雨水生态利用工程以创新城内部的房屋、道路规划为依据，进行一系列的方案设计：通过透水铺装的应用，植草沟、雨水花园、生物滞留设施、跌水池的建造，将创新城内部给水、污水、雨水、景观水和回用水等子系统耦合成一个整体的、良性的低碳生态水系统。图 9-4 中白色部分为创新城内部的路网结构，红色部分为大连生态科技创新城雨水生态利用工程的建设范围。

（2）单元设计图及工程图

1）植草沟

植草沟是一种种植有植被的地表雨水排放沟渠，一般建于道路、广场等硬质地面旁。植草沟建有由人工改造土壤组成的过滤层和位于过滤层底部的排水管道，用于强化对雨水的输送和滞留能力。植草沟在雨水传输过程中相当于 1 个带有多级挡板的渠道，其主要目的是通过植物的阻碍作用延长雨水在沟渠内停留的时间并进行净化。由于其主要目的不是储存雨水，所以其建设时要有一定的坡度（一般平原地区取 2%～6%，山地则根据地势增大坡度）以便于水体流动。

植草沟设计如图 9-7 所示，实际工程效果如图 9-8 所示。

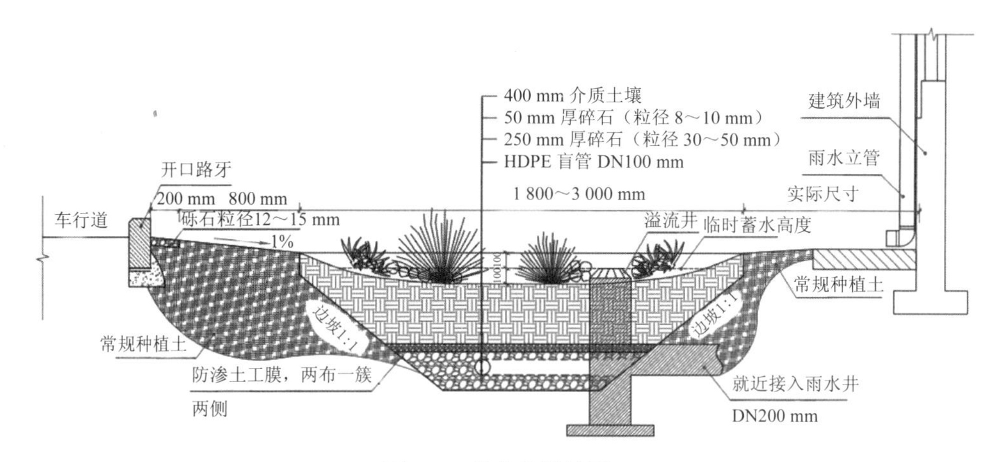

图 9-7 植草沟设计图

图 9-8 植草沟实际工程图

2）雨水花园

雨水花园是指利用社区内或道路边的裸露土壤区建设雨水过滤和入渗设施，其主要的雨水净化机理是利用物理作用、化学作用和生物作用三者的协同作用去除污染物。建设雨水花园的下层土壤主要选择渗透率高的砂土，植物以易于生长管理、对径流中污染物有净化作用的本地物种为主。

雨水花园一般建在相比周围建设区地势较低的地区，在旱季时为自然绿地，与周围植被绿地融为一体；在雨季时可以储存雨水，形成水面。雨水花园内部在雨季积攒的雨水，经过植物和土壤的过滤得到净化后可以慢慢回灌至地下补充地下水，也可通过与水池合建，使过滤后的雨水进入雨水贮存池存储，便于回用。

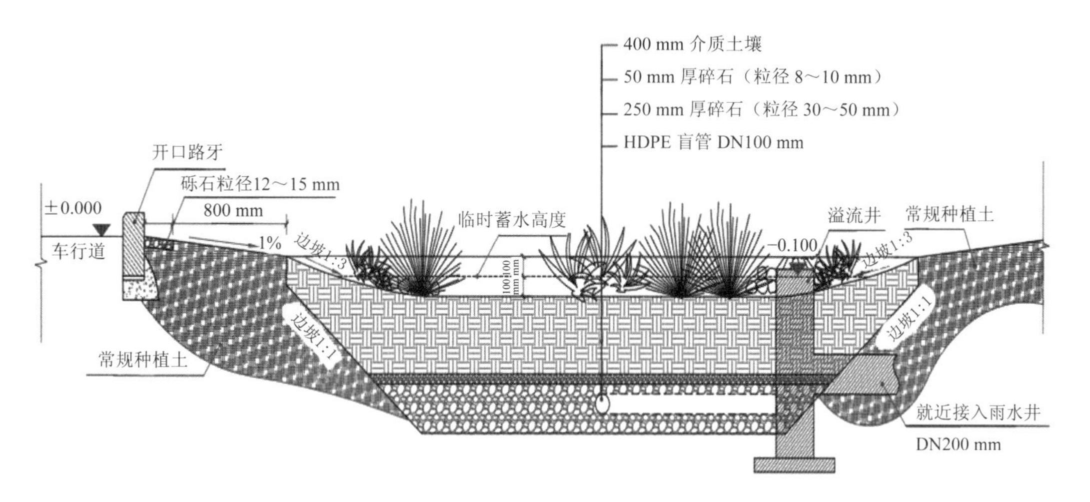

图 9-9 雨水花园设计图

图 9-10 雨水花园实际工程图

3）透水铺装

透水铺装是指将透水良好、孔隙率较高的材料应用于面层、基层甚至土基，在保证一定的路用强度和耐久性的前提下，使雨水能够顺利进入铺面结构内部，通过具有临时贮水能力的基层，直接下渗入土基或进入铺面内部排水管排除，从而达到雨水还原地下和消除地表径流等目的的铺装形式。透水铺装对雨水的处理方式，从根本上颠覆了一般公路或城市道路设计中将水损坏视为主要破坏形式的理念。在一般的公路与城市道路设计中，为了保证路面结构的承载能力维持在较高的水平，都尽量将外部水分阻隔于路面结构以外；而透水铺装这种特殊的铺面形式，为了实现城市下垫层与大气进行水气交换、达到营造良好生态环境的目的，其设计思想是通过透水材料在铺装各结构层的应用，使雨水能够顺畅进入铺面结构并及时下渗。然而，由于水分进入铺面结构内部，使铺面材料处于潮湿甚至饱和状态，势必会造成铺面材料的性能变差，导致结构整体的承载能力下降。因此，透水铺装目前主要被应用于人行道、广场、停车场以及轻交通量车道等对铺面承载力要求较低的场合。渗透铺装设计如图 9-11 所示，实际工程效果如图 9-12 所示。

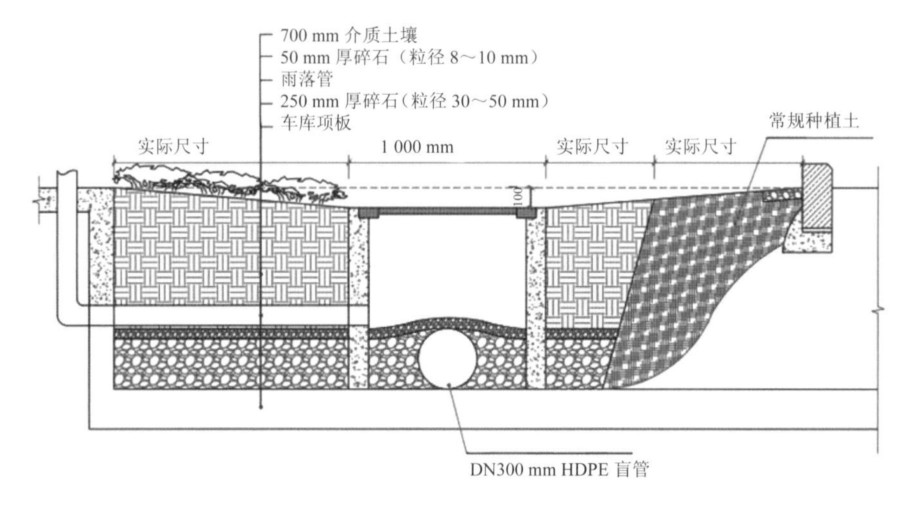

图 9-11　渗透铺装设计图

图 9-12　渗透铺装实际工程图

4）生物滞留设施

生物滞留设施指在地势较低的区域，通过植物、土壤和微生物系统蓄渗、净化径流雨水的设施。生物滞留设施分为简易型生物滞留设施和复杂型生物滞留设施，按应用位置不同又称作雨水花园、生物滞留带、高位花坛、生态树池等。

生物滞留设施的蓄水层深度应根据植物耐淹性能和土壤渗透性能来确定，一般为200～300 mm，并应设 100 mm 的超高；换土层介质类型及深度应满足出水水质要求，还应符合植物种植及园林绿化养护管理技术要求；为防止换土层介质流失，换土层底部一般设置透水土工布隔离层，也可采用厚度不小于 100 mm 的砂层（细砂和粗砂）代替；砾石层起到排水作用，厚度一般为 250～300 mm，可在其底部埋置管径为 100～150 mm 的穿孔排水管，砾石应洗净且粒径不小于穿孔管的开孔孔径；为提高生物滞留设施的调蓄作用，在穿孔管底部可增设一定厚度的砾石调蓄层。生物滞留设施构造如图 9-13 所示，实际工程如图 9-14 所示。

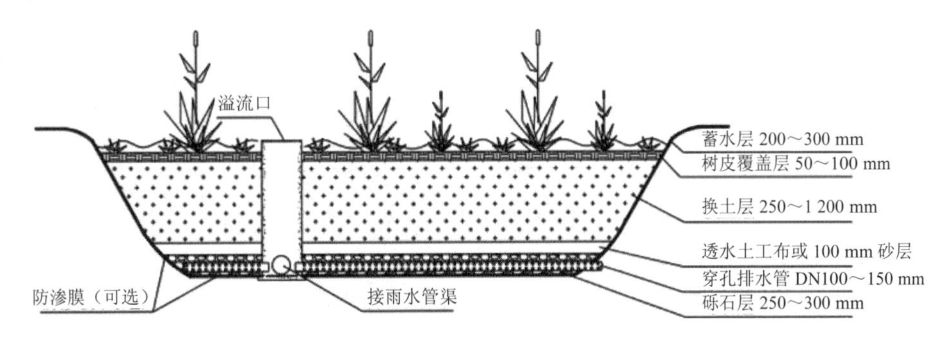

图 9-13　生物滞留设施构造图

图 9-14　生物滞留设施实际工程图

（3）跌水池设计图及工程图

跌水池设计图如图9-15所示，实际工程图如图9-16所示。

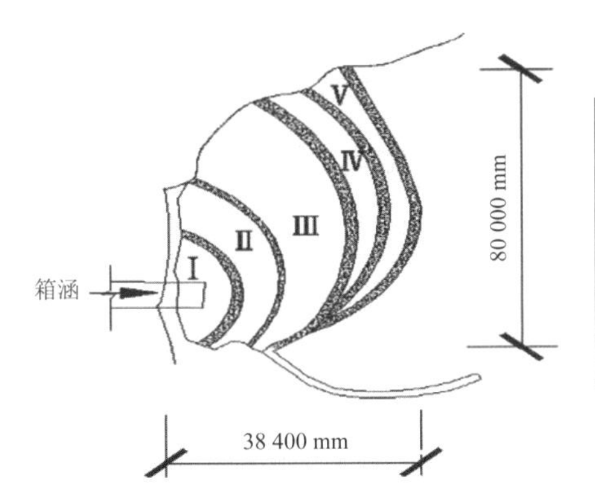

池级	面积/m²	水深/m	植物配伍
I	30	0.80	美人蕉
II	60	0.80	香蒲
III	120	0.90	芦苇
IV	80	1.00	香蒲、芦苇
V	45	1.20	香蒲、芦苇

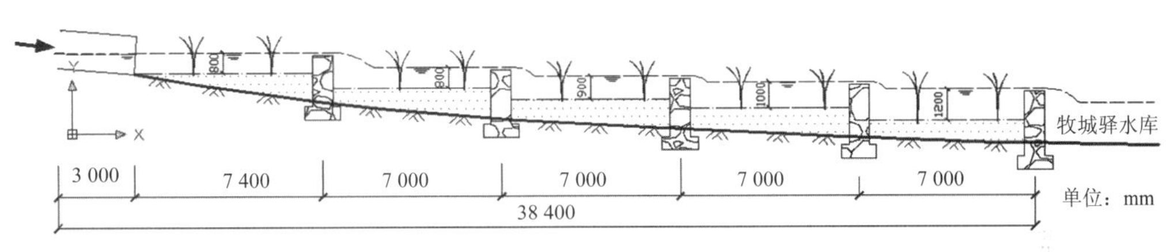

图9-15　跌水池设计图

图9-16　跌水池实际工程图

跌水型湿地中设置5级跌水，每级有效尺寸为长度7.0 m、深度2.0 m，坡度取$i=0.5\%$。跌水池位置紧邻受纳水体，依地形条件设置坡度及宽度，跌水高度差为0.3～0.5 m。湿地中，床层介质部分的填料含有混合土壤层、混合填料层、砾石层和细砂保护层。介质孔隙率$n=0.40$。选择香蒲、芦苇和美人蕉混合栽种的湿地植物种植模式，初始种植密度为5 000 株/hm^2，植物根部深入介质0.6～0.7 m。

跌水池依靠重力充氧，可形成较高的溶解氧质量浓度，具有能耗低、运行管理方便的优点。跌水池为降解污染物的微生物提供了适宜的生理生化条件，对COD、NH_3-N、TN、TP都有较好的去除效果。

（4）生态水系水质监测结果

大连生态科技创新城雨水生态收集利用系统沿流程的水质指标如表9-1、表9-2与表9-3所示。其最终进入牧城驿水库的雨水水质达到国家规定的要求。

表9-1　雨水生态渠Ⅰ沿程水质　　单位：mg/L

样品名称	高锰酸盐指数	氨氮	亚硝酸盐氮	总磷	pH值
雨水生态渠Ⅰ-1	4.22	0.217	0.12	0.05	7.53
雨水生态渠Ⅰ-2	3.31	0.183	0.11	0.03	7.28
雨水生态渠Ⅰ-3	2.73	0.133	0.16	0.02	7.29
雨水生态渠Ⅰ-4	2.11	0.112	0.17	0.01	7.36

表9-2　雨水生态渠Ⅱ沿程水质　　单位：mg/L

样品名称	高锰酸盐指数	氨氮	亚硝酸盐氮	总磷	pH值
雨水生态渠Ⅱ-1	3.21	0.060	0.15	0.05	7.41
雨水生态渠Ⅱ-2	3.02	0.184	0.13	0.04	7.61
雨水生态渠Ⅱ-3	2.64	0.163	0.11	0.03	7.66

表9-3　5级跌水池水质　　单位：mg/L

样品名称	高锰酸盐指数	氨氮	亚硝酸盐氮	总磷	pH值
一级跌水池	10.31	0.870	0.16	0.031	7.21
二级跌水池	6.13	0.750	0.13	0.023	7.15
三级跌水池	4.63	0.430	0.15	0.021	7.33
四级跌水池	3.61	0.240	0.18	0.02	7.26
五级跌水池	2.76	0.067	0.12	0.01	7.18

9.3 大连市区雨水生态收集利用系统低碳分析

经过分析测算，大连生态科技创新城 12 hm^2 示范工程每年将减少碳排放量 0.867 t，对大连生态科技创新城的节能减排具有较好的作用。

将研究结果用于大连市全市区的雨水生态收集利用系统低碳分析测算。参照大连市城市规划，拟建设完善的雨水排出系统，逐步建立生态型雨水排放系统。其示范内容覆盖市区建成面积 440 km^2，具有年降雨量少（多年平均年降雨量为 618 mm）、雨水利用量小、投资高（844 亿元）、年维护费高（4.22 亿元）、PPP 模式有难度等特征；从控污指标看，年削减 COD（10 289 t）、TN（252 t）、TP（51 t）、SS（11 048 t）；从防涝特征分析，年减少雨水排放量 1.37 亿 m^3，从而仅计节能部分，实现年减少碳排放量 6 697 t。

对污水处理厂低碳运行进行示范内容研究，拟建立 10 万 m^3/d 污水处理厂。其技术适用于大连已建不同规模的 A^2/O、SBR 污水处理厂，从节能效益分析，年节省电能 730 万 kW·h，而从减碳效应分析，仅计节能部分年减少碳排放量 3 349 t。中心城区每天处理 70 万 t 污水；年碳减排 2.34 万 t、省电 5 110 万 kW·h。

参考文献

白洁，2014. 北京地区雨水花园设计研究[D]. 北京：北京建筑大学.

北京市规划委员会，北京市质量技术监督局，2013. 雨水控制与利用工程设计规范：DB11/685—2013[S].

北京市市政工程设计研究总院，2004. 给水排水设计手册　第 5 册　城镇排水：第 2 版[M]. 北京：中国建筑工业出版社.

岑国平，沈晋，范荣生，1998. 城市设计暴雨雨型研究[J]. 水科学进展，(1)：41-46.

车伍，李俊奇，2006. 城市雨水利用技术与管理[M]. 北京：中国建筑工业出版社.

车伍，张鹍，赵杨，2015. 我国排水防涝及海绵城市建设中若干问题分析[J]. 建设科技，(1)：22-25，28.

陈利群，2010. SWMM 在城镇排水规划设计中适用性研究[J]. 给水排水，36（5）：114-117.

陈隐石，2014. 城市降雨径流控制 LID-BMPs 实证研究[D]. 苏州：苏州科技学院.

程伟，2005. 大型水生植物净化生活污水的试验研究[D]. 武汉：华中科技大学.

迟惠中，2015. 真空紫外降解卤代有机物效能研究[D]. 哈尔滨：哈尔滨工业大学.

崔保山，杨志峰，2002a. 湿地生态系统健康评价指标体系Ⅰ. 理论[J]. 生态学报，22（7）：1005-1011.

崔保山，杨志峰，2002b. 湿地生态系统健康评价指标体系Ⅱ. 方法与案例[J]. 生态学报，22（8）：1231-1239.

崔丽娟，赵欣胜，2004. 鄱阳湖湿地生态能值分析研究[J]. 生态学报，24（7）：1480-1485.

邓培德，2015. 论城市雨水道设计中数学模型法的应用[J]. 给水排水，41（1）：108-112.

郭琳，曾光明，程运林，2003. 城市街道地表物特性分析[J]. 中国环境监测，19（6）：40-42.

郭淑芬，田霞，2006. 小区绿化与景观设计[M]. 北京：清华大学出版社.

郝芳华，李春晖，赵彦伟，等，2008. 流域水质模型与模拟[M]. 北京：北京师范大学出版社.

何福力，2014. 基于 SWMM 的开封市雨洪模型应用研究[D]. 郑州：郑州大学.

侯爱中，唐莉华，张思聪，2007. 下凹式绿地和蓄水池对城市型洪水的影响[J]. 北京水务，(2)：42-45.

侯改娟，2014. 绿色建筑与小区低影响开发雨水系统模型研究[D]. 重庆：重庆大学.

胡长敏，赵彦伟，麻素挺，2007. 面向河流健康的鳌江综合整治研究[J]. 水土保持研究，14（5）：336-338.

胡良明，高丹盈，2009. 雨水综合利用理论与实践[M]. 郑州：黄河水利出版社.

黄泽钧，2012. 关于城市内涝灾害问题与对策的思考[J]. 水科学与工程技术，(1)：7-10.
《建筑与小区雨水利用工程技术规范》编制组，2008. 建筑与小区雨水利用工程技术规范实施指南[M]. 北京：中国建筑工业出版社.
晋存田，赵树旗，闫肖丽，等，2010. 透水砖和下凹式绿地对城市雨洪的影响[J]. 中国给水排水，26(1)：40-42，46.
蓝盛芳，钦佩，陆宏苏，2002. 生态经济系统能值分析[M]. 北京：化学工业出版社.
李春晖，崔嵬，庞爱萍，等，2008. 流域生态健康评价理论与方法研究进展[J]. 地理科学进展，27(1)：9-17.
李春晖，郑小康，崔嵬，等，2008. 衡水湖流域生态系统健康评价[J]. 地理研究，27(3)：565-573.
李海燕，车伍，黄延，2006. 生态住宅小区水环境可持续规划设计[A]//中国环境保护优秀论文集精选[C]. 中国环境科学学会.
李岚，邢国平，赵普，2011. 城市小区雨水利用的模拟分析[J]. 四川环境，30(4)：56-59.
李树平，黄廷林，2002. 城市化对城市降雨径流的影响及城市雨洪控制[J]. 中国市政工程，(3)：35-37，67.
刘耕源，杨志峰，陈彬，2013. 基于能值分析方法的城市代谢过程——案例研究[J]. 生态学报，33(16)：5078-5089.
刘耕源，杨志峰，陈彬，2013. 基于能值分析方法的城市代谢过程研究——理论与方法[J]. 生态学报，33(15)：4539-4551.
刘耕源，杨志峰，陈彬，等，2008. 基于能值分析的城市生态系统健康评价——以包头市为例[J].生态学报，28(4)：1720-1728.
刘晶晶，2015. 分段进水两级A/O处理养猪废水的研究[D]. 武汉：华中科技大学.
刘静玲，杨志峰，2002. 湖泊生态环境需水量计算方法研究[J]. 自然资源学报，17(5)：604-609.
刘小为，2012. UV/O_3降解水中新兴微污染物的特性与机理研究[D]. 哈尔滨：哈尔滨工业大学.
刘兴坡，2009. 基于径流系数的城市降雨径流模型参数校准方法[J]. 给水排水，(11)：213-217.
吕永鹏，2011. 平原河网地区城市集水区非点源污染过程模拟与系统调控管理研究[D]. 上海：华东师范大学.
牛帅，黄津辉，曹磊，等，2015. 基于水文循环的低影响开发效果评价[J]. 建筑节能，43(2)：79-84.
祁继英，2005. 城市非点源污染负荷定量化研究[D]. 南京：河海大学.
秦培亮，2009. 寒冷地区屋顶绿化的设计方法研究[D]. 大连：大连理工大学.
沈楠，李春晖，贲越，2012. 浊漳河山西省潞城市境内段河流生态健康评价研究[J]. 中国环境管理，(2)：30-35.
施国飞，2013. 昆明市城市住宅小区径流雨水水质特性及资源化利用研究[D]. 昆明：昆明理工大学.
宋贞，2014. 低影响开发模式下的城市分流制雨水系统设计研究[D]. 重庆：重庆大学.

苏义敬，王思思，车伍，等，2014. 基于“海绵城市”理念的下沉式绿地优化设计[J]. 南方建筑，（3）：39-43.

王海潮，陈建刚，孔刚，等，2011. 基于 GIS 与 RS 技术的 SWMM 构建[J]. 北京水务，（3）：46-49.

王华，2013. 基于 SWMM 的城市低影响开发措施效果模拟[D]. 西安：西安理工大学.

王佳，王思思，车伍，等，2012. 雨水花园植物的选择与设计[J]. 北方园艺，（19）：77-81.

王蓉，秦华鹏，赵智杰，2015. 基于 SWMM 模拟的快速城市化地区洪峰径流和非点源污染控制研究[J]. 北京大学学报（自然科学版），（1）：141-150.

王珊琳，丛沛桐，王瑞兰，等，2004. 生态环境需水量研究进展与理论探析[J]. 生态学杂志，23（6）：111-115.

王西琴，张远，2008. 中国七大河流水资源开发利用率[J]. 自然资源学报，23（3）：500-506.

王志标，2007. 基于 SWMM 的棕榈泉小区非点源污染负荷研究[D]. 重庆：重庆大学.

魏志文，2014. 绿色建筑小区阶梯式绿地截缓径流技术研究[D]. 重庆：重庆大学.

吴建立，2013. 低影响开发雨水利用典型措施评估及其应用[D]. 哈尔滨：哈尔滨工业大学.

伍发元，2004. 我国城市面源污染多层控制模式研究[D]. 武汉：武汉大学.

夏星辉，杨志峰，吴宇翔，2007. 结合生态需水的黄河水资源水质水量联合评价[J]. 环境科学学报，27（1）：151-156.

向璐璐，李俊奇，邝诺，等，2008. 雨水花园设计方法探析[J]. 给水排水，34（6）：47-51.

徐菲，赵彦伟，杨志峰，等，2013. 白洋淀生态系统健康评价[J]. 生态学报，33（21）：6904-6912.

杨晟，2012. 基于土地利用模拟的城市径流污染负荷变化研究[D]. 北京：清华大学.

杨志峰，何孟常，毛显强，等，2004. 城市生态可持续发展规划[M]. 北京：科学出版社.

杨志峰，李巍，徐琳瑜，等，2004. 生态城区环境规划理论与实践[M]. 北京：化学工业出版社.

杨志峰，沈珍瑶，李春晖，等，2005. 黄河流域水资源可再生性基本理论与评价[M]. 郑州：黄河水利出版社.

余国文，王万琼，汪维，等，2014. 居住小区改造中雨水集蓄利用与低影响设计实例[J]. 给水排水，40（7）：70-73.

翟立晓，康晓鹍，刘强，等，2014. 北京市雨水规划与主要实施措施分析[J]. 给水排水，40（12）：85-89.

张大伟，赵冬泉，陈吉宁，等，2008. 芝加哥降雨过程线模型在排水系统模拟中的应用[J]. 给水排水，（S1）：354-357.

张凤玲，刘静玲，杨志峰，2005. 城市河湖生态系统健康评价——以北京市“六海”为例[J]. 生态学报，25（11）：3019-3027.

张婧，2010. 基于气候变化的雨水花园规划研究[D]. 哈尔滨：哈尔滨工业大学.

张胜杰，2012. 北京市某住宅小区雨洪管理措施模拟研究[D]. 北京：北京建筑工程学院.

张胜杰，2013. 利用暴雨管理模型（SWMM）对低影响开发措施效果的模拟研究[J]. 中国建设信息，(19)：76-78.

张炜，车伍，李俊奇，等，2006. 植被浅沟在城市雨水利用系统中的应用[J]. 给水排水，32（8）：33-37.

张亚东，车伍，刘燕，等，2004. 北京城区道路雨水径流污染指标相关性分析[J]. 城市环境与城市生态，16（6）：182-184.

张映鹏，2014. 大连城区雨水径流规律及污染负荷分析[D]. 武汉：华中科技大学.

赵冬泉，董鲁燕，王浩正，等，2011. 降雨径流连续模拟参数全局灵敏性分析[J]. 环境科学学报，(4)：717-723.

赵冬泉，佟庆远，王浩正，等，2009. SWMM 模型在城市雨水排除系统分析中的应用[J]. 给水排水，(5)：198-201.

赵芬，徐立荣，李春晖，等，2016. 徒骇河流域水资源供需预测与可持续利用对策[J]. 南水北调与水利科技，14（6）：39-44.

赵彦伟，杨志峰，2005. 城市河流生态系统健康评价初探[J]. 水科学进展，16（3）：349-355.

赵彦伟，杨志峰，2005. 河流健康：概念、评价方法与方向[J]. 地理科学，25（1）：119-124.

赵彦伟，杨志峰，姚长青，2005. 黄河健康评价与修复基本框架[J]. 水土保持学报，19（5）：131-134，173.

赵彦伟，曾勇，杨志峰，等，2008. 面向健康的城市水系生态修复方案优选方法[J]. 生态学杂志，27（7）：1244-1248.

郑小康，2009. 保定市非点源污染模拟及其对白洋淀的影响[D]. 北京：北京师范大学.

中华人民共和国建设部，2006. 建筑与小区雨水利用工程技术规范：GB 50400—2006[S].

中华人民共和国住房和城乡建设部，2014. 海绵城市建设技术指南——低影响开发雨水系统构建（试行）[S].

中华人民共和国住房和城乡建筑部，中华人民共和国国家质量监督检验检疫总局，2014. 室外排水设计规范（2016 年版）：GB 50014—2006[S]. 北京：中国计划出版社.

朱玮，2015. XP-SWMM 在城市雨洪模拟及内涝防治中的应用研究——以 DY 市东城区某老城区域为例[D]. 武汉：华中科技大学.

朱元甡，金光炎，1991. 城市水文学[M]. 北京：中国科学技术出版社.

Ackerman D，Stein E D，2008. Evaluating the effectiveness of best management practices using dynamic modeling[J]. Journal of Environmental Engineering，134（8）：628-639.

Ahiablame L M，Engel B A，Chaubey I，2013. Effectiveness of low impact development practices in two urbanized watersheds：Retrofitting with rain barrel/cistern and porous pavement[J]. Journal of Environmental Management，119：151-161.

Alfredo K，Montalto F，Goldstein A，2009. Observed and modeled performances of prototype green roof test plots subjected to simulated low-and high-intensity precipitations in a laboratory experiment[J]. Journal of Hydrologic Engineering，15（6）：444-457.

Barco J，Wong K M，Stenstrom M K，2008. Automatic calibration of the U.S. EPA SWMM model for a large urban catchment[J]. Journal of Hydraulic Engineering，134（4）：466-474.

Bedan E S，Clausen J C，2009. Stormwater runoff quality and quantity from traditional and low impact development watersheds[J]. Journal of the American Water Resources Association，45（4）：998-1008.

Brezonik P L，Stadelmann T H，2002. Analysis and predictive models of stormwater runoff volumes，loads，and pollutant concentrations from watersheds in the Twin Cities metropolitan area，Minnesota，USA[J]. Water Research，36（7）：1743-1757.

Brown A，Huber W C，2004. Hydrologic characteristics simulation for BMP performance evaluation[C]. World Environmental and Water Resources Congress，10（40737）：36.

Brown M T，2001. Emergy Synthesis 1：Theory and Applications of the Emergy Methodology[C]. Gainesville：Center for Environmental Policy，University of Florida.

Brown R A，Hunt W F，Skaggs R W，2010. Modeling bioretention hydrology with DRAINMOD[C]. San Francisco：Low Impact Development International Conference：441-450.

Burger G，Sitzenfrei R，Kleidorfer M，et al.，2014. Parallel flow routing in SWMM 5[J]. Environmental Modelling & Software，53：27-34.

Chang C L，Lo S L，Huang S M，2009. Optimal strategies for best management practice placement in a synthetic watershed[J]. Environmental Monitoring and Assessment，153：359-364.

Chen G Q，Jiang M M，Chen B，et al.，2006. Emergy analysis of Chinese agriculture[J]. Agriculture，Ecosystems & Environment，115（1-4）：161-173.

EPA，1983. Results of the Nationwide Urban Runoff Program Volume I—Final report[R]. Washington D C：US Environmental Protection Agency.

Gironás J，Roesner L A，Rossman L A，et al.，2010. A new applications manual for the Storm Water Management Model（SWMM）[J]. Environmental Modelling & Software，25（6）：813-814.

Harp S L，Barfield B J，Hayes J C，et al.，2008. SEDPRO modeling of BMP effectiveness at construction sites[C]. Ahupuáa：World Environmental and Water Resources Congress 2008.

Huang Y，Li H，Zhou Q，et al.，2018. New phenolic halogenated disinfection byproducts in simulated chlorinated drinking water：Identification，decomposition，and control by ozone-activated carbon treatment[J]. Water Research，146：298-306.

Huber W C，2001. Wet-weather treatment process simulation using SWMM[C]. Taipei：Third International Conference on Watershed Management.

Jang S，Cho M，Yoon J，et al.，2007. Using SWMM as a tool for hydrologic impact assessment[J].

Desalination，212（1-3）：344-356.

Jia H F，Yao H R，Tang Y，et al.，2015. LID-BMPs planning for urban runoff control and the case study in China[J]. Journal of Environmental Management，149：65-76.

Keipert N，Weaver D，Summers R，et al.，2008. Guiding BMP adoption to improve water quality in various estuarine ecosystems in Western Australia[J]. Water Science & Technology，57（11）：1749-1756.

Kotowski A，Kaźmierczak B，Nowakowska M，et al.，2014. Analysis of rainwater sewerage systems overloads on Rakowiec estate in wroclaw caused by climate changes[J]. Rocznik Ochrona Srodowiska，16（1）：608-626.

Lee J G，Heaney J P，Lai F，2005. Optimization of integrated urban wet-weather control strategies[J]. Journal of Water Resources Planning and Management，131（4）：307-315.

Li W，Li Y P，Li C H，et al.，2010. An inexact two-stage water management model for planning agricultural irrigation under uncertainty[J]. Agricultural Water Management，97（11）：1905-1914.

Liu K K，Li C H，Cai Y P，et al.，2014. Comprehensive evaluation of water resources security in the Yellow River basin based on a fuzzy multi-attribute decision analysis approach[J]. Hydrology and Earth System Sciences，18（5）：1605-1623.

Lowe S A，2010. Sanitary sewer design using EPA storm water management model（SWMM）[J]. Computer Applications in Engineering Education，18（2）：203-212.

Madarang K J，Kang J，2014. Evaluation of accuracy of linear regression models in predicting urban stormwater discharge characteristics[J]. Journal of Environmental Sciences，26（6）：1313-1320.

Mahajan R，Uber J G，Eisenberg J N S，2014. A dynamic model to quantify pathogen loadings from combined sewer overflows suitable for river basin scale exposure assessments[J]. Water Quality，Exposure and Health，5（4）：163-172.

Mellino S，Protano G，Buonocore E，et al.，2015. Alternative options for sewage sludge treatment and process improvement through circular patterns：LCA-based case study and scenarios[J]. Journal of Environmental Accounting and Management，3（1）：77-85.

Moore C I，Barrack II W A，Meyers M，2005. Innovative modeling techniques for watershed planning[C]. Williamsburg：Watershed Management Conference.

Nam T，Yang K，Kim Y，et al.，2009. Low Impact Development：Development of Design Guideline for Artificial Lake to Enhance Groundwater Recharge in Urban Planning[M]. Energy，Environmental，Ecosystems，Development and Landscape Archetecture：148-150.

Nix S J，1994. Urban stormwater modeling and simulation[M]. Bosa Roca：CRC Press.

Pomeroy C A，Postel N A，O' Neill P A，et al.，2008. Development of storm-water management design criteria to maintain geomorphic stability in Kansas City metropolitan area streams[J]. Journal of Irrigation and Drainage Engineering，134（5）：562-566.

Rathnayake U，2014. Optimal control of urban sewer systems under enhanced water quality modeling[C]. Kandy：5th Internation Conference on Sustainable Built Environment.

Rathnayake U，2015. Enhanced water quality modelling for optimal control of drainage systems under SWMM constraint handling approach[J]. Asian Journal of Water，Environment and Pollution，12（2）：81-85.

Rawls W J，Brakensiek D L，Miller N，1983. Green-Ampt infiltration parameters from soils data[J]. Journal of Hydraulic Engineering，109（1）：62-70.

Scholes L，Revitt D M，Ellis J B，2008. A systematic approach for the comparative assessment of stormwater pollutant removal potentials[J]. Journal of Environmental Management，88（3）：467-478.

Shinma T A，Reis L F R，2011. Multiobjective automatic calibration of the storm water management model（SWMM）using Non-dominated Sorting Genetic Algorithm II（NSGA-II）[C].World Environmental and Water Resources Congress 2011.

Sun N，Hong B，Hall M，2014. Assessment of the SWMM model uncertainties within the generalized likelihood uncertainty estimation（GLUE）framework for a high-resolution urban sewershed[J]. Hydrological Processes，28（6）：3018-3034.

Sun Y W，Li Q Y，Liu L，et al.，2014. Hydrological simulation approaches for BMPs and LID practices in highly urbanized area and development of hydrological performance indicator system[J]. Water Science and Engineering，7（2）：143-154.

Tennant D L，1976. Instream flow regimens for fish，wildlife，recreation and related environmental resources[J]. Fisheries，1（4）：6-10.

Tobio J A S，Maniquiz-Redillas M C，Kim L H，2015. Application of SWMM in evaluating the reduction performance of urban runoff treatment systems with varying land use[C]. International Low Impact Development 2015.

Tobio J A S，Maniquiz-Redillas M C，Kim L H，2015. Optimization of the design of an urban runoff treatment system using stormwater management model（SWMM）[J]. Desalination and Water Treatment，53（11）：3134-3141.

Tsihrintzis V A，Hamid R，1998. Runoff quality prediction from small urban catchments using SWMM[J]. Hydrological Processes，12（2）：311-329.

Ulgiati S，Brown M T，Bastianoni S，et al.，1995. Emergy-based indices and ratios to evaluate the sustainable use of resources[J]. Ecological Engineering，5（4）：519-531.

USEPA，1995. National Water Quality Inventory：Report to Congress Executive Summary[R]. Washington

DC：USEPA.

Villarreal E L，Semadeni-Davies A，Bengtsson L，2004. Inner city stormwater control using a combination of best management practices[J]. Ecological Engineering，22（4-5）：279-298.

Woetzel J，Mendonca L，Devan J，et al.，2009. Preparing for China's Urban Billion[R]. McKinsey Global Institute.

Xu F，Zhao Y W，Yang Z F，et al.，2011. Multi-scale evaluation of river health in Liao River Basin，China[J]. Frontiers of Environmental Sciences & Engineering in China，5（2）：227-235.

Xu L Y，Li Z X，Song H M，et al.，2013. Land-use planning for urban sprawl based on the CLUE-S model：A case study of Guangzhou，China[J]. Entropy，15（9）：3490-3506.

Xu L Y，Yin H，Li Z X，et al.，2014. Land ecological security evaluation of Guangzhou，China[J]. International Journal of Environmental Research and Public Health，11（10）：10537-10558.

Zeng R，Zhao Y W，Yang Z F，2010. Emergy-based health assessment of Baiyangdian Watershed ecosystem in temporal and spatial scales[J]. Procedia Environmental Sciences，2：359-371.

Zhao Y W，Qin Y，Chen B，et al.，2009. GIS-based optimization for the locations of sewage treatment plants and sewage outfalls—A case study of Nansha District in Guangzhou City，China[J]. Communications in Nonlinear Science and Numerical Simulation，14（4）：1746-1757.

Zhao Y W，Yang Z F，2009. Integrative fuzzy hierarchical model for river health assessment：A case study of Yong River in Ningbo City，China[J]. Communications in Nonlinear Science and Numerical Simulation，14（4）：1929-1736.

Zhen J X，Shaw L Y，2001. Development of a best management practice（BMP）placement strategy at the watershed scale[C]. Third International Conference on Watershed Management.

Zhen J，Cheng M，Riverson J，et al.，2010. Comparison of BMP infiltration simulation methods[C]. Low Impact Development International Conference（LID）2010.

Zhen J，Shoemaker L，Riverson J，et al.，2006. BMP analysis system for watershed-based stormwater management[J]. Journal of Environmental Science and Health Part A，41（7）：1391-1403.

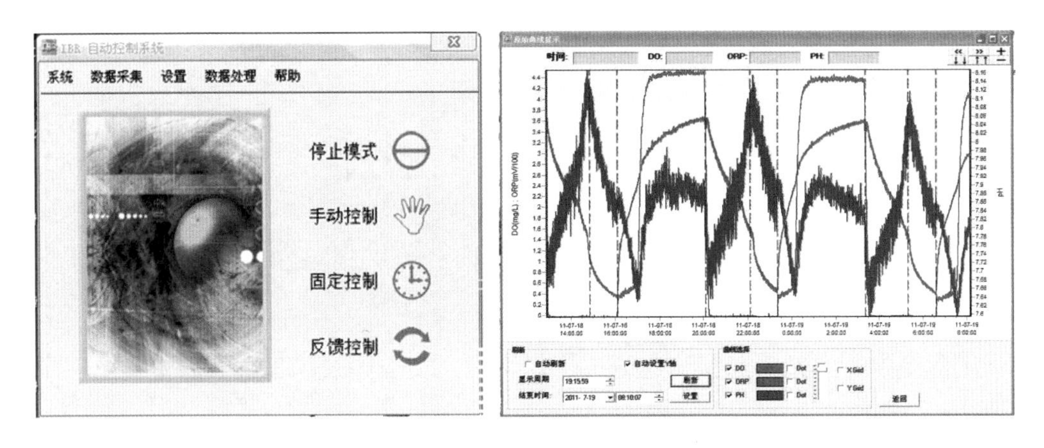

图 4-13　IBR 在线反馈控制软件主控界面

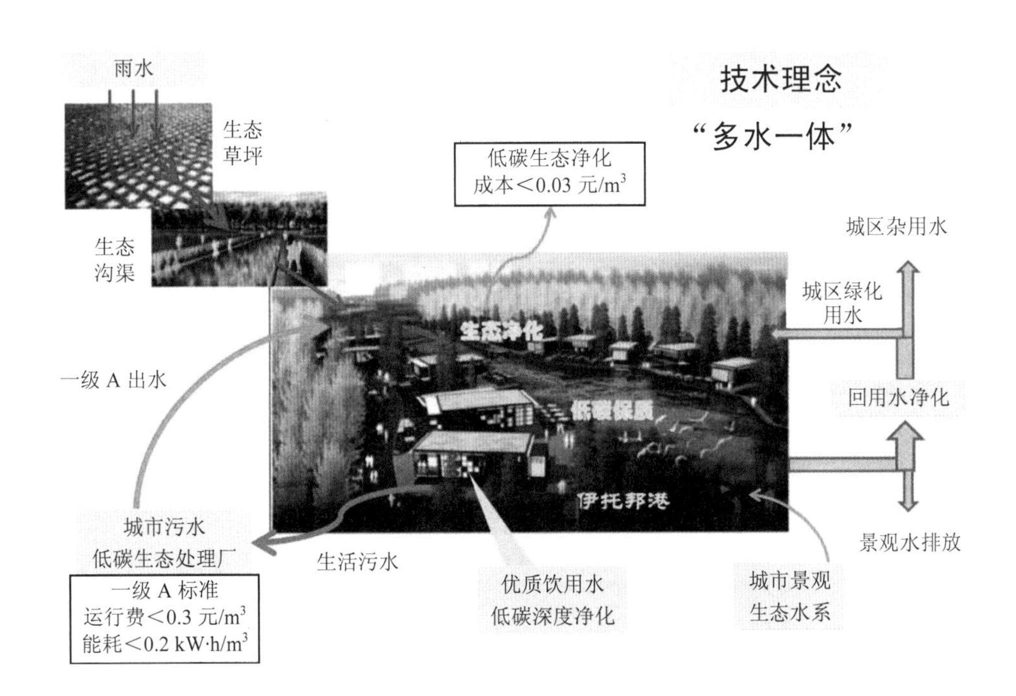

图 6-1　城市“多水一体”低碳生态系统

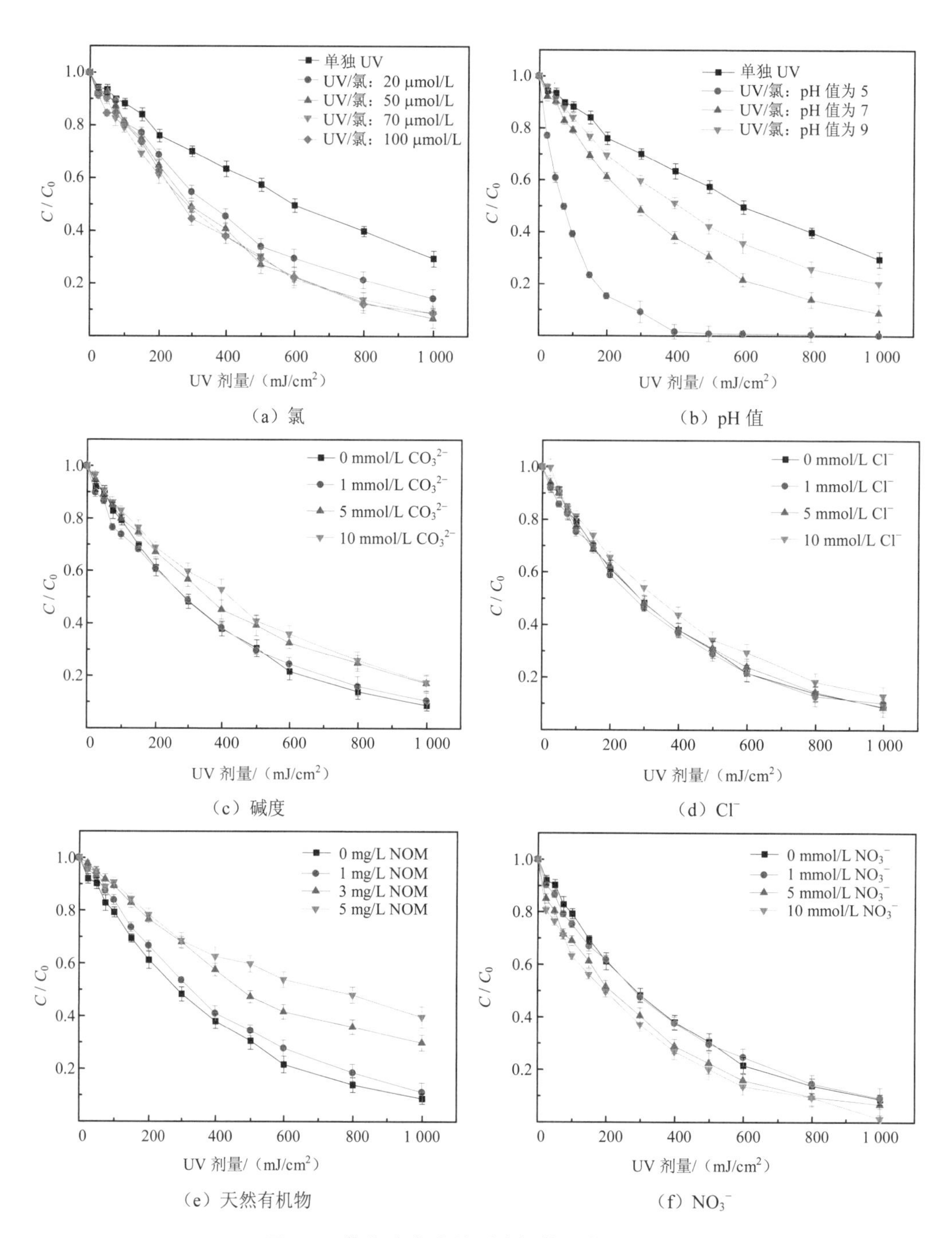

图 5-6　紫外-氯氧化体系降解莠去津效能示意

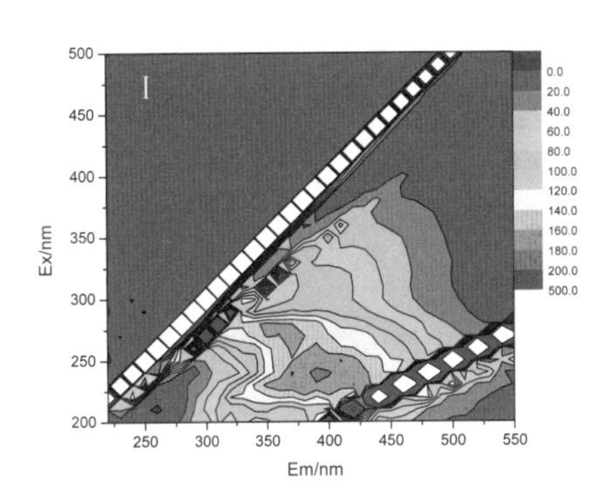

（a）原水

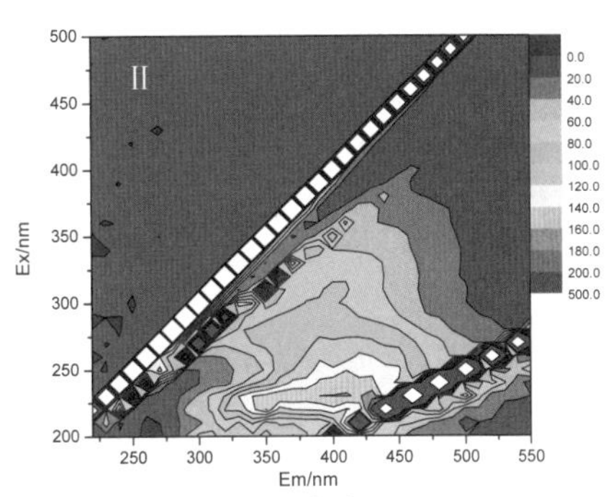

（b）粗砂过滤

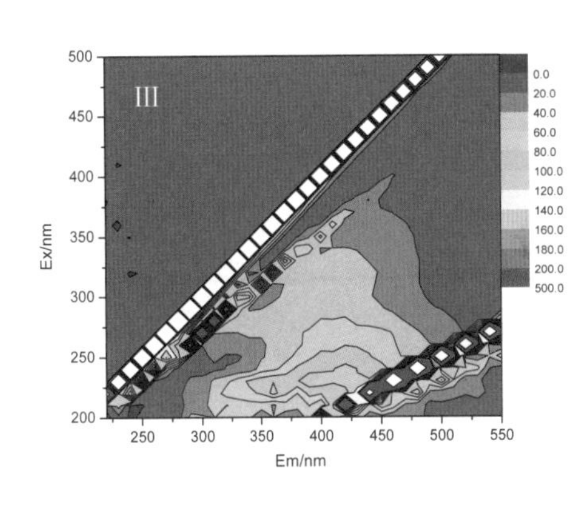

（c）真空紫外

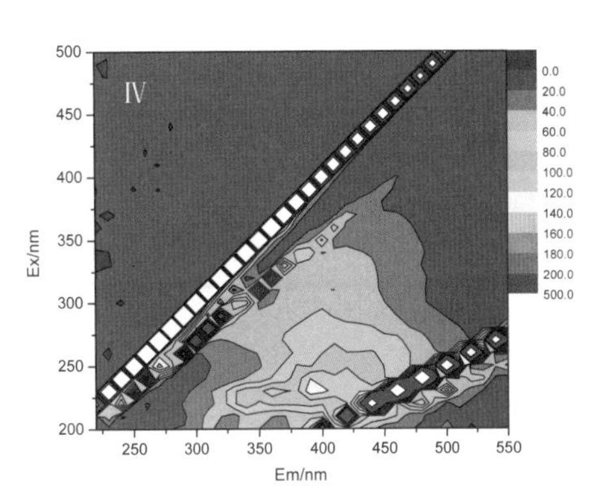

（d）活性炭过滤

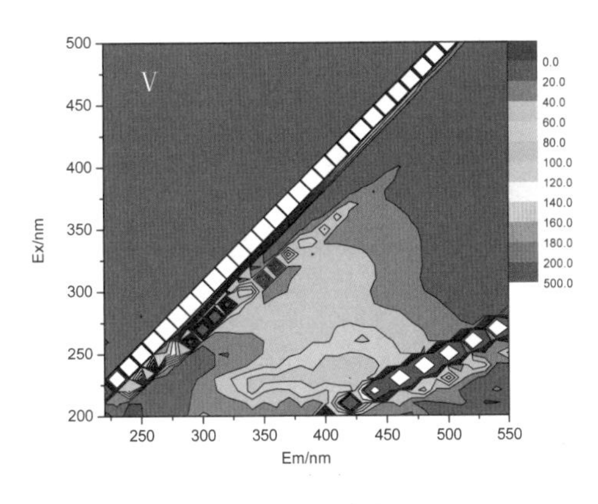

（e）细砂过滤

图 5-21　中试装置的三维荧光分析

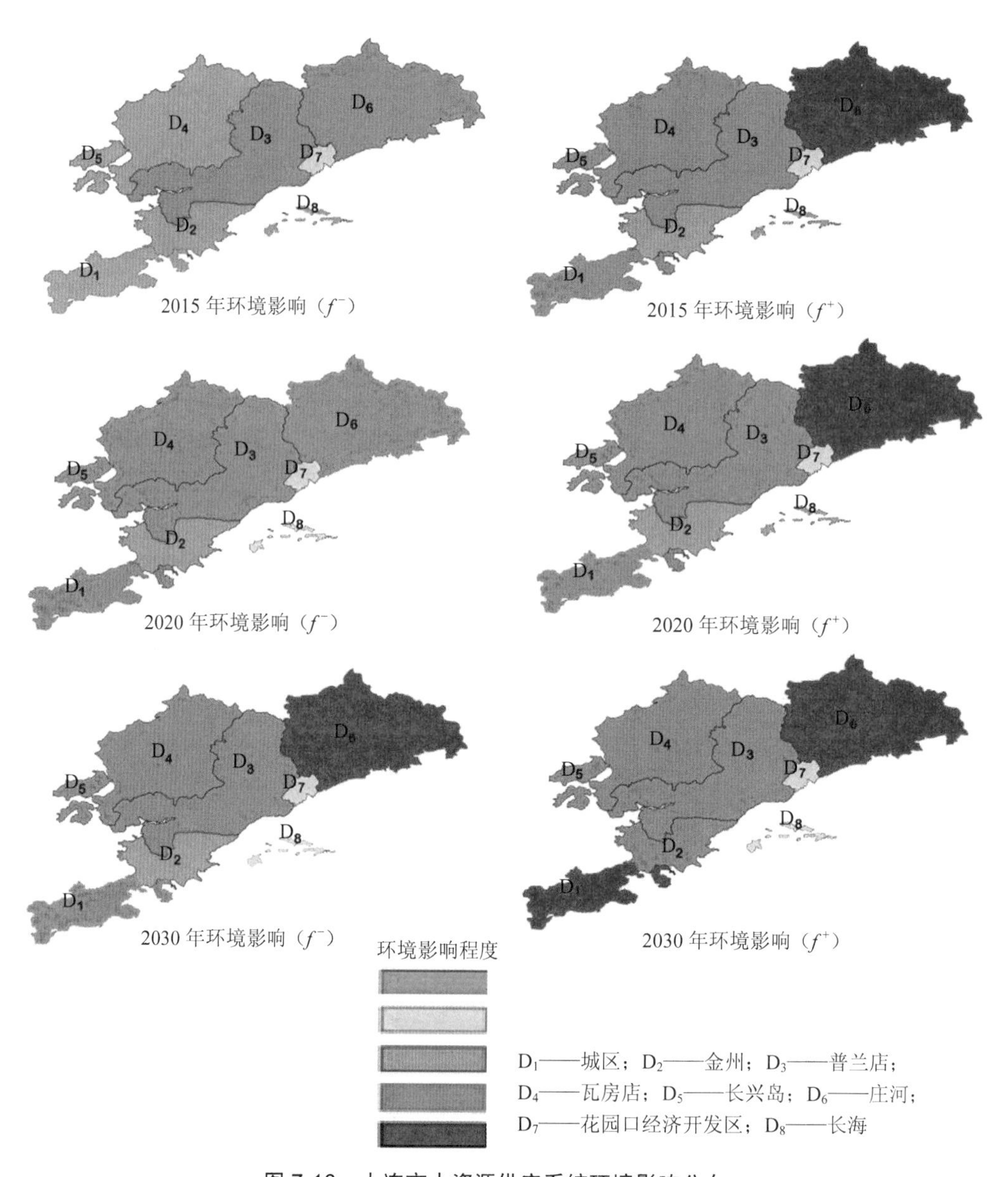

图 7-10　大连市水资源供应系统环境影响分布

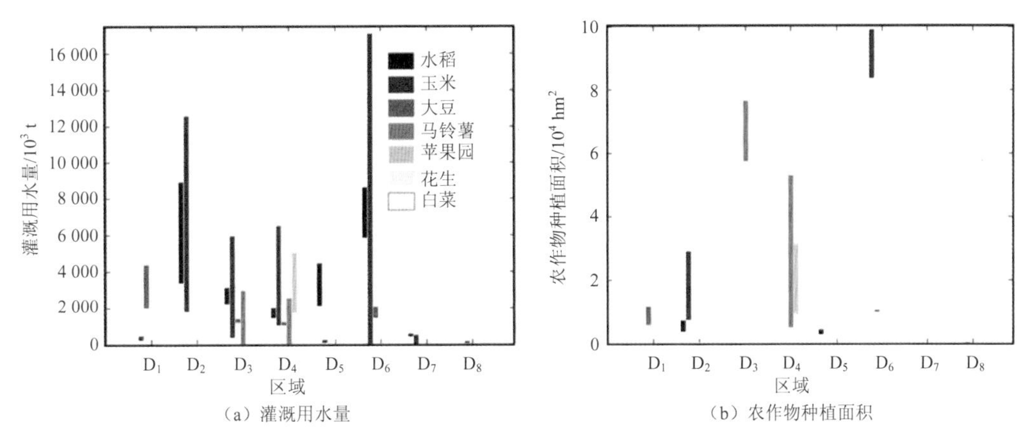

图 7-19　2020 年大连市高效低碳农作物种植-灌溉适应性对策

注：D_1——城区；D_2——金州；D_3——普兰店；D_4——瓦房店；D_5——长兴岛；D_6——庄河；D_7——花园口经济开发区；D_8——长海。

图 9-1　大连生态科技创新城地理位置

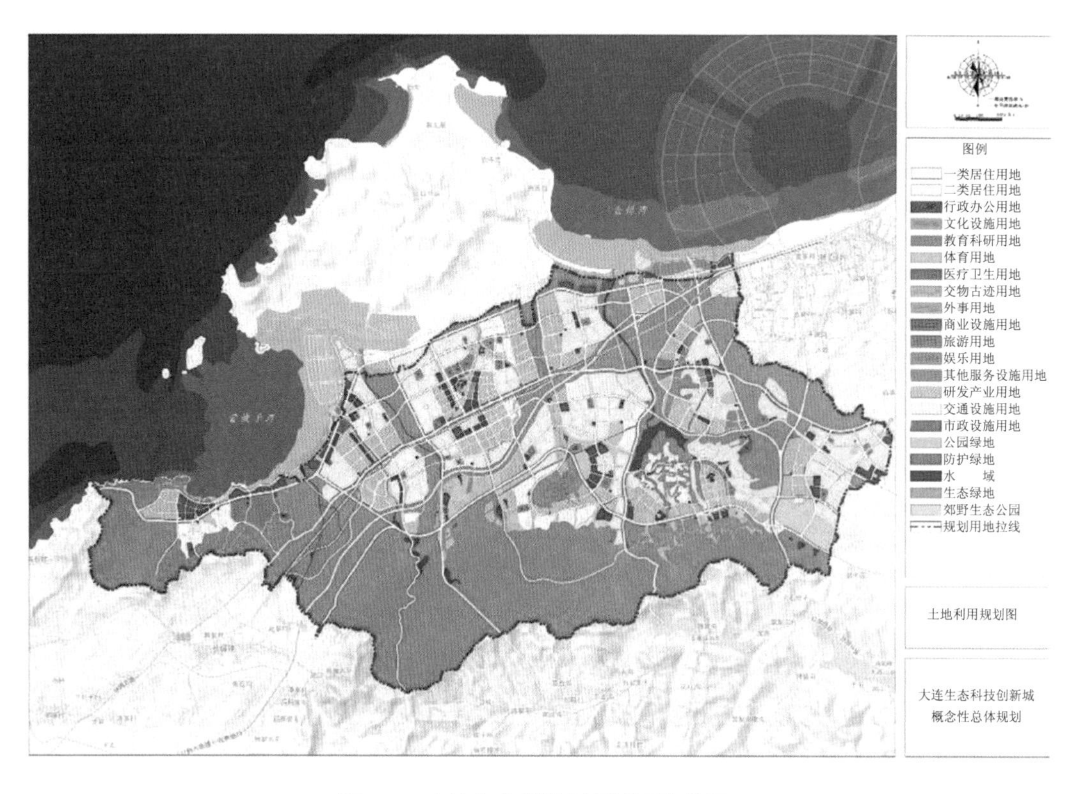

图 9-2　大连生态科技创新城区位范围